高等学校教材

桥 梁 工 程

（第二版）

主　编　王解军
副主编　文国华　毛大德
主　审　周先雁

中南大学出版社
www.csupress.com.cn

内 容 提 要

本教材共有 18 章。第 1 章至第 4 章,介绍了桥梁的基本组成和分类及国内外桥梁发展动态;桥梁总体规划设计的原则、方法和程序;桥梁设计荷载及桥面系的布置与构造。第 5 章至第 11 章,主要阐述混凝土板桥、简支梁桥及连续梁桥的构造原理、计算与施工方法及梁式桥的支座;并简要介绍了悬臂梁桥、刚构桥的构造与设计。第 12 章至第 15 章,着重介绍了拱桥的特点、组成和主要类型;上承式拱桥的构造原理、计算及施工方法,中、下承式拱桥仅作简要介绍。第 16 章至第 17 章,介绍了常用墩台的构造、设计与计算。第 18 章,介绍了涵洞的构造及设计计算。

本书为土木工程专业(包括桥梁工程方向)用教材,可用于普通高等院校全日制本(专)科生或自学考试、函授学生教材,也可供从事桥梁工程建设的设计、施工、监理及管理等工程技术人员参考。

前　言

　　《桥梁工程》(第二版)是土木工程专业的一门专业课,本教材是根据国家教育部、建设部及交通部土木工程专业指导委员会审定的"桥梁工程"教学大纲编写的。可供土木工程专业(包括桥梁工程方向)的学生使用。

　　本教材的编写着重于学生能够掌握桥梁工程的基本设计理论及主要桥梁型式(包括涵洞)的设计与构造原理、计算及施工方法。随着科学技术的进步与桥梁建设的发展,一些现在较少使用的、老的桥型及相关的知识仅作简单的介绍或不作介绍,如双曲拱桥、悬臂梁桥、T形刚构桥等的构造设计及基于力法原理计算拱桥内力等。引入桥梁领域的新技术及新进展,考虑到预应力混凝土连续梁与刚构桥在目前我国公路建设中已是广泛使用的桥型,本教材对于此类桥梁的构造及内力计算作了一定的介绍。考虑到涵洞是公路与铁路工程中使用量较大的结构物,因此,《桥梁工程》(第二版)修订时对涵洞的一般构造与设计计算作了介绍。

　　本教材共18章。第1章至第4章,介绍了桥梁的基本组成和分类及国内外桥梁发展动态;桥梁总体规划设计的原则、方法和程序;桥梁设计荷载及桥面系的布置与构造。第5章至第11章,主要阐述混凝土板桥、简支梁桥及连续梁桥的构造原理、计算与施工方法及梁桥支座;并简要介绍了悬臂梁桥、刚构桥的构造与设计。第12章至第15章,着重介绍了拱桥的特点、组成和主要类型;上承式拱桥的构造原理、计算及施工方法,中、下承式拱桥仅作简要介绍。第16章至第17章,介绍了常用墩台的构造及设计计算。第18章介绍了涵洞的构造及设计计算。

　　本教材第1、第3、第5、第8、第11章及6.3、6.4、6.5节由王解军编写、修订;第2章由毛大德、湛发益编写、修订;第4、第9章由郑大伟编写、修订;第7章及6.1、6.2节由余玲玲编写、修订,第10章由张玥编写、修订,第12、第13章由杨仕若编写、修订,第14章由陈爱军编写、修订,第15章由陈强编写、修订,第16、第17章由文国华编写、修订,第18章由李珍玉编写。本教材由中南林业科技大学王解军担任主编,湖南城市学院文国华、长沙理工大学毛大德担任副主编,中南林业科技大学校长周先雁教授主审。

　　由于编写时间仓促,难免书中有不妥之处,请广大读者批评指正。

编者

2014 年 10 月

目　录

第 1 章　概　述

桥梁是人类生活和生产活动中，为克服天然屏障而建造的建筑物，它既是一种功能性的建筑物，又是一座立体的造型艺术工程，是人类建造的最古老、最壮观和最美丽的一类建筑工程，它的发展，不断体现着时代的文明与进步。

桥梁工程在土木工程中属于结构工程的一个重要的分支学科，它与其他建筑工程一样，也是用砖石、混凝土、钢筋混凝土、金属材料等各种建筑材料建造的结构工程。在道路和铁路等交通建设工程中，桥梁是保证全线贯通的咽喉，是重要的工程组成部分，在工程投资中占有较大的比重，占工程总价的 10% ~20% 。

改革开放以来，我国道路与桥梁建设得到了飞速的发展，交通运输能力得到了巨大提高，这对改善投资环境、促进经济的腾飞、改善人民的生活环境都起到了关键性的作用。尤其是近年来，我国的桥梁无论是在建设规模上，还是技术水平上，均已跻身于世界先进行列。各种功能齐全，造型美观的高架桥、立交桥以及横跨长江、黄河、湖泊、海湾等的特大跨径桥梁，在全国各地如雨后春笋般出现。

我国幅员辽阔，大小山脉和江河湖泽纵横全国，尽管我国的道路与桥梁已具相当规模，但要彻底改变交通运输的面貌，赶上西方发达国家的水平，我国的道路与桥梁的建设任务仍然十分繁重和艰巨，广大桥梁建设者将面临着新颖和复杂桥梁结构及新工艺、新材料的挑战，肩负着促进我国桥梁建设更快发展的光荣而艰巨的重任。

1.1　桥梁的基本组成与分类

1.1.1　桥梁的基本组成

桥梁一般由上部结构、下部结构、支座及附属工程等几部分组成。

图 1 - 1 和图 1 - 2 分别为公路桥的梁桥和拱桥的概貌。

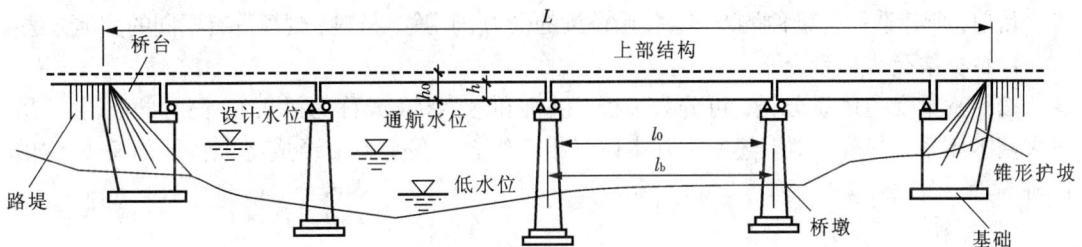

图 1 - 1　梁桥概貌

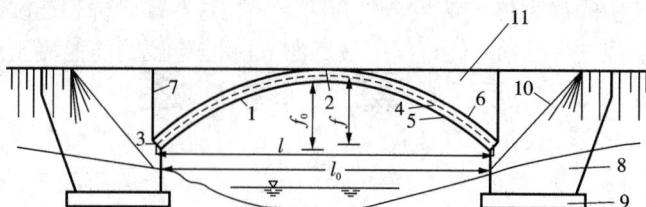

图1-2 拱桥概貌

1—拱圈；2—拱顶；3—拱脚；4—拱轴线；5—拱腹；6—拱背；
7—变形缝；8—桥墩；9—基础；10—锥坡；11—拱上结构

上部结构(或称桥跨结构)是桥梁支座以上(拱桥起拱线或刚架桥主梁底线以上)跨越桥孔的总称，是线路中断时跨越障碍的主要承重结构。

下部结构包括桥墩、桥台和基础。

桥墩和桥台支承上部结构并将其传来的恒载和车辆活载传至基础。设置在桥跨中间部分的称为桥墩，设置在桥跨两端与路堤相衔接的称为桥台，桥台除了上述作用外，还起到抵御路堤的土压力及防止路堤的滑塌等作用，单孔桥只有两端的桥台，没有中间的桥墩。

桥墩和桥台底部并与地基相接触的部分，称为基础。基础承受从桥墩或桥台传来的全部荷载，它包括竖向荷载以及地震力、船舶撞击墩身等引起的水平荷载，由于基础往往深埋于水下土层之中，是桥梁施工中难度较大且施工复杂的部分，也是确保桥梁安全的关键之一。

支座设置在墩台的顶部，用于支承上部结构的传力装置，它不仅要传递很大的荷载，并且要保证上部结构能按设计要求产生一定的变位。

在桥梁建筑工程中，除了上述基本组成部分外，在路堤与桥台衔接处，一般在桥台两侧设置石砌的锥形护坡(如图1-1所示)，以保证迎水部分路堤边坡的稳定。另外，根据需要还常常修筑护岸、导流结构物等附属工程。

随着大型桥梁的增多，桥梁结构越来越复杂，对桥梁使用品质的要求越来越高，对桥梁组成部分的划分也越来越具体。现在有的将桥梁组成划分为"五大部件"和"五小部件"。所谓"五大部件"是指桥跨结构、支座系统、桥墩、桥台和基础；所谓"五小部件"是指桥面铺装(或称行车道铺装)、排水防水系统、栏杆(或防撞栏杆)、伸缩缝及灯光照明设施。

1.1.2 桥梁的分类

目前，所建造的桥梁种类繁多，按照桥梁的受力、用途、材料、规模等有不同的分类方法。

1.按桥梁受力体系分

按照桥梁受力体系分类，可分为梁桥、拱桥和悬索桥(或称为吊桥)，简称"梁、拱、吊"三大基本体系。另外，由上述三大基本体系相互组合，在受力上形成组合特征的桥型，如斜拉桥等。

(1)梁桥

梁桥是一种在竖向荷载作用下无水平反力的结构[如图1-3(a)、(b)]，由于外力(恒载和活载)的作用方向与桥梁结构和轴线接近垂直，因而与同样跨径的其他结构体系相比，梁桥内产生的弯矩最大，即梁桥以受弯为主，因此，通常需用抗弯、抗拉能力强的材料(如钢、钢筋混凝土等)来建造。

梁桥按照承重结构的静力体系又可再分为简支梁桥、悬臂梁桥和连续梁桥。

对于中、小跨径的公路桥梁，目前应用最广泛的标准跨径钢筋混凝土或预应力混凝土简支梁(板)桥，其施工方法一般有预制装配式和现浇两种，这种梁桥结构简单、施工方便，且对地基承载力的要求也不高，对于钢筋混凝土简支梁桥跨径一般小于 25 m，当跨径较大时，采用预应力混凝土，但其跨径一般不宜超过 50 m。

悬臂梁桥是长度超出跨径的悬臂结构，仍属于静定结构，墩台的不均匀沉降不会在梁内引起附加内力。而且在力学性能上，悬臂根部产生的负弯矩，减小了跨中的正弯矩，可以节省材料用量。

为了改善受力条件和使用性能，地质条件较好时，中、小跨径梁桥均可修建连续梁桥，如图 1–3(c)所示。对于大跨径和特大跨径的梁桥，可采用预应力混凝土、钢和钢–混凝土组合梁桥，如图 1–3(d)、(e)所示。

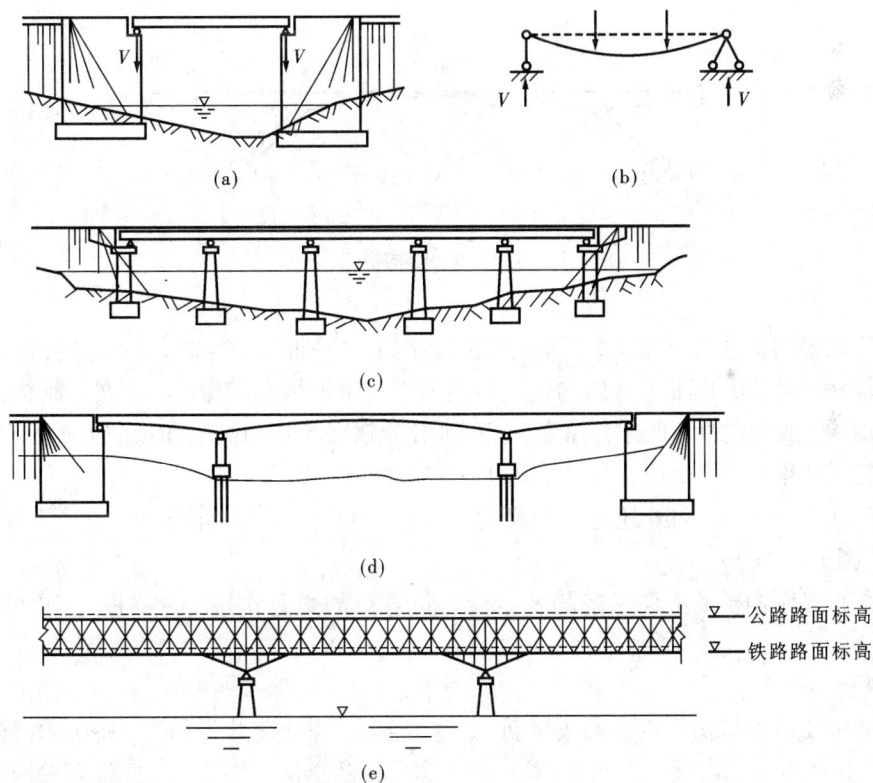

图 1–3 梁桥

刚构桥(或刚架桥)也属于梁桥的范畴。桥跨结构主梁或板与墩台(或立柱)整体相连的桥梁称为刚构桥。如图 1–4(a)所示的门式刚构桥，由于梁和墩(柱)两者之间是刚性连接，在竖向荷载作用下，将在主梁端部产生负弯矩，在柱脚处产生水平反力，梁部主要受弯，但其弯矩较同跨径的简支梁小，梁内还有轴力 H 作用，因此，刚构桥的受力状态介于梁桥与拱桥之间，如图 1–4(b)所示。刚构桥的跨中建筑高度可做得较小，因此，通常适用于需要较大的桥下净空和建筑高度受到限制的情况，如跨线桥、立交桥和高架桥等。

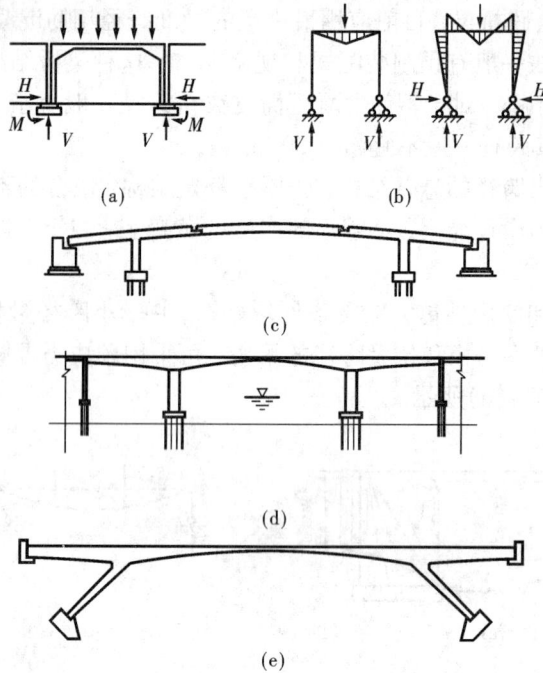

图 1-4　刚构桥

　　刚构桥在竖向荷载的作用下，墩底一般都会产生水平推力，为此，必须要有良好的地质条件或用较深的基础，也可用特殊的构造措施来抵抗水平推力的作用。另外，刚构桥大多数为超静定结构，故在混凝土收缩、徐变、温度变化及墩台不均匀沉陷和预应力等因素作用下，均会产生较大的附加内力，应在设计和施工中引起注意。

　　除了门式刚构桥外，另外还有 T 型刚构桥[图 1-4(c)]，连续刚构桥[图 1-4(d)]，斜腿刚构桥[图 1-4(e)]。

　　对于大跨径刚构桥的主梁一般均要承受正负弯矩的交替作用，主梁横截面宜采用箱形截面。

　　(2)拱桥

　　拱桥的主要承重结构是主拱圈或拱肋(如图 1-5)，竖向荷载作用下，桥墩和桥台将承受水平推力，如图 1-5(b)所示，同时，墩台向拱圈或拱肋提供水平反力，这将大大抵消在拱圈或拱肋中由荷载引起的弯矩。因此，与同跨径的梁桥相比，拱桥的弯矩、剪力和变形却要小得多，拱圈或拱肋以受压为主。拱桥对墩台有水平推力及承重结构以受压为主这是拱桥的主要受力特点。因此，通常可采用抗压能力强的圬工材料(如砖、石、混凝土等)和钢筋混凝土来建筑。但应当注意，由于拱桥往往有较大的水平推力，为了确保拱桥的安全，下部结构(特别是桥台)和地基必须具备承受很大水平推力的能力。一般选择地质条件较好的地域修建拱桥。

　　当然，在地质条件不适合于修建具有很大水平推力拱桥的情况下，也可采用无水平推力的系杆拱桥,如图1-5(c)所示,其水平推力由系杆承受,系杆可由预应力混凝土、钢等做成。另外,也可修建近年来发展起来的水平推力很小的"飞雁式"三跨自锚式系杆拱桥,如图1-5(d)所示,即在边跨的两端施加强大的水平预加力H,通过边跨拱传至拱脚,以抵消主跨拱脚处的水平推力。

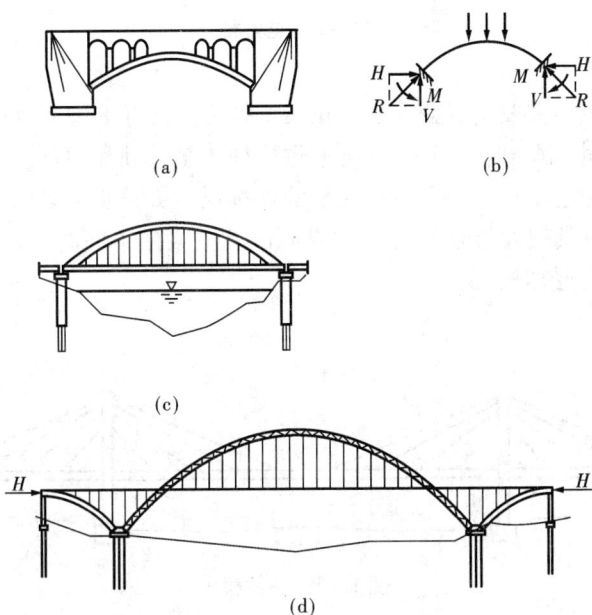

(a)   (b)

(c)

(d)

图1-5 拱桥

拱桥不仅跨越能力大,而且外形也较美观,在条件允许的情况下,修建拱桥往往是经济合理的。

按照行车道处于主拱圈的不同位置,拱桥可分为上承式[图1-5(a)]、中承式[图1-5(d)]、下承式拱[图1-5(c)]三种。

(3)悬索桥(也称吊桥)

悬索桥的承重结构包括主缆、塔柱、加劲梁和锚碇及吊杆,如图1-6所示。在桥面系竖向荷载作用下,通过吊杆使主缆承受巨大的拉力,主缆悬跨在两边塔柱上,锚固于两端的锚碇结构中;锚碇承受主缆传来的巨大拉力,该拉力可分解为垂直和水平分力,因此,悬索桥也是具有水平反力(拉力)的结构。现代悬索桥的主缆用高强度的钢丝成股编制而成,以充分发挥其优良的抗拉性能。悬索桥结构自重轻,是目前为止跨越能力最大的桥型。另外,悬索桥受力简单明确,在将主缆架设完成之后,便形成了强大稳定的结构支承系统,使得加劲梁的施工安全方便,施工过程中的风险相对较小。

相对于其他体系的桥梁而言,悬索桥的刚度最小,属于柔性结构,在车辆荷载作用下,悬索桥将产生较大的变形。由于悬索桥的刚度小,其静、动力(如抗风等)稳定性应在设计和施工过程中予以高度的重视。

(4)斜拉桥

斜拉桥的上部结构由塔柱、主梁和斜拉索组成,如图1-7所示,斜拉桥实际上是梁桥与

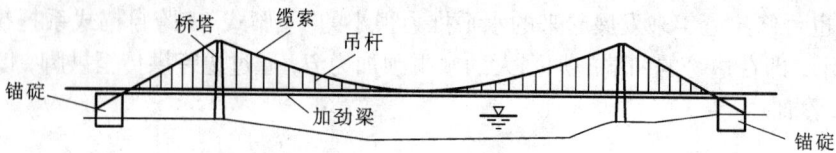

图 1 - 6　悬索桥

吊桥的组合形式。它的主要受力特点是：斜拉索受拉力，它将主梁多点吊起（类似吊桥），将主梁的恒载和车辆等其他荷载传至塔柱，再通过塔柱传至基础和地基。塔柱以受压为主。主梁由于被斜拉索吊起，它如同一多点弹性支承的连续梁，从而使主梁内的弯矩较一般梁桥大大减小，这也是斜拉桥具较大跨越能力的主要原因。主梁由于同时受斜拉索水平力的作用，其基本受力特点为偏心受压构件。

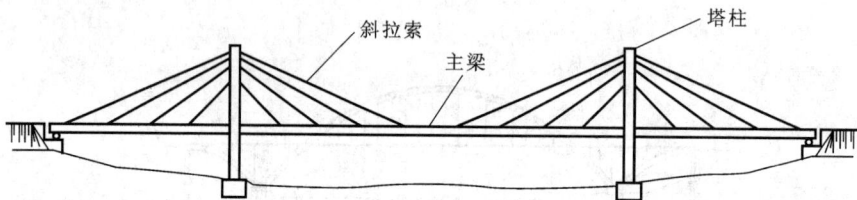

图 1 - 7　斜拉桥

　　斜拉桥的塔柱、拉索和主梁在纵向面内形成了稳定的三角形，因此，斜拉桥的结构刚度较悬索桥大，其抗风稳定性较悬索桥好。在目前所有的桥型中，斜拉桥的跨越能力仅次于悬索桥。但是，当斜拉桥的跨度很大时，悬臂施工的斜拉桥因主梁悬臂过长，承受斜拉索传来的水平压力过大，因而风险较大，塔也过高，外侧斜拉索过长，这也是斜拉桥跨越能力不能与悬索桥相比的主要原因。

　　2. 桥梁的其他分类

　　桥梁除了上述按受力特点分类外，另外还有按桥梁的用途、建桥的材料、大小规模等进行分类。

　　(1)按用途来划，可分为公路桥、铁路桥、公铁两用桥、人行桥、水运桥(或渡桥)和管线桥等。

　　(2)按主要承重结构用的材料来划分，有钢筋混凝土桥、预应力混凝土桥、圬工桥(包括砖、石、混凝土)、钢桥、钢－混凝土组合桥和木桥等。木材易腐，而且资源有限，因此，除了少数用于临时性桥梁外，一般不采用。

　　(3)按桥梁总长跨径的不同来划分，有特大桥、大桥、中桥、小桥和涵洞。

　　我国《公路工程技术标准》(JTG B01—2003)，规定了特大、大、中、小桥按总长和跨径的分类，见表 1-1 所示。

表 1-1 桥梁按总长和跨径分类

桥梁分类	多孔跨径总长 $L(m)$	单孔跨径 $L_K(m)$	桥梁分类	多孔跨径总长 $L(m)$	单孔跨径 $L_K(m)$
特大桥	$L > 1000$	$L_K > 150$	中桥	$30 < L < 100$	$20 \leqslant L_K < 40$
大桥	$100 \leqslant L \leqslant 1000$	$40 \leqslant L_K \leqslant 150$	小桥	$8 \leqslant L \leqslant 30$	$5 \leqslant L_K < 20$
涵洞	$L < 8$	$L_K < 5$			

(4)按跨越障碍的性质,可分为跨河桥、跨线桥(或立交桥)、高架桥和栈桥,高架桥一般指跨越深沟峡谷以代替高路堤的桥梁,以及在城市中跨越道路的桥梁。

(5)按上部结构的行车道位置,分为上承式桥、中承式桥和下承式桥。桥面布置在主要承重结构上的称为上承式桥;桥面布置在承重结构之下的称为下承式桥;桥面布置在桥跨结构高度中间的称为中承式桥。

(6)按桥跨结构的平面布置,可分为正交桥、斜交桥和弯桥(或曲线桥)等。

1.2 桥梁发展状况

1.2.1 桥梁发展的基本历程

随着社会生产力的发展、工业水平的提高、施工技术的进步、力学理论的进展、计算能力的增强,尤其是建筑材料的不断革新,桥梁建筑的发展,从砖石、木材修建的小桥到当今上千米特大跨度的跨海大桥,可以说经历了三次大的飞跃。

19世纪中期钢材的出现,使桥梁的跨越能力大大提高,跨径从几十米发展到了几百米,桥梁工程的发展出现了第一次飞跃。到了20世纪,钢筋混凝土的应用,以及20世纪30年代预应力混凝土技术及高强钢材的出现,使桥梁建筑获得了廉价、耐久,且刚度和承载力均较大的建筑材料,从而大大推动了桥梁的发展,实现了桥梁建设的第二次飞跃。20世纪50年代之后,随着计算机和有限元计算方法的出现,大大提高了人们的计算能力,使得大规模的结构计算变为可能。从而推动了桥梁工程向更大跨径方向发展,实现了桥梁建设的第三次飞跃。

1.2.2 我国桥梁建设成就

我国有着悠久的历史文化,是世界文明发达最早的国家之一。在桥梁建设方面我们祖先在世界桥梁建筑史上写下了许多光辉灿烂的篇章。在我国古代,有举世闻名的河北赵州桥(图1-8)、福建漳州虎渡桥、宝带桥等。

虽然在我国近代,桥梁建设方面基本处于停滞不前状态,与世界桥梁建筑技术差距较大,但新中国成立以后,尤其是20世纪80年代改革开放以来,我国社会生产力得到快速发展,科技水平迅速提高,交通事业也取得巨大进步。特别是20世纪90年代以来大力发展高等级公路建设,使得我国的桥梁工程得到了空前的发展,取得了巨大的成就,并跨入世界先进行列。如果说20世纪初大跨桥梁的建设重点是在美国,20世纪中后期,桥梁建设的重点转向亚洲东方的日本,那么可以说,到20世纪末,桥梁建设的重点转向了亚洲的中国。

又称安济桥,位于河北赵县,为隋大业初年(公元605年左右)李春所创建。
是一座空腹式圆弧形石拱桥,净跨37.02 m,宽9.0 m,拱矢高7.23 m。

图1-8　河北赵县赵州桥

这一时期,我国相继建成举世闻名的各种类型的大跨度桥梁,例如:

混凝土梁桥有:南京长江第二大桥北汊桥(图1-9)等。

2001年7月建成,主跨为(90+3×165+90)m,是我国目前跨径
最大的预应力混凝土连续梁桥,在同类型桥中居亚洲第1。

图1-9　南京长江第二大桥北汊桥

刚构桥有:广东虎门大桥辅航道桥(图1-10)、湖北龙潭河大桥(图1-11)等。

拱桥有:重庆朝天门大桥(图1-12)、重庆巫山长江大桥(图1-13)、重庆万县长江大桥(图1-14)等。

斜拉桥有:苏通长江大桥(图1-15)、香港昂船洲大桥(图1-16)、南京长江三桥(图1-17)等。

悬索桥有:江苏江阴长江公路大桥(图1-18)、江苏润扬长江大桥(图1-19)、浙江西堠门大桥(图1-20)等。

1997 年建成，连续刚构桥，跨径为(150 + 270 + 150)m，该桥建成时居同类桥世界第 1。

图 1 – 10　广东虎门大桥辅航道桥

2008 年建成，连续刚构桥，跨径为(110 + 3 × 200 + 110)m，主墩高 178 m，为同类型桥世界第 1 高墩。

图 1 – 11　湖北龙潭河大桥

2008 年建成，中承式钢桁系杆拱桥，主跨 552 m，为目前世界第 1 大跨径的拱桥。

图 1 – 12　重庆朝天门大桥

2005 年建成，中承式钢管混凝土拱桥，主跨 492 m，为该类桥型的世界第 1。

图 1-13　重庆巫山长江大桥

1997 年建成，主跨 420 m，为世界上最大跨径的劲性骨架钢筋混凝土拱桥。

图 1-14　重庆万县长江大桥

2008 年竣工通车，钢箱梁斜拉桥，主跨 1088 m，是目前世界上第 1 大跨径的斜拉桥。

图 1-15　苏通长江大桥

2008 年建成，采用主跨钢箱梁、边跨混凝土梁的混合梁斜拉桥，主跨 1018 m，为目前世界第 2 大跨径的斜拉桥。

图 1-16　香港昂船洲大桥

2005 年建成，中国第一座钢塔斜拉桥，钢箱梁结构，跨径为 648 m。

图 1-17　南京长江三桥

1999 年建成，主跨 1385 m，是我国首座跨径超过 1000 m 的钢箱梁悬索桥。

图 1-18　江苏江阴长江公路大桥

2005 年建成，钢箱梁悬索桥，主跨 1490 m，是目前中国第 1、世界第 3 的大跨径悬索桥。

图 1 – 19　江苏润扬长江大桥

2009 年建成，钢箱梁悬索桥，主跨 1650 m。

图 1 – 20　浙江西堠门大桥

还有一些在建或拟建的更大跨度和更高技术难度的桥梁。我国桥梁建设实现了从跨溪跨河到跨江跨海的巨大飞跃。

1.2.3　国外桥梁发展概况

1855 年法国建造了第一批应用水泥砂浆砌筑的石拱桥。1946 年瑞典建成的绥依纳松特桥，跨径达 155 m，至今为世界上最大跨径的石拱桥。

钢筋混凝土桥的出现，可追溯到 1873 年法国的约瑟夫莫尼尔首创建成的一座用钢筋混凝土材料建造的拱式人行桥。钢筋混凝土拱桥的兴起，推动了拱桥向更大跨径方向发展，1940 年瑞典建成的桑独桥跨径达 264 m。1980 年南斯拉夫首次用无支架悬臂施工方法，建成了跨度达 390 m 的克尔克大桥，该桥跨径保持了 18 年世界纪录。目前，无支架悬臂施工法在大跨度拱桥施工中被广泛采用。

著名的澳大利亚悉尼港湾大桥(图 1 - 21),是一座跨径为 503 m 的中承式钢桁架拱桥,建于 1932 年。

图 1 - 21 悉尼港湾大桥

1928 年法国的著名工程师弗莱西奈经过 20 年研究,使预应力混凝土技术付诸实现,此后,新颖的预应力混凝土桥梁首先在法国和德国迅速发展起来,大大推进了梁桥的发展。第二次世界大战后(1948 年),法国应用预应力方法修复了马恩河上的五座桥梁,最大跨径约 74 m。

前西德最早用全悬臂施工法建造预应力混凝土桥梁,先后于 1952 年成功建成莱因河上的沃伦斯桥[跨度为(101.65 + 114.20 + 104.20)m,具有跨中剪力铰连续刚构桥]后,该施工方法传遍全世界,可以说是桥梁施工方法的一次革命。10 年后莱因河上另一座本道尔夫桥的问世,将预应力混凝土桥的跨度达到 208 m,悬臂施工技术更臻完善。目前世界上跨度最大的预应力混凝土连续梁桥是挪威的伐罗德桥(l = 260 m,1994 年);最大跨度的连续刚构桥是挪威的斯托尔马桥(l = 301 m,1998 年)。

世界上第一座具有钢筋混凝土主梁的斜拉桥是 1925 年在西班牙修建的跨越坦波尔河的水道桥,主跨 60.35 m。世界上第一座现代化斜拉桥是 1955 年瑞典建成的斯特罗姆海峡桥,其主跨为 182.6 m。美国在 1978 年建成的 P - K 桥,跨径为 299 m,是世界上第一座密索体系的预应力混凝土斜拉桥。1995 年建成的法国罗曼底大桥(图 1 - 22),主跨为 856 m。1999 年,日本建成了主跨为 890 m 的多多罗大桥(图 1 - 23),主跨钢桁、边跨混凝土梁,为目前世界第 3 大斜拉桥。

在悬索桥方面,美国在 19 世纪 50 年代从法国引进了近代悬索桥技术后,于 19 世纪 70 年代就发明了"空中架线法"编纺主缆,1883 年建成了纽约布鲁克林桥,跨径达 483 m,开创了现代悬索桥的先河。1937 年建成了旧金山金门大桥(图 1 - 24),主跨达 1280 m,该桥保持了 27 年桥梁最大跨径的世界纪录。

目前世界上跨径最大的悬索桥是日本 1998 年建成的明石海峡大桥(图 1 - 25),跨径为 1990 m,后因阪神大地震,地壳位移,目前跨径为 1991 m。

目前世界上已建成和在建的大跨度桥梁统计情况如表 1 - 2(a) ~ (d)所示。

1995 年建成，主跨 856 m

图 1 – 22　法国诺曼底大桥

1999 年建成，主跨 890 m

图 1 – 23　日本多多罗大桥

1937 年建成

图 1 – 24　美国旧金山金门大桥

1998 年建成

图 1 - 25 日本明石海峡大桥

表 1 - 2(a) 预应力混凝土刚构与梁桥

序号	桥名	主跨(m)	结构形式	桥址	年份
1	斯托尔马桥(Stolma)	301	连续刚构	挪威	1998
2	拉脱圣德桥(Raftsundet)	298	连续刚构	挪威	1998
3	亚松森桥(Asuncion)	270	三跨 T 构	巴拉圭	1979
4	虎门大桥辅航道桥	270	连续刚构	中国	1997
5	云南元江大桥	265	连续刚构	中国	2003
6	云南红河大桥	265	连续刚构	中国	2009
7	门道桥	260	连续刚构	澳大利亚	1985
8	伐罗德 2 号桥(Varodd - 2)	260	连续梁	挪威	1994
9	宁德下白石大桥	260	连续刚构	中国	2004
10	重庆鱼洞长江大桥	260	连续刚构	中国	2008

表 1 - 2(b) 拱 桥

序号	桥名	主跨(m)	结构形式	桥址	年份
1	重庆朝天门大桥	552	钢桁架	中国	2009
2	上海卢浦大桥	550	钢箱	中国	2003
3	福斯铁路桥	521.2	钢桁架	英国	1980
4	新河峡桥	518.2	钢桁架	美国	1977
5	波司登大桥(泸州合江长江一桥)	518	钢管砼	中国	在建
6	贝永桥	504	钢桁架	美国	1931
7	悉尼港湾桥	503	钢桁架	澳大利亚	1932
8	重庆巫山长江大桥	492	钢管混凝土	中国	2005
9	宁波明州大桥	450	双肢钢箱	中国	2011
10	湖北支井河特大桥	430	钢管混凝土	中国	2009

表 1-2(c)　斜 拉 桥

序号	桥 名	主跨(m)	结构形式	桥址	建成年份
1	苏通长江大桥	1088	混合梁	中国	2008
2	昂船洲大桥	1018	混合梁	中国	2008
3	湖北鄂东长江大桥	926	混合梁	中国	2010
4	多多罗桥(Tatara)	890	混合梁	日本	1999
5	诺曼底桥(Normandy)	856	混合梁	法国	1995
6	荆岳长江大桥	816	混合梁	中国	2010
7	上海长江大桥	730	钢箱梁	中国	2009
8	宁波象山港大桥	688	钢箱梁	中国	建设中
9	南京长江三桥	648	钢箱梁	中国	2005
10	铜陵长江公铁大桥	630	钢桁梁	中国	建设中

表 1-2(d)　悬 索 桥

序号	桥 名	主跨(m)	结构形式	桥址	年份
1	明石海峡大桥(Akashi Kaikyo)	1991	钢桁梁	日本	1998
2	浙江西堠门大桥	1650	钢箱梁	中国	2009
3	大贝尔特东桥(Great Belt East)	1624	钢桁梁	丹麦	1998
4	润扬长江公路大桥南汊桥	1490	钢箱梁	中国	2005
5	南京长江四桥	1418	钢箱梁	中国	建设中
6	恒伯尔大桥(Humber)	1410	钢桁梁	英国	1981
7	江阴长江公路大桥	1385	钢箱梁	中国	1999
8	香港青马大桥	1377	钢箱梁	中国	1997
9	维拉扎诺桥(Verrazana Narrows)	1298	钢桁梁	美国	1964
10	金门大桥(Golden Gate)	1280	钢桁梁	美国	1937

　　从表 1-2 中可以看出，我国的桥梁建设无论是从各种桥型的跨径、规模，还是在建桥技术等方面均已处于世界先进水平，特别是，已建成的最大跨径拱桥(重庆朝天门大桥)、斜拉桥(苏通长江大桥)这两种桥型均达到世界最大跨径。世界桥梁的发展趋势是朝着大跨径、新材料、新工艺、新技术方向发展，其中新材料的发展尤为突出和重要，要想使桥梁朝着更大跨径发展，必须要有高强度、高弹性模量、轻质材料的出现。目前研究较多的有超高强硅粉和聚合物混凝土，高强双相钢丝纤维增强混凝土、轻质高强的玻璃纤维、碳纤维等，这些新材料若能逐步取代目前广泛使用的钢和混凝土材料，必将导致桥梁建设乃至土木工程的又一次新的飞跃。

本章思考题

1-1　桥梁一般由哪几个基本部分组成？并阐述各基本部分的主要作用。

1-2　按照受力体系划分，桥梁可分为哪几种基本体系？并且阐述各种桥梁体系的主要受力特点及适用场合。

1-3　在已取得的桥梁建设成就的基础上，要进一步建造更大跨径的桥梁，主要影响因素有哪些？

第2章　桥梁的总体规划设计

2.1　桥梁设计的原则、步骤和基本资料

2.1.1　桥梁设计的原则

桥梁是公路、铁路和城市道路的重要组成部分，特别是大、中桥梁的建设对当地政治、经济、国防等都具有重要意义。因此，桥梁工程必须遵照"安全、适用、经济和美观"的基本原则进行设计，同时应充分考虑建造技术的先进性以及环境保护和可持续发展的要求。桥梁建设应遵循的各项原则分述如下：

1. 安全

(1)所设计的桥梁结构在强度、稳定和耐久性方面应有足够的安全储备；

(2)应设置好照明设施、护栏、交通标志等良好的交通安全设施；

(3)引桥或桥头引道线形要合理，坡度不宜太陡，以保证行车安全；

(4)地震区的桥梁，应按抗震要求采取防震措施；对于河床易变迁的河道，应设计好导流设施，防止桥梁基础底部被过度冲刷；对于通行大吨位船舶的河道，除按规定加大桥孔跨径外，必要时设置防撞构筑物等。

2. 适用

(1)桥面净宽、设计荷载应能满足规划年限内的使用要求；

(2)桥下净空应有利于泄洪，通航(跨河桥)或车辆和行人的通行(旱桥)；

(3)桥梁两端接线应方便车辆的进入和疏散，不致产生交通拥堵现象等；

(4)考虑综合利用，方便各种管线(水、电气、通迅等)的搭载。

3. 经济

(1)桥梁设计应遵循因地制宜，就地取材和方便施工的原则；

(2)经济的桥型应该是造价和养护费用综合最省的桥型，设计中应充分考虑维修费用、维修方便及维修对交通的影响；

(3)结合地形、河床形态、地质、水文等自然条件及桥梁的使用效益，选择最佳桥位。

4. 美观

一座桥梁应具有优美的外形，而且这种外形从任何角度看都应该是优美的，结构布置必须精练，并在空间有和谐的比例。桥型应与周围环境相协调，城市桥梁和游览地区的桥梁，可较多地考虑建筑艺术上的要求。合理的结构布局和轮廓是美观的主要因素，另外，施工质量对桥梁美观也有重大影响。

2.1.2　桥梁设计的步骤

　　一座桥梁的规划设计所涉及的因素很多，特别是对于工程比较复杂的大、中桥梁，是一个综合性的系统工程。设计合理与否，将直接影响到区域的政治、经济、文化以及人民的生活。因此必须建立一套严格的管理体制和有序的工作程序。在我国，基本建设程序分为前期工作和正式设计两个大步骤，它们的关系如图 2 - 1 所示。现分别简要介绍它们的主要内容及要求。

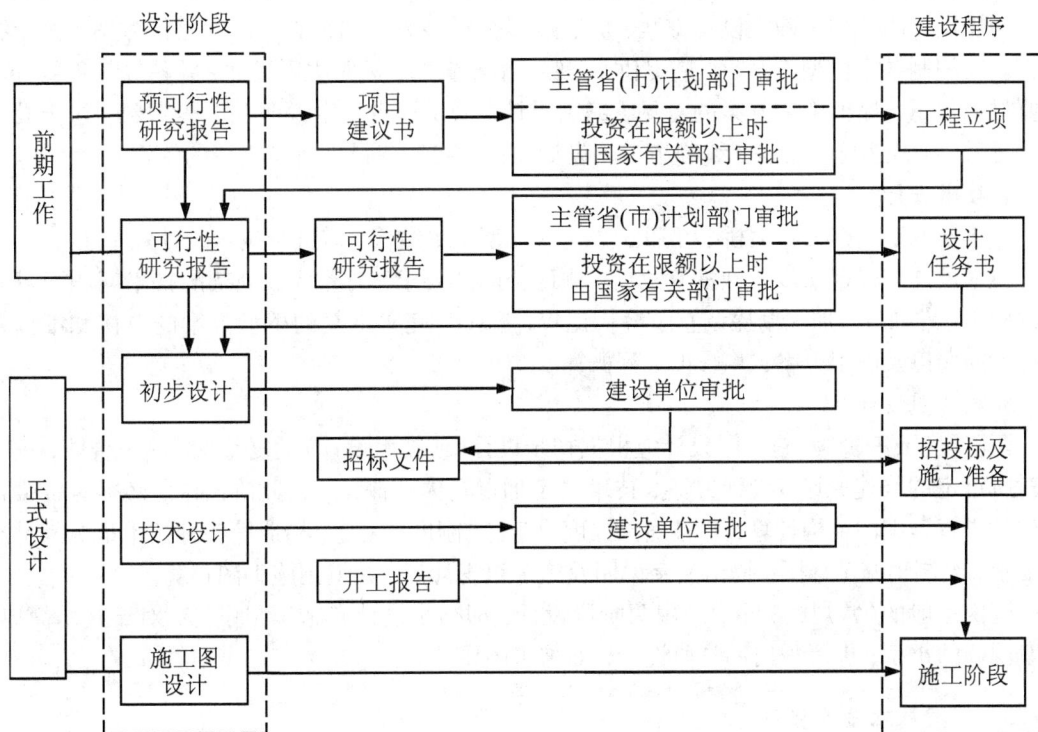

图 2 - 1　设计阶段与建设程序关系图

　　1. "预可"阶段

　　"预可"阶段着重研究建桥的必要性以及宏观经济上的合理性。

　　在"预可"研究形成的"预工程可行性研究报告书"简称"预可报告"中，应从经济、政治、国防等方面，详细阐明建桥理由和工程建设的必要性和重要性，同时初步探讨技术上的可行性。对于区域性线路上的桥梁，应以建桥地点（渡口等）的车流量调查（计及国民经济逐年增长）为立论依据。

　　"预可"阶段的主要工作目标是解决建设项目的上报立项问题，因而，在"预可报告"中，应编制几个可能的桥型方案，并对工程造价、资金来源、投资回报等问题也应有初步估算和设想。

　　设计方将"预可报告"交业主后，由业主据此编制"项目建议书"报主管上级审批。

　　2. "工可"阶段

　　在"项目建议书"被审批确认后，着手"工可"阶段的工作，在这一阶段，着重研究和制定桥梁的技术标准,包括:设计荷载标准、桥面宽度、通航标准、设计车速、桥面纵坡和桥面平、纵曲线半径等,在这一阶段,应与河道、航运、规划等部门共同研究,以共同协商确定相关的技术标准。

在"工可"阶段,应提出多个桥型方案,并按交通部《公路基本建设工程投资估算编制办法》估算造价,对资金来源和投资回报等问题应基本落实。

3. 初步设计

初步设计应根据批复的可行性研究报告、测设合同和初测、初勘或定测、详勘资料编制。

初步设计的目的是确定设计方案,应通过多个桥型方案的比选,推荐最优方案,报上级审批。在编制各个桥型方案时,应提供平、纵、横布置图,标明主要尺寸,并估算工程数量和主要材料数量,提出施工方案的意见,编制设计概算,提供文字说明和图表资料,初步设计经批复后,则成为施工准备、编制施工图设计文件和控制建设项目投资等的依据。

4. 技术设计

对于技术上复杂的特大桥、互通式立交或新型桥梁结构,需进行技术设计。

技术设计应根据初步设计批复意见、测设合同的要求,对重大、复杂的技术问题通过科学试验、专题研究、加深勘探调查及分析比较,进一步完善批复的桥型方案的总体和细部各种技术问题以及施工方案,并修正工程概算。

5. 施工图设计

两阶段(或三阶段)施工图设计应根据初步设计(或技术设计)批复意见、测设合同,进一步对所审定的修建原则、设计方案、技术决定加以具体和深化,在此阶段中,必须对桥梁各种构件进行详细的结构计算,并且确保强度、稳定、刚度、裂缝、构造等各种技术指标满足规范要求,绘制出施工详图,提出文字说明及施工组织计划,并编制施工图预算。

国内一般的(常规的)桥梁采用两阶段设计,即初步设计和施工图设计,对于技术简单、方案明确的小桥,也可采用一阶段设计,即施工图设计。

2.1.3　桥梁基本设计资料

在着手设计之前首先要选择合理的桥位,这常常是影响桥梁设计、施工和使用的全局问题,这部分内容在"桥涵水文"课程中介绍。对于所选定的桥位,必须进一步调查研究,详细分析建桥的具体情况,才能作出合理的设计方案。现将一般桥梁设计中需要进行的资料调查工作分述于下:

(1)调查研究桥梁的使用任务:即调查桥上的交通种类和行车、行人的往来密度,以确定桥梁的荷载等级和行车道、人行道宽度等。调查桥上是否需要铺设电缆或输水、输气管道等,为此需设置专门的构造装置。

(2)测量桥位附近的地形,并绘制地形图,供设计和施工用。

(3)探测桥位的地质情况,包括土壤的分层标高、物理力学性能、地下水等,并将钻探资料绘成地质剖面图,作为基础设计的重要依据。对于所遇到的地质不良现象,如滑坡、断层、溶洞、裂隙等,应详加注明。为使地质资料更接近实际,可以根据初步拟定的桥梁分孔方案将钻孔布置在墩台附近。

(4)调查和测量河流的水文情况,包括调查河道性质(如河床及两岸的冲刷和淤积、河道的自然变迁等),收集和分析历年的洪水资料,测量河床断面图,调查河槽各部分的形态标志、糙率等，通过计算确定各种特征水位、流速、流量等。与航运部门协商确定通航水位和通航净空。了解河流上有关水利设施对新建桥梁的影响。

（5）调查和收集桥位处的地震资料，确定桥梁的抗震设防烈度。

（6）调查和收集有关气象资料，包括气温、雨量及风速（或台风影响）等情况。

（7）调查当地建筑材料（砂、石料等）的来源，水泥钢材的供应情况以及水陆交通的运输情况。

（8）调查了解施工单位的技术水平、施工机械等装备情况，以及施工现场的动力设备和电力供应情况。

（9）调查新建桥位上、下游有无老桥，其桥型布置和使用情况等。

很明显，为选择桥位就已需要一定的地形、地质和水文等资料，而对于所选定的桥位，又需要进一步为桥梁设计提供更为详尽的依据资料，因此以上各项工作往往是互相渗透，交错进行的。

2.2　桥梁平、纵、横断面设计

2.2.1　桥梁规划设计中常用的基本概念及术语名称

1. 水位

河流中的水位是变动的，河流中枯水季节的最低水位称为低水位；洪峰季节河流中的最高水位称为高水位；桥梁设计中按规定的设计洪水频率计算所得出高水位，称为设计洪水位；在各级航道中，能保持船舶正常航行的水位称为通航水位。

2. 跨径与桥长

净跨径：对于梁桥（图 1-1）是设计洪水位相邻两个桥墩（或桥台）之间的净距，用 l_0 表示；对于拱式桥（图 1-2）是每孔拱跨两个拱脚截面最低点之间的水平距离。

总跨径：是多孔桥梁中各净跨径之总和（$\sum l_0$），它反映了桥下宣泄洪水的能力。

计算跨径：对于设有支座的桥梁，是指桥跨结构相邻两个支座中心之间的距离；对于拱式桥，是两相邻拱脚截面形心点之间的水平距离，用 l 表示，桥跨结构的力学计算是以 l 为基准的。

桥梁全长（简称桥长）：对于有桥台的桥梁为两岸桥台后端点之间水平距离；对于无桥台的桥梁则为桥面行车道长度，用 L 表示。

3. 高度和净空

桥梁高度（简称桥高）：是指桥面与低水位之间的高差，或为桥面与桥下线路路面之间的距离（指跨线桥）。桥高在某种程度上反映了桥梁施工的难易性。

桥下净空：为了满足通航或行车、行人等需要和保证桥梁结构安全而对上部结构底缘以下所规定的净空间的界限，对此，规范中有专门的规定。

桥面净空：是桥梁行车道、人行道上方应保持的净空间界限，对于公路、铁路和城市桥梁规范中对此也有相应的规定。

桥梁建筑高度：是上部结构底缘至桥面顶面的垂直距离。线路定线中所确定的桥面标高与桥下净空界限顶部标高之差,称为桥梁的容许建筑高度。因此,桥梁设计的建筑高度不得大于容许建筑高度,否则,就不能保证桥下的通航或行车等要求。

净矢高(对拱桥而言):是从拱顶截面下缘至相邻两跨拱脚截面下缘最低点之连线的垂直距离,用 f_0 表示。

计算矢高:是拱顶截面形心至相邻两拱脚截面形心连线的垂直距离,用 f 表示。

以上概念及名词术语参见图 1 – 1 及图 1 – 2。

2.2.2 桥梁平面设计

桥梁平面设计的任务是确定路、桥、水流的关系。一般应遵循以下原则:

(1)高速、一级公路上的各类桥梁除特殊大桥外,其线形布设应服从路线总体布局。

(2)二、三、四级公路上的特大桥、大桥桥位是路线主要控制点,路线应充分兼顾桥位。中小桥涵则应尽量服从路线布局。

(3)由经济和施工而言,应尽量避免斜交,不可避免时应尽量减小斜交角度 φ,一般河流 $\varphi \leqslant 45°$,通航河流 $\varphi \leqslant 5°$。

2.2.3 桥梁纵断面设计

桥梁纵断面设计包括确定桥梁的总跨径、桥梁分孔、桥道标高、桥下净空、桥上和桥头引道纵坡以及基础埋深(其中,基础埋深在《基础工程》课程中介绍)等。

1. 桥梁总跨径的确定

对于一般跨河桥梁,总跨径一般根据水文计算来确定。必须保证桥下有足够的排洪面积,使河床不致遭受过大的冲刷。但在某些情况下,为了降低工程造价,可以在不超过允许的桥前壅水和规范规定的允许最大冲刷系数的条件下,适当增大桥下冲刷,以缩短总跨长。因此,桥梁的总跨径应根据具体情况经过全面分析后加以确定。

2. 桥梁的分孔

对于一座较长的桥梁,应当分成若干孔。桥梁的分孔要根据通航要求、地形和地质情况、水文情况以及技术经济和美观的条件来加以确定。一般应遵循以下原则:

(1)采用最经济的分孔方式,即使得上、下部结构的总造价趋于最低。

当桥墩较高或地质不良,基础工程较复杂而造价较高时,桥梁跨径就选得大一些;反之,当桥墩较矮或地基较好时,跨径就可选得小一些。在实际工作中,应对不同的跨径布置进行粗略的方案比较,来选择最经济的跨径和孔数。

(2)对于通航河流,分孔时首先应满足通航要求。

桥梁的通航孔应布置在航行最方便的河域。对于变迁性河流,考虑航道可能发生变化,应多设几个通航孔。在平原区宽阔河流上的桥梁,通常在主河槽部分按需要布置较大的通航孔,而在两侧浅滩部分按经济跨径进行分孔。如果经济跨径较通航要求者还大,则通航孔也应取用较大跨径。在山区深谷上、水深流急的江河上,或需在水库上修桥时,为了减少中间桥墩,应加大跨径。如果条件允许的话,甚至可以采用特大跨径的单孔跨越。

(3)对于不良地质桥位的分孔,要充分考虑地质情况的影响。

例如岩石破碎带、裂隙、溶洞等,在布孔时,要将桥基位置移开,或适当加大跨径。

(4)桥梁分孔要与结构形式综合考虑。

　　在有些体系中，为了结构受力合理和用材经济，分跨布置时要考虑合理的跨径比例。例如，为了使钢筋混凝土连续梁桥的中跨和相邻边跨的跨中最大弯矩接近相等，其中跨和相邻边跨的跨径比值，对于三跨连续梁约为 1:0.8，对于五跨连续梁约为 1:0.9:0.65。

　　⑤桥梁分孔还应与施工方法、施工能力及施工进度综合考虑。

　　如同样是预应力混凝土连续梁桥，采用支架施工和采用悬臂施工其边跨与中跨的比例就不相同。采用支架施工的，边跨长度可取中跨的 0.8 倍左右是经济合理的。采用悬臂施工法，考虑到一部分边跨采用悬臂施工外，剩余的边跨部分还需另搭脚手架施工。为使脚手架长度最短，则边跨长度取中跨长度的 0.65 倍为宜。从施工能力角度考虑，有时选用较大跨径虽然在经济上是合理的，但限于当时的施工技术能力和设备条件，也不得不将跨径减小。对于大桥施工，基础工程往往对工期起控制作用，在此情况下，从缩短工期出发，就应减少基础数量而修建较大跨径的桥梁。

　　总之，对于大、中型桥梁来说，分孔问题是设计中最基本、最复杂的问题，必须进行深入全面的分析，才能作出比较完美的方案。

　　3. 桥道标高的确定

　　桥道标高的确定主要考虑三个因素：即路线纵断面设计要求、排洪要求和通航要求。应保证排洪、通航和桥下行车安全及桥梁自身安全。

　　对于跨河桥梁，桥道的标高应保证桥下排洪和通航的需要；对于跨线桥，则应确保桥下安全行车。在平原区建桥时，桥道标高的抬高往往伴随着桥头引道路堤土方量的显著增加。在修建城市桥梁时，桥高了使两端引道的延伸会影响市容，或者需要设置立体交叉或高架桥，导致工程造价增加。合理的桥道标高必须根据设计洪水位、桥下通航（通车）的需要，并结合桥型、跨径等一起考虑。重点解决好"流水净空、通航净空、通行净空"的问题。

　　1）流水净空要求

　　（1）按计算水位（设计水位计入壅水、浪高等）计算桥面最低高程时，应按如下计算：

$$H_{\min} = H_j + \Delta h_j + \Delta h_0 \tag{2-1}$$

$$H_j = H_s + \sum \Delta h \tag{2-2}$$

式中：$H_{\min}$——桥面最低高程（m）；

　　　　H_j——计算水位（m）；

　　　　H_s——设计水位（m）；

　　　　$\sum \Delta h$——考虑壅水、浪高、波浪壅高、河弯超高、水拱、局部股流壅高（水拱与局部股流壅高只取其大者）、床面淤高、漂浮物高度等诸因素的总和（m）；

　　　　Δh_j——桥下最小净空（m），应符合表 2-1 的规定；

　　　　Δh_0——桥梁上部构造建筑高度（m），应包括桥面铺装高度。

　　当河流有形成流冰阻塞的危险或有漂浮物通过时，应按实际调查的数据，在计算水位的基础上，结合当地具体情况酌留一定富余量，作为确定桥下净空的依据。对于有淤积的河流，桥下净空应适当增加。

　　在不通航和无流筏的水库区域内，梁底面或拱顶底面离开水面的高度不应小于计算浪高的 0.75 倍加上 0.25 m。

表 2 - 1　非通航河流桥下最小净空 Δh_j

桥梁部位		高出计算水位(m)	高出最高流冰面(m)
梁底	洪水期无大漂流物	0.5	0.75
	洪水期有大漂流物	1.50	—
	有泥石流	1.00	—
支座垫石顶面		0.25	0.50
拱脚		0.25	0.25

注:无铰拱的拱脚,允许被设计洪水淹没,但不宜超过拱圈高度的2/3,且拱顶底面至计算水位的净高不得小于1 m。

(2)按设计最高流冰水位计算桥面最低高程时,应按式(2 - 3)计算:

$$H_{min} = H_{SB} + \Delta h_j + \Delta h_0 \qquad (2 - 3)$$

式中:H_{SB}——设计最高流冰水位(m),应考虑床面淤高。

(3)桥面设计高程不应低于式(2 - 1)或式(2 - 3)的计算值。

2)通航净空要求

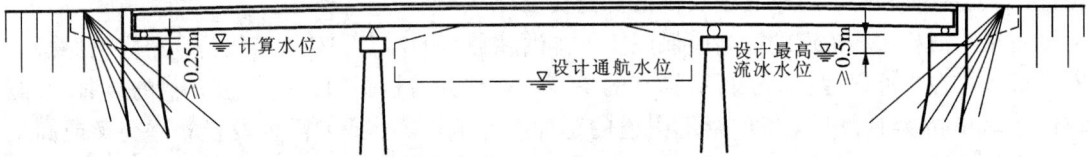

图 2 - 2　梁桥纵断面

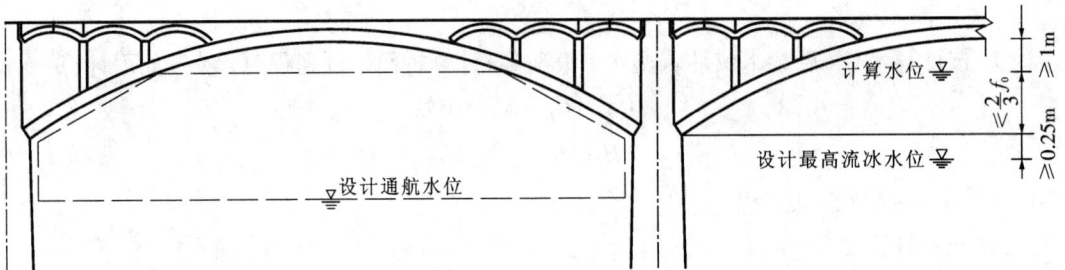

图 2 - 3　拱桥桥下净空图

在通航及通行木筏的河流上,必须设置保证桥下安全通航的通航孔。通航孔桥跨结构下缘的标高,应高出自设计通航水位算起的通航净空高度。所谓通航净空,就是在桥孔中垂直于水流方向所规定的空间界限(图 2 - 2、图 2 - 3 和图 2 - 4 中虚线所示的多边形图),任何结

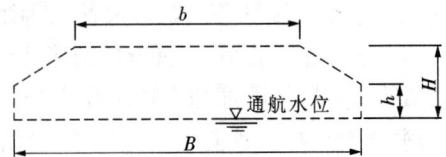

图 2 - 4　通航净空示意图

构构件或航设施均不得伸入其内。《内河通航标准》(GB 50139—2004)规定了水上过河建筑物的通航净空尺度。对于限制性河道、黑龙江水系和珠江三角洲至港澳内河航道的通航净宽另有相关规定。此外还颁布了《通航海轮桥梁通航标准》(JTJ 311—97),适用于沿海、海湾

及区域内通航海轮航道的桥梁。设计应用时可详细查阅相关技术标准和有关规定。

3）跨线桥桥下的交通要求

在设计跨线路（铁道或公路）的立体交叉时，桥跨结构底缘的标高应高出规定的车辆净空高度。对于公路所需的净空限界，见 2.2.4 节的桥梁横断面设计部分，铁路的净空限界可查阅铁路桥涵设计规范。

综上所述，全桥位于河中各跨的桥道标高均应首先满足流水净空的要求；对于通航或桥下通车的桥孔还应满足通航净空或建筑净空限界的要求；另外，还应考虑桥的两端能够与公路或城市道路顺利衔接等。因此，全桥各跨的桥道标高是不相同的，必须综合考虑和规划，一般将桥梁的纵断面设计成具有单向或双向坡度的桥梁，既利于交通，美观效果好，又便于桥面排水（对于不太长的小桥，可以做成平桥）。但桥上纵坡不宜大于 4%；桥头引道纵坡不宜大于 5%。对于位于市镇混合交通繁忙处的桥梁，桥上纵坡和桥头引道纵坡均不得大于 3%，并应在纵坡变更的地方按规定设置竖曲线。

2.2.4　桥梁横断面设计

桥梁横断面的设计，主要是决定桥面的宽度和桥跨结构横截面的布置。桥面宽度决定于行车和行人的交通需要。我国交通部颁布的《桥规》[2] 中，规定了各级公路桥面净空限界，如图 2 - 5 所示，在建筑限界内，不得有任何部件侵入。

表 2 - 2　车道宽度

设计速度（km/h）	120	100	80	60	40	30	20
车道宽度（m）	3.75	3.75	3.75	3.50	3.50	3.25	3.00（单车道为 3.50 m）

注：高速公路上的八车道桥梁，当设计左侧路肩时，内侧车道宽度可采用 3.50 m。

表 2 - 3　中间带宽度

设计速度（km/h）		120	100	80	60
中央分隔带宽度（m）	一般值	3.00	2.00	2.00	2.00
	最小值	2.00	2.00	1.00	1.00
左侧路缘带宽度（m）	一般值	0.75	0.75	0.50	0.50
	最小值	0.75	0.50	0.50	0.50
中间带宽度（m）	一般值	4.50	3.50	3.00	3.00
	最小值	3.50	3.00	2.00	2.00

注："一般值"为正常情况下的采用值；"最小值"为条件受限制时，可采用的值。

表 2 - 4　分离式断面高速公路、一级公路左侧路肩宽度

设计速度（km/h）	120	100	80	60
左侧路肩宽度（m）	1.25	1.00	0.75	0.75

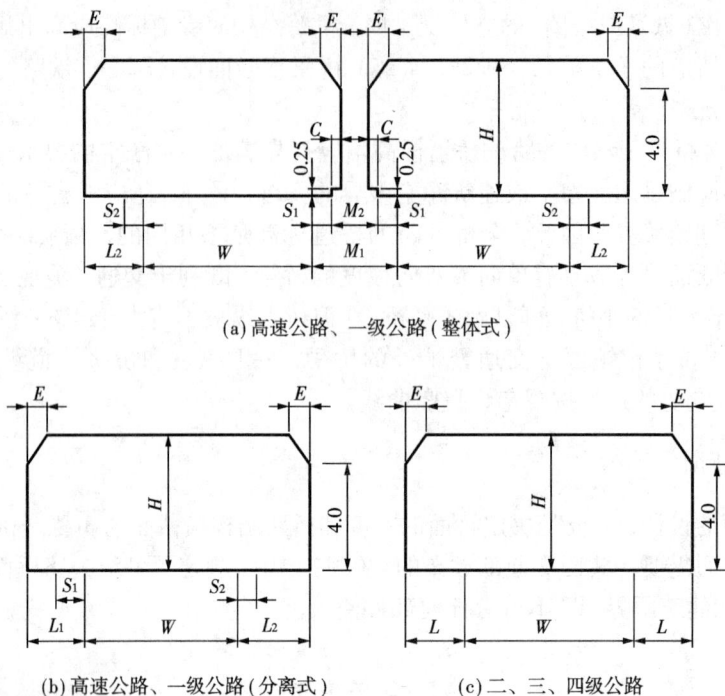

图 2-5　桥涵净空(尺寸单位: m)

注：①当桥梁设置人行道时，桥涵净空应包括该部分的宽度；

　　②人行道、自行车道与行车道分开设置时，其净高不应小于 2.5 m。

图中：W——行车道宽度，为车道数乘以车道宽度，并计入所设置的加(减)速车道、紧急停车道、爬坡车道、慢车道或错车道的宽度，车道宽度规定见表 2-2；

　　　C——当设计速度大于 100 km/h 时为 0.5 m，等于或小于 100 km/h 时为 0.25 m；

　　　S_1——行车道左侧路缘带宽度，见表 2-3；S_2——行车道右侧路缘带宽度，应为 0.5 m；

　　　M_1——中间带宽度，由两条左侧路缘带和中央分隔带组成，见表 2-3；

　　　M_2——中央分隔带宽度，见表 2-3；E——桥涵净空顶角宽度，$L \leqslant 1$ m 时，$E = L$；$L > 1$ m 时，$E = 1$ m；

　　　H——净空高度，一条公路应采用一个净高，高速公路和一级、二级公路上的桥梁为 5.0 m，三级、四级公路上的桥梁应为 4.5 m；

　　　L_1——桥梁左侧路肩宽度，见表 2-4，八车道及八车道以上高速公路上的桥梁宜设置左路肩，其宽度应为 2.50 m，左侧路肩宽度内含左侧路缘带宽度；

　　　L_2——桥梁右侧路肩宽度，见表 2-5，当受地形条件及其他特殊情况限制时，可采用最小值。高速公路和一级公路上桥梁应在右侧路肩内设右侧路缘带，其宽度为 0.5 m。设计速度为 120 km/h 的四车道高速公路上桥梁，宜采用 3.50 m 的右侧路肩；六车道、八车道高速公路上的桥梁，宜采用 3.00 m 的右侧路肩。高速公路、一级公路上桥梁的右侧路肩宽度小于 2.50 m 且桥长超过 500 m 时，宜设置紧急停车带，紧急停车带宽度包括路肩在内为 3.50 m，有效长度不应小于 30 m，间距不宜大于 500 m；

　　　L——侧向宽度。高速公路、一级公路上桥梁的侧向宽度为路肩宽度(L_1、L_2)，二、三、四级公路上桥梁的侧向宽度为其相应的路肩宽度减去 0.25 m。

表 2 – 5　右侧路肩宽度

公路等级		高速公路、一级公路				二、三、四级公路				
设计速度(km/h)		120	100	80	60	80	60	40	30	20
右侧路肩宽度(m)	一般值	3.00 或 3.50	3.00	2.50	2.50	1.50	0.75	—	—	—
	最小值	3.00	2.50	1.50	1.50	0.75	0.25	—	—	

注:"一般值"为正常情况下的采用值;"最小值"为条件受限制时,可采用的值。

在可能条件下,在高速公路、一级公路上,一般以建上、下行两座分离的独立桥梁为宜。

高速公路上的桥梁应设检修道,不宜设人行道。一、二、三、四级公路上桥梁的桥上人行道和自行车道的设置,应根据需要而定,并应与前后路线布置协调。人行道、自行车道与行车道之间,应设分隔设施。一个自行车道的宽度为 1.0 m;当单独设置自行车道时,不宜小于两个自行车道的宽度。人行道的宽度宜为 0.75 m 或 1.0 m;大于 1.0 m 时,按 0.5 m 的级差增加。当设路缘石时,路缘石高度可取用 0.25 ~ 0.35 m。漫水桥和过水路面可不设人行道。

高速公路、一级公路上的桥梁必须设置护栏。二、三、四级公路上特大、大、中桥应设护栏或栏杆和安全带,小桥和涵洞可仅设缘石或栏杆。不设人行道的漫水桥和过水路面应设标杆或护栏。

2.3　桥梁设计方案的比选

2.3.1　设计方案比选的步骤

为了获得经济、适用和美观的桥梁设计方案,设计者必须根据各种自然、技术上的条件,因地制宜,在综合应用专业知识,了解掌握国内外新技术、新材料、新工艺的基础上,进行深入细致的分析研究对比工作,才能科学地得出完美的设计方案。桥梁设计方案的比选和确定可按下列步骤进行:

1. 明确各种标高的要求

在桥位纵断面图上,先行按比例绘出设计水位、通航水位、堤顶标高、桥面标高、通航净空、堤顶行车净空位置图。

2. 桥梁分孔和初拟桥型方案草图

在上述确定了各种标高的纵断面图上,根据泄洪总跨径的要求,作桥梁分孔和桥型方案草图,作草图时思路要宽广,只要基本可行,尽可能多绘一些草图,以免遗漏可能的桥型方案。

3. 方案初筛

对草图方案作技术和经济上的初步分析和判断,筛去弱势方案,从中选出 2 ~ 4 个构思好、各具特点、但一时还难以判定孰优孰劣的方案,以作进一步详细研究和比较。

4. 详绘桥型方案

根据不同桥型、不同跨度、宽度和施工方法,拟定主要尺寸并尽可能细致地绘制各个桥型方案的尺寸详图。对于新结构，应作初步的力学分析，以准确拟定各方案的主要尺寸。

　　5. 编制估算或概算

　　依据编制方案的详图，可以计算出上、下部结构的主要工程数量，然后依据各省、市或行业的"估算定额"或"概算定额"，编制出各方案的主要材料(钢、木、混凝土等)用量、劳动力数量、全桥总造价(分上、下部结构列出)等。

　　6. 方案选定和文件汇总

　　全面考虑建设造价、养护费用、建设工期、营运适用性、美观等因素，综合分析，阐述每一个方案的优缺点，最后选定一个最佳的推荐方案。在深入比较过程中，应当及时发现并调整方案中的不尽合理之处，确保最后选定的方案是优中选优的方案。

　　上述工作全部完成之后，着手编写方案说明。说明书中应阐明方案编制的依据和标准、各方案的主要特色、施工方法、设计概算以及方案比较的综合性评述。对于推荐方案应作较详细的说明。各种测量资料、地质勘察和地震烈度复核资料、水文调查与计算资料等应按附件载入。

2.3.2 实例

　　贵州省江口至石千公路上的陡山坝大桥，跨越山谷，地质条件为灰岩、覆盖层亚粘土较浅。桥面中心设计标高距谷底约 80 m。桥面宽: 0.5 m(护栏) + 7.5 m(桥面净宽) + 0.5 m (护栏)；设计荷载: 公路 - Ⅰ 级。

　　图 2 - 6 ~ 图 2 - 8 为该桥的桥型方案比较图。各桥型主要优缺点见表 2 - 6。综合而言，预应力混凝土桁架拱桥方案具有造价经济、施工工艺成熟、工期短等优势，故推荐预应力混凝土桁架拱桥方案。

表 2 - 6　各桥型主要优缺点比较表

方案类别 / 比较项目	方案一	方案二	方案三
	上部构造: 主桥为单跨 150 m 预应力混凝土桁架拱。下部构造: 重力式桥台, 钢筋混凝土拱座, 明挖扩大基础	上部构造: 主桥为单跨 150 m 钢筋混凝土箱形拱, 引桥为 20 m 跨径的预应力混凝土空心板。下部构造: 重力式 U 形桥台, 明挖扩大基础；双柱式墩, 桩基础	上部构造: 主桥为(50 + 100 + 50)m 预应力混凝土连续刚构, 引桥为 20 m 跨径的预应力混凝土空心板。下部构造: 主桥墩为钢筋混凝土双肢柔性墩, 桩基础；重力式 U 形桥台, 明挖扩大基础
桥梁全长(m)	266	238	238
施工技术	主桥采用预制吊装施工, 施工技术成熟, 工艺要求较高。本地具有建造桁架拱桥的技术优势	主桥采用预制吊装施工, 施工技术成熟, 工艺要求较高	主梁采用挂蓝悬浇施工, 施工技术成熟, 工艺要求较高
适用性	整体刚度大、桥面伸缩缝较少, 行车平顺	整体刚度大、桥面伸缩缝较多, 行车较平顺	整体刚度大、桥面伸缩缝少, 行车平顺

续表

方案类别 比较项目	方案一	方案二	方案三
	上部构造:主桥为单跨150 m预应力混凝土桁架拱。下部构造:重力式桥台,钢筋混凝土拱座,明挖扩大基础	上部构造:主桥为单跨150 m钢筋混凝土箱形拱,引桥为20 m跨径的预应力混凝土空心板。下部构造:重力式 U 形桥台,明挖扩大基础;双柱式墩,桩基础	上部构造:主桥为(50+100+50)m预应力混凝土连续刚构,引桥为20 m跨径的预应力混凝土空心板。下部构造:主桥墩为钢筋混凝土双肢柔性墩,桩基础;重力式 U 形桥台,明挖扩大基础
经济性	建设造价经济;混凝土桥且伸缩缝较少,养护费用少	建设造价经济;混凝土桥、但伸缩缝较多,总的来说,养护费用较少	建设造价比方案一、方案二高;混凝土桥且伸缩缝较少,养护费用较少
建设工期	上部结构预制与基础施工可同步进行,工期36 个月(工期较短)	上部结构预制与基础施工可同步进行,工期36 个月(工期较短)	上、下部结构及基础不能平行施工,工期42 个月(工期稍长)
美观性	景观效果好	景观效果好	景观效果较好

本章思考题

2-1　桥梁工程设计应遵循哪些基本原则?

2-2　桥梁平面设计应遵循哪些原则?

2-3　桥梁纵断面设计包括哪些内容?

2-4　桥梁分孔应考虑哪些主要因素?

2-5　如何确定桥道标高?

2-6　桥梁设计方案的比选应遵循怎样的步骤?

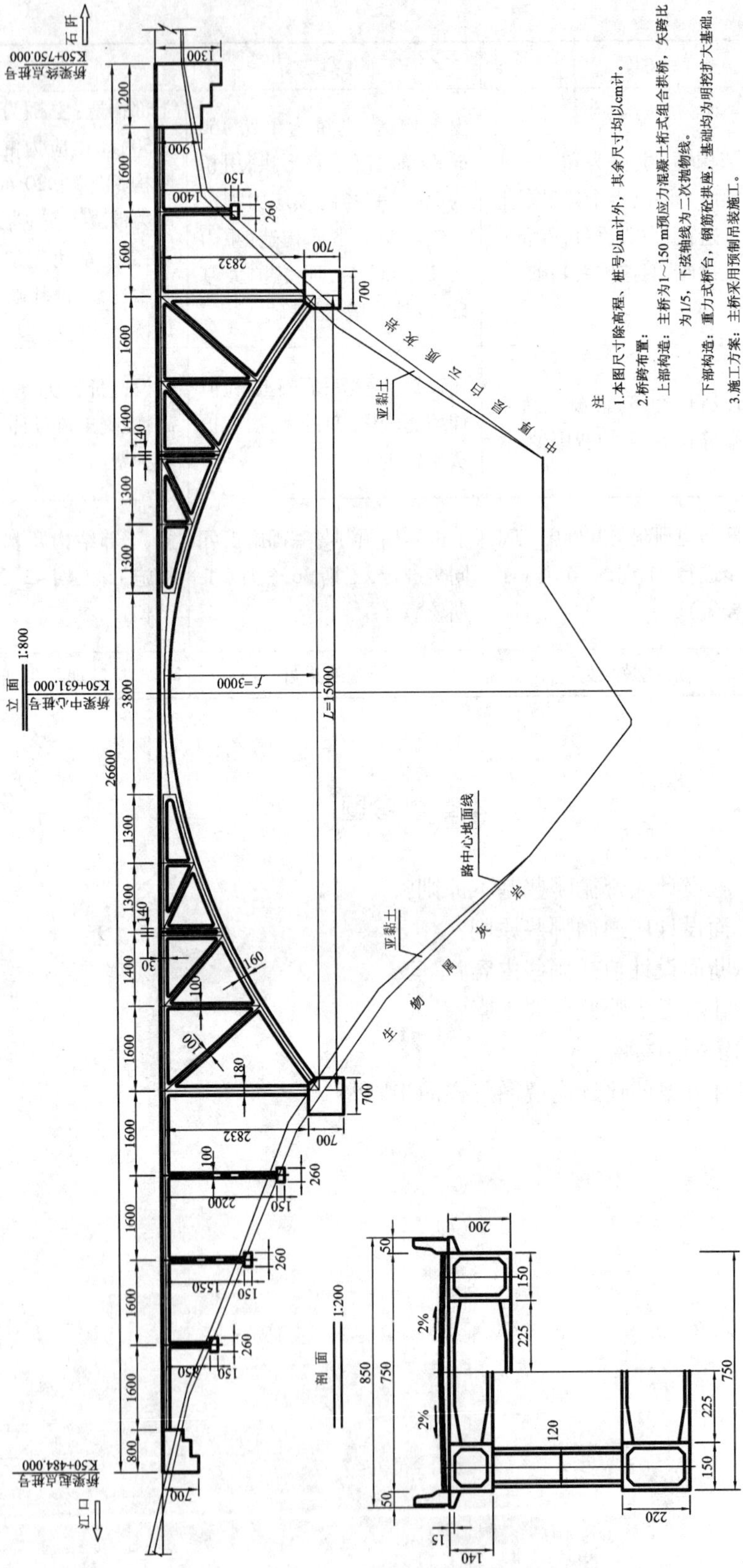

图2-6 方案一（推荐方案）：预应力混凝土桁架拱

注：
1.本图尺寸除高程、桩号以cm计外，其余尺寸均以cm计。
2.桥跨布置：
 上部构造：主桥为1~150 m预应力混凝土桁式组合拱桥，矢跨比为1/5，下弦轴线为二次抛物线。
 下部构造：重力式桥台，钢筋砼拱座，基础均为明挖扩大基础。
3.施工方案：主桥采用预制吊装施工。

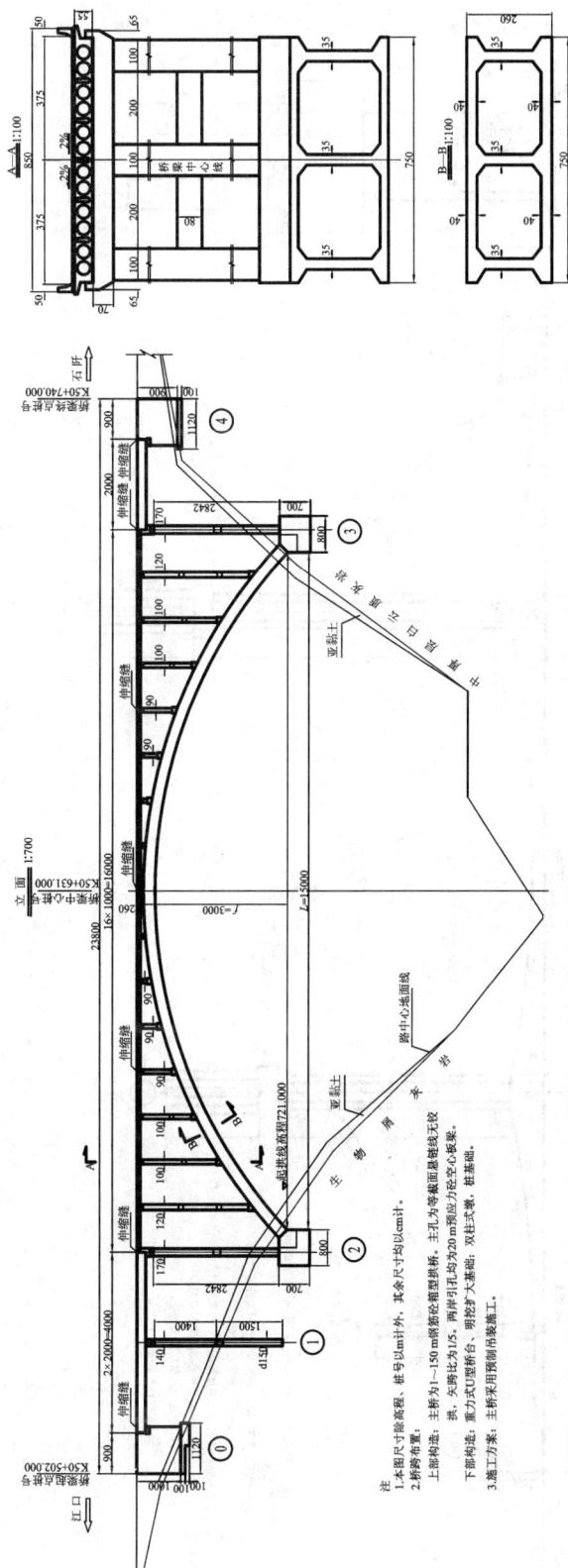

图2-7 方案二：钢筋混凝土箱形拱桥

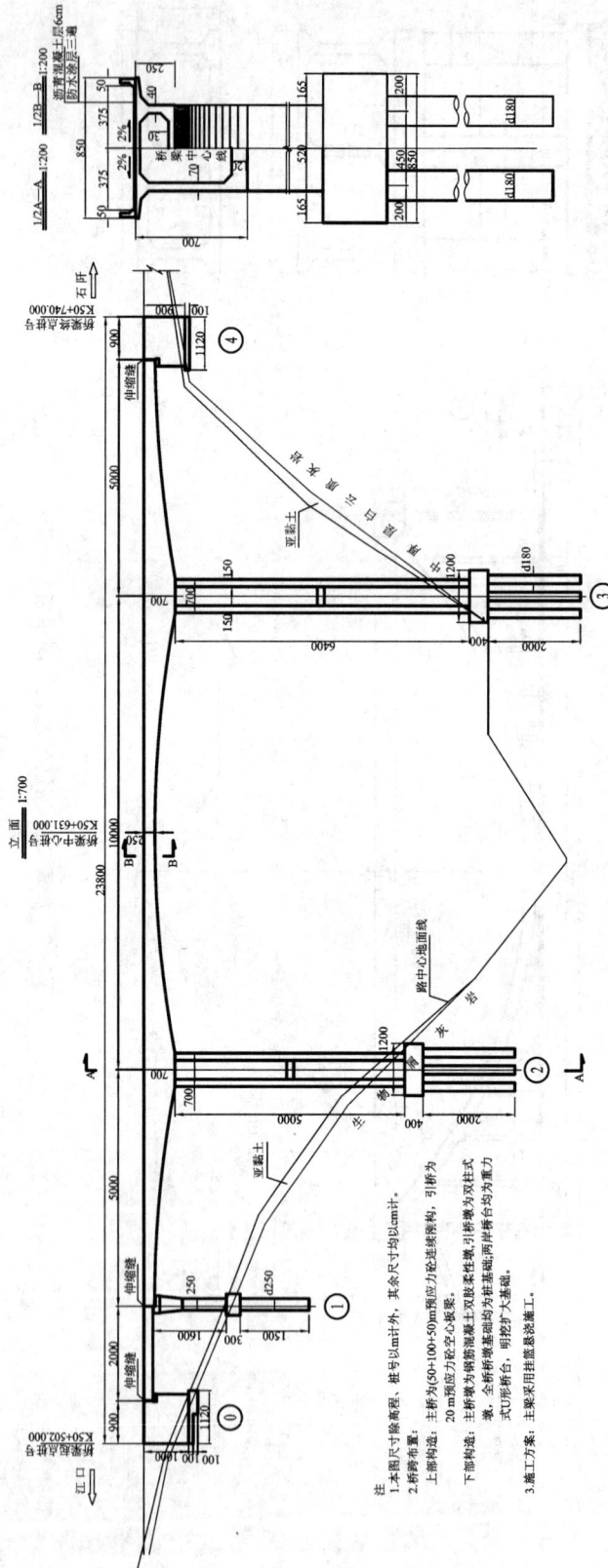

图2-8 方案三：预应力混凝土连续刚构桥

第 3 章　桥梁设计作用

3.1　作用分类、代表值和作用效应组合

　　"作用"是指施加在结构上的一组集中力或分布力，或引起结构外加变形或约束变形的原因，前者称为直接作用，也称为荷载，后者称为间接作用，如墩台变位等，它们产生的效应与结构本身的特征有关。作用的种类、形式和大小的选定是桥梁计算工作中的主要部分，它关系到桥梁结构在它的设计使用期限内的安全和桥梁建设费用的合理投资。

3.1.1　桥梁设计作用的分类

　　我国现行的《公路桥涵设计通用规范》(JTG D60—2004)中，将作用分为永久作用、可变作用和偶然作用三大类，见表 3 - 1。

表 3 - 1　作用的分类

编号	作用分类	作用名称
1	永久作用	结构重力(包括结构附加重力)
2		预加力
3		土的重力
4		土侧压力
5		混凝土收缩及徐变作用
6		水的浮力
7		基础变位作用
8	可变作用	汽车荷载
9		汽车冲击力
10		汽车离心力
11		汽车引起的土侧压力
12		人群荷载
13		汽车制动力
14		风荷载
15		流水压力
16		冰压力
17		温度(均匀温度和梯度温度)作用
18		支座摩阻力
19	偶然作用	地震作用
20		船舶或漂流物的撞击作用
21		汽车撞击作用

永久作用：在结构使用期内，其量值不随时间变化，或其变化值与平均值相比可以忽略不计的作用。

可变作用：在结构使用期内，其量值随时间变化，且其变化值与平均值相比不可忽略的作用。

偶然作用：在结构使用期内，出现的概率很小，但一旦出现其值很大且持续时间较短的作用。

3.1.2　作用代表值

1. 作用代表值

结构或构件设计时，针对不同设计目的所采用的各种作用规定值，它包括作用标准值、准永久值和频遇值等。

（1）作用标准值

结构或构件设计时，采用的各种作用的基本代表值，其值可根据作用在设计基准期内最大值概率分布的某一分位值确定。

（2）作用准永久值

结构或构件按正常使用极限状态长期效应组合设计时，采用的另一种可变作用代表值，其值可根据在足够长观测期内作用任意时点概率分布的 0.5（或略高于 0.5）分位值确定。

（3）作用频遇值

结构或构件按正常使用极限状态短期效应组合设计时，采用的一种可变作用代表值，其值可根据在足够长观测期内作用任意时点概率分布的 0.95 分位值确定。

2. 作用代表值的采用

（1）永久作用应采用标准值作为代表值。

（2）可变作用应根据不同的极限状态分别采用标准值、频遇值或准永久值作为其代表值。承载能力极限状态设计及按弹性阶段计算结构强度时应采用标准值作为可变作用的代表值。正常使用极限状态按短期效应（频遇）组合设计时，应采用频遇值作为可变作用的代表值；按长期效应（准永久）组合设计时，应采用准永久值作为可变作用的代表值。

（3）偶然作用取其标准值作为代表值。

作用的设计值规定为作用的标准值乘以相应的分项系数。

3.1.3　作用效应的组合

结构对所受作用的反应，如内力、位移等称为作用效应，作用效应组合是指结构上几种作用分别产生的效应的随机叠加。

1. 公路桥涵结构按承载能力极限状态设计时，应采用以下两种效应组合

（1）基本组合。永久作用的设计值与可变作用设计值效应相组合，其效应组合表达式为：

$$\gamma_0 S_{ud} = \gamma_0 \left(\sum_{i=1}^{m} \gamma_{Gi} S_{Gik} + \gamma_{Q1} S_{Q1k} + \psi_c \sum_{j=2}^{n} \gamma_{Qj} S_{Qjk} \right) \tag{3-1}$$

或

$$\gamma_0 S_{ud} = \gamma_0 \left(\sum_{i=1}^{m} S_{Gid} + S_{Q1d} + \psi_c \sum_{j=2}^{n} S_{Qjd} \right) \tag{3-2}$$

式中：γ_0——结构重要性系数，对应于设计安全等级一级、二级和三级分别取 1.1、1.0 和

0.9；公路桥涵结构的设计安全等级见表 3 - 2；

表 3 - 2　公路桥涵结构的设计安全等级

设计安全等级	桥涵结构
一级	特大桥、重要大桥
二级	大桥、中桥、重要小桥
三级	小桥、涵洞

S_{ud}——承载能力极限状态下作用基本组合的效应组合设计值，作用效应设计值等于作用标准值效应与作用分项系数的乘积；

γ_{Gi}——第 i 个永久作用效应的分项系数，见表 3 - 3，分项系数是指为保证所设计的结构具有规定的可靠度而在设计表达式中采用的系数，分作用分项系数和抗力分项系数两类；

S_{Gik}、S_{Gid}——第 i 个永久作用效应的标准值和设计值；

γ_{Q1}——汽车荷载效应（含汽车冲击力、离心力）的分项系数，取 $\gamma_{Q1} = 1.4$。当某个可变作用在效应组合中其值超过汽车荷载效应时，则该作用取代汽车荷载，其分项系数应采用汽车荷载的分项系数；对专为承受某作用而设置的结构或装置，设计时该作用的分项系数取与汽车荷载同值；计算人行道板和人行道栏杆的局部荷载，其分项系数也与汽车荷载取同值；

S_{Q1k}、S_{Q1d}——汽车荷载效应（含汽车冲击力、离心力）的标准值和设计值；

γ_{Qj}——在作用效应组合中除汽车荷载效应（含汽车冲击力、离心力）、风荷载外的其他第 j 个可变作用效应的分项系数，取 $\gamma_{Qj} = 1.4$，但风荷载的分项系数 $\gamma_{Qj} = 1.1$；

S_{Qjk}、S_{Qjd}——在作用效应组合中除汽车荷载效应（含汽车冲击力、离心力）外的其他第 j 个可变作用效应的标准值和设计值：

ψ_c——在作用效应组合中除汽车荷载效应（含汽车冲击力、离心力）外的其他可变作用效应的组合系数。当永久作用与汽车荷载和人群荷载（或其他一种可变作用）组合时，人群荷载（或其他一种可变作用）的组合系数取 $\psi_c = 0.80$；当除汽车荷载（含汽车冲击力、离心力）外尚有两种其他可变作用参与组合时，其组合系数取 $\psi_c = 0.70$；尚有三种可变作用参与组合时，其组合系数取 $\psi_c = 0.60$；尚有四种及多于四种的可变作用参与组合时，取 $\psi_c = 0.50$。

设计弯桥时，当离心力与制动力同时参与组合时，制动力标准值或设计值按70%取用。

（2）偶然组合。永久作用标准值效应与可变作用某种代表值效应、一种偶然作用标准值效应相组合。偶然作用的效应分项系数取 1.0；与偶然作用同时出现的可变作用，可根据观测资料和工程经验取用适当的代表值。地震作用标准值及其表达式按现行《公路工程抗震设计规范》[7] 规定采用。

2. 公路桥涵结构按正常使用极限状态设计时，采用以下两种效应组合

（1）作用短期效应组合。永久作用标准值效应与可变作用频遇值效应相组合，其效应组合表达式为：

$$S_{sd} = \sum_{i=1}^{m} S_{Gik} + \sum_{j=1}^{n} \psi_{1j} S_{Qjk} \qquad (3-3)$$

式中：S_{sd}——作用短期效应组合设计值；

ψ_{1j}——第 j 个可变作用效应的频遇值系数，汽车荷载（不计冲击力）$\psi_{1j}=0.7$，人群荷载 $\psi_{1j}=1.0$，风荷载 $\psi_{1j}=0.75$，温度梯度作用 $\psi_{1j}=0.8$，其他作用 $\psi_{1j}=1.0$；

$\psi_{1j}S_{Qjk}$——第 j 个可变作用效应的频遇值。

表 3-3　永久作用效应的分项系数

编号	作用类型		永久作用效应分项系数	
			对结构的承载能力不利时	对结构的承载能力有利时
1	混凝土和圬工结构重力（包括结构附加重力）		1.2	1.0
	钢结构重力（包括结构附加重力）		1.1 或 1.2	1.0
2	预加力		1.2	1.0
3	土的重力		1.2	1.0
4	混凝土的收缩及徐变作用		1.0	1.0
5	土侧压力		1.4	1.0
6	水的浮力		1.0	1.0
7	基础变位作用	混凝土和圬工结构	0.5	0.5
		钢结构	1.0	1.0

（2）作用长期效应组合。永久作用标准值效应与可变作用准永久值效应相组合，其效应组合表达式为：

$$S_{ld} = \sum_{i=1}^{m} S_{Gik} + \sum_{j=1}^{n} \psi_{2j} S_{Qjk} \qquad (3-4)$$

式中：S_{ld}——作用长期效应组合设计值；

ψ_{2j}——第 j 个可变作用效应的准永久值系数，汽车荷载（不计冲击力）$\psi_{2j}=0.4$，人群荷载 $\psi_{2j}=0.4$，风荷载 $\psi_{2j}=0.75$，温度梯度作用 $\psi_{2j}=0.8$，其他作用 $\psi_{2j}=1.0$；

$\psi_{2j}S_{Qjk}$——第 j 个可变作用效应的准永久值。

当结构构件进行弹性阶段截面应力计算时，除特别指明外，各作用效应的分项系数及组合系数均取为 1.0。

3.2　永久作用

永久作用包括结构重力、预加力、土的重力、土侧压力、混凝土收缩及徐变作用、水的浮力和基础变位作用。

3.2.1　结构重力

结构物的重力及桥面铺装、附属设备等外加重力均属结构重力，结构自重可按结构构件的设计尺寸与材料的重力密度计算确定。桥梁结构的自重往往占全部设计荷载的大部分，采用轻质高强材料对减轻桥梁自重、增大跨越能力有重要意义。

3.2.2　预加力

对于预应力混凝土结构，预加力在结构进行正常使用极限状态设计和使用阶段构件应力计算时，应作为永久作用计算其主、次效应，计算时应考虑相应阶段的预应力损失，但不计由于预加力偏心距增大引起的附加效应。在结构承载能力极限状态设计时，预加应力不作为作用，而将预应力钢筋作为结构抗力的一部分，但在超静定结构中，仍需计算预加力引起的次效应。

3.2.3　土压力

作用在墩台上的土重力、土侧压力可按照《公路桥涵设计通用规范》(JTG D60—2004)计算。

在验算桥墩、台以及挡土墙倾覆和滑动稳定性时，其前侧地面以下不受冲刷部分土的侧压力可按静土压力计算。计算作用于桥台后的主动土压力的标准值，一般应考虑台后有车辆作用和台后无车辆作用等不同的作用情况，

3.2.4　水的浮力

水的浮力对桥梁墩台的影响，当基础底面位于透水性地基上时，验算墩台的稳定性，应采用设计水位浮力，而验算地基应力时，仅考虑低水位时的浮力或不考虑水的浮力；当基础嵌入不透水性地基上时，可不考虑水的浮力；当不能确定地基是否透水时，应以透水和不透水两种情况分别与其他作用组合，取其最不利者。

作用在桩基承台底面的浮力，应考虑全部底面积。对桩嵌入不透水地基并灌注混凝土封闭者，不应考虑桩的浮力，在计算承台底面浮力时，应扣除桩的截面积。

3.2.5　混凝土收缩及徐变作用

对于超静定的混凝土结构及组合梁桥等，均应考虑混凝土的收缩和徐变影响，混凝土收缩应变和徐变系数可按《公路钢筋混凝土及预应力混凝土桥涵设计规范》(JTG D62—2004)计算。

3.3　可变作用

3.3.1　汽车荷载

《桥规》[2]规定，汽车荷载由车道荷载和车辆荷载组成，车道荷载由均布荷载和集中荷载组成。桥梁结构的整体计算采用车道荷载；桥梁结构的局部加载、涵洞、桥台和挡土墙土压力等的计算采用车辆荷载。车道荷载与车辆荷载的作用不得叠加。

公路桥涵设计时，将汽车荷载分为公路–Ⅰ级和公路–Ⅱ级两个等级，其荷载等级的确定参照表 3–4。

表 3–4　各级公路桥涵的汽车荷载等级

公路等级	高速公路	一级公路	二级公路	三级公路	四级公路
汽车荷载等级	公路–Ⅰ级	公路–Ⅰ级	公路–Ⅱ级	公路–Ⅱ级	公路–Ⅱ级

二级公路为干线公路且重型车辆多时，其桥涵的设计可采用公路 – Ⅰ级汽车荷载。

四级公路上重型车辆少时，其桥涵设计所采用的公路 – Ⅱ级车道荷载的效应可乘以 0.8 的折减系数。车辆荷载的效应可乘以 0.7 的折减系数。

车道荷载的计算图式见图 3 – 1。

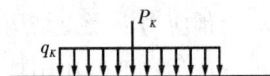

图 3 – 1 车道荷载的计算图式

1）车道荷载

（1）公路 – Ⅰ级车道荷载的均布荷载标准值为 $q_K = 10.5$ kN/m；集中荷载标准值 P_K 按以下规定选取：

桥涵计算跨径小于或等于 5 m 时，$P_K = 180$ kN；桥涵计算跨径大于或等于 50 m 时，$P_K = 360$ kN；桥涵计算跨径在 5 ~ 50 m 之间时，P_K 值按直线内插求得。计算剪力效应时，集中荷载标准值 P_K 乘以 1.2 的系数。

（2）公路 – Ⅱ级车道荷载的均布荷载标准值 q_K 和集中荷载标准值 P_K，为公路 – Ⅰ级车道荷载的 0.75 倍。

（3）车道荷载的均布荷载标准值应满布于使结构产生最不利效应的同号影响线上；集中荷载标准值只作用于影响线中一个最大影响线峰值处。

2）车辆荷载

公路 – Ⅰ级和公路 – Ⅱ级汽车荷载采用相同的车辆荷载标准值。车辆荷载布置如图 3 – 2 所示。其主要技术指标见表 3 – 5。

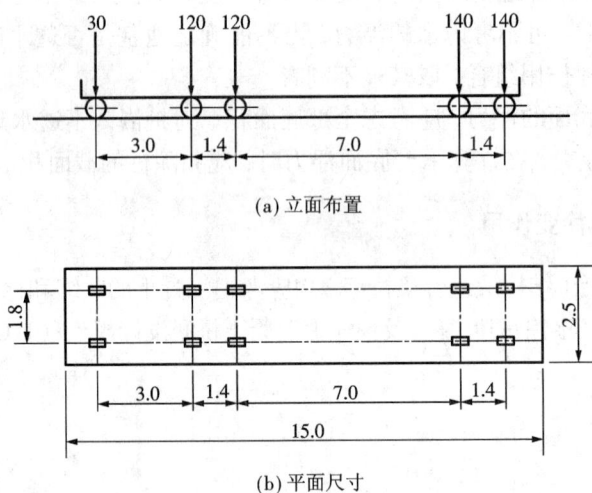

(a) 立面布置

(b) 平面尺寸

图 3 – 2 车辆荷载布置（尺寸单位：m）

表 3 – 5 车辆荷载主要技术指标

项　目	单位	技术指标	项　目	单位	技术指标
车辆重力标准值	kN	550	轮距	m	1.8
前轴重力标准值	kN	30	前轮着地宽度及长度	m	0.3 × 0.2
中轴重力标准值	kN	2 × 120	中、后轮着地宽度及长度	m	0.6 × 0.2
后轴重力标准值	kN	2 × 140	车辆外形尺寸（长 × 宽）	m	15 × 2.5
轴距	m	3 + 1.4 + 7 + 1.4			

3)设计车道数、车道荷载的横向布置及荷载效应的折减

(1)设计车道数

公路桥涵设计车道数与车行道宽度的关系见表 3－6。

表 3－6　设计车道数与车行道宽度的关系

车行道宽度 $W(m)$		桥涵设计车道数
车辆单向行驶时	车辆双向行驶时	
$W < 7.0$		1
$7.0 \leqslant W < 10.5$	$6.0 \leqslant W < 14.0$	2
$10.5 \leqslant W < 14.0$		3
$14.0 \leqslant W < 17.5$	$14.0 \leqslant W < 21.0$	4
$17.5 \leqslant W < 21.0$		5
$21.0 \leqslant W < 24.5$	$21.0 \leqslant W < 28.0$	6
$24.5 \leqslant W < 28.0$		7
$28.0 \leqslant W < 31.5$	$28.0 \leqslant W < 35.0$	8

(2)车道荷载的横向布置

车道荷载的横向分布系数计算,应按表 3－6 的设计车道数和图 3－3 进行横向布置。

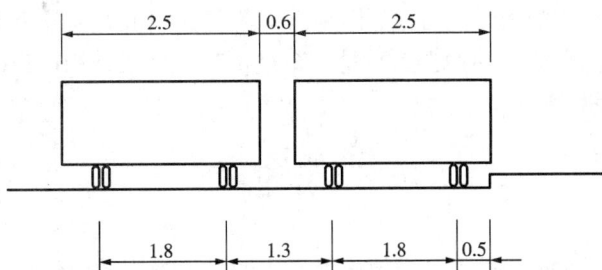

图 3－3　车道荷载横向布置(尺寸单位:m)

(3)多车道荷载效应的横向折减

当桥梁横向布置车队数等于或大于 2 时,由于单向并行通过的几率较小,应考虑计算荷载效应的横向折减,折减系数见表 3－7,但折减后的效应不得小于两车道的荷载效应。

表 3－7　荷载横向折减系数

横向布置设计车道数(条)	2	3	4	5	6	7	8
横向折减系数	1.00	0.78	0.67	0.60	0.55	0.52	0.50

(4)荷载效应的纵向折减

当桥梁计算跨径大于 150 m 时,应考虑车道荷载的纵向折减。桥梁为多跨连续结构时,

整个结构应按最大计算跨径的纵向折减系数进行折减,见表 3 - 8。

表 3 - 8　荷载纵向折减系数

计算跨径 L_0(m)	纵向折减系数	计算跨径 L_0(m)	纵向折减系数
$150 < L_0 < 400$	0.97	$800 \leqslant L_0 < 1000$	0.94
$400 \leqslant L_0 < 600$	0.96	$L_0 \geqslant 1000$	0.93
$600 \leqslant L_0 < 800$	0.95		

此外,我国建设部 1998 年制定了《城市桥梁设计荷载标准》(CJJ77—98),该标准适用于城市内新建、改建的永久性桥梁与涵洞,高架道路及承受机动车的结构物荷载设计。

3.3.2　汽车冲击力

汽车以一定速度在桥上行驶,由于桥面不平整、车轮不圆以及发动机抖动等原因,会使桥梁结构引起振动,致使桥梁产生的应力与变形比相应的静载引起的要大,这种由于荷载的动力作用使桥梁发生振动而造成内力加大的现象称为冲击作用。

钢桥、钢筋混凝土及预应力混凝土桥、圬工拱桥等上部构造和钢支座、板式橡胶支座、盆式橡胶支座及钢筋混凝土柱式墩台,应计算汽车的冲击作用。填料厚度(包括路面厚度)等于或大于 0.5 m 的拱桥、涵洞以及重力式墩台,可不计冲击力。

冲击影响一般都是用静力学的方法,即将汽车荷载的冲击力标准值用汽车荷载标准值乘以冲击系数 μ 表达,汽车荷载的冲击系数是汽车过桥时对桥梁结构产生的动力效应的增大系数,可用式(3-5)表示:

$$\mu = \frac{Y_{d,\,max} - Y_{j,\,max}}{Y_{j,\,max}} \tag{3-5}$$

式中: μ ——冲击系数;

　　　$Y_{j,\,max}$ ——汽车过桥时,最大静力效应处产生的最大静力效应值;

　　　$Y_{d,\,max}$ ——汽车过桥时,最大静力效应处产生的最大动力效应值。

冲击系数 μ 与桥梁结构的基频 f(Hz)有关。

当 $f < 1.5$ Hz 时, $\mu = 0.05$;

当 1.5 Hz $\leqslant f \leqslant 14$ Hz 时, $\mu = 0.1767 \ln f - 0.0157$;

当 $f > 14$ Hz 时, $\mu = 0.45$。

3.3.3　汽车离心力

《桥规》[2]中规定:当弯道桥的半径等于或小于 250 m 时,应计算汽车荷载的离心力。离心力为车辆荷载(不计冲击力)乘以离心力系数 C,离心力系数由式(3-6)计算:

$$C = \frac{V^2}{127R} \tag{3-6}$$

式中: V——计算行车速度,应按桥梁所在路线等级的规定采用(km/h);高速公路设计车速

　　　　120、100、80 km/h;一级公路设计车速为 100、80、60 km/h;二级公路设计车速

80、60 km/h；三级公路设计车速 40、30 km/h；四级公路设计车速 30 km/h；

R——曲线半径(m)。

在计算多车道的离心力时，应按表 3 - 7 横向折减系数折减；离心力的着力点在桥面以上 1.2 m(为计算简便也可移至桥面上，不计由此引起的力矩)。

3.3.4　汽车引起的土侧压力

计算汽车荷载引起的土压力应首先计算桥台后填土的破裂棱体的长度 l_0，将车辆荷载换算为等代均布土层的厚度，等代均布土层的厚度按式(3 - 7)计算：

$$h = \frac{\sum G}{Bl_0\gamma} \qquad (3-7)$$

式中：γ——土的重力密度(kN/m^3)；

l_0——桥台或挡土墙后填土的破坏棱体长度(m)，对于墙顶以上有填土的路堤式挡土墙，l_0 为破坏棱体范围内的路基宽度部分；

B——桥台横向全宽或挡土墙的计算长度(m)；

$\sum G$——布置在 Bl_0 面积内的车轮的总重力(kN)，计算挡土墙土压力时，车轮荷载应按图 3 - 2 和图 3 - 3 进行纵、横向布置，车轮外侧车轮中线距路面边缘 0.5 m，对于多车道加载时，车轮的总重力按表 3 - 7 进行荷载横向折减。

挡土墙的计算长度可按下列公式计算，但不应超过挡土墙分段长度：

$$B = 13 + H\tan30° \qquad (3-8)$$

式中：H——挡土墙高度(m)，对墙顶以上有填土的挡土墙，为两倍墙顶填土厚度加墙高。

当挡土墙分段长度小于 13 m 时，B 取分段长度，并在该长度内按不利情况布置轮重。

计算涵洞顶上车辆荷载引起的竖向土压力时，车轮按其着地面积的边缘向下作 30°角分布。当几个车轮的压力扩散线相重叠时，扩散面积以最外边的扩散线为准。

3.3.5　人群荷载

设有人行道的桥梁，当用汽车荷载计算时，应同时计入人行道上的人群荷载。

公路桥梁人群荷载标准值取值见表 3 - 9。

表 3 - 9　公路桥梁人群荷载标准值

跨径 l(m)	人群荷载标准值(kN/m^2)
$l \leqslant 50$	3.0
$l \geqslant 150$	2.5
$50 < l < 150$	直线内插

注：(1)对于跨径不等的连续结构，采用最大计算跨径的人群荷载标准值；

(2)城镇郊区行人密集地区的公路桥梁，人群荷载标准值为上述标准值的 1.15 倍；

(3)专用人行桥梁，人群荷载标准值为 3.5 kN/m^2。

3.3.6 汽车制动力

桥上汽车制动力是车辆在刹车时为克服车辆的惯性力而在路面与车辆之间发生的滑动摩擦力。

汽车荷载的制动力按同向行驶的汽车荷载(不计冲击力)计算,并按照以使桥梁墩台产生最不利纵向力的加载长度进行纵向折减。

一个设计车道上由汽车荷载产生的制动力按照规定的车道荷载标准值在加载长度上计算的总重力的10%计算,但公路 - Ⅰ级汽车荷载的制动力标准值不得小于165 kN;公路 - Ⅱ级汽车荷载的制动力标准值不得小于90 kN。同向行驶双车道的汽车荷载制动力标准值为一个设计车道制动力标准值的2倍;同向行驶三车道为一个设计车道制动力标准值的2.34倍;同向行驶四车道为一个设计车道的2.68倍;

制动力的着力点在桥面以上1.2 m处,计算墩台时,可移至支座铰中心或支座底面上。计算刚构桥、拱桥时,制动力的着力点可移至桥面上,但不计因此而产生的竖向力和力矩。

设有板式橡胶支座的简支梁、连续桥面简支梁或连续梁排架式柔性墩台,应根据支座与墩台的抗推刚度的刚度集成情况分配和传递制动力。

设有板式橡胶支座的简支梁刚性墩台,按单跨两端的板式橡胶支座的抗推刚度分配制动力。

设有固定支座、活动支座(滚动或摆动支座、聚四氟乙烯板支座)的刚性墩台传递的制动力,按表3 - 10选用。每个活动支座的传递的制动力,其值不应大于其摩阻力,当大于摩阻力时,按摩阻力计算。

表3 - 10 刚性墩台各种支座传递的制动力

桥梁墩台及支座类型		应计的制动力	符号说明
简支梁桥台	固定支座	T_1	
	聚四氟乙烯板支座	$0.30 T_1$	T_1—加载长度为计算跨径时的制动力;
	滚动(或摆动)支座	$0.25 T_1$	
简支梁桥墩	两个固定支座	T_2	T_2—加载长度为相邻两跨计算跨径之和时的制动力;
	一个固定支座,一个活动支座	注	
	两个聚四氟乙烯板支座	$0.30 T_2$	T_3—加载长度为一联长度的制动力
	两个滚动(或摆动)支座	$0.25 T_2$	
连续梁桥墩	固定支座	T_3	
	聚四氟乙烯板支座	$0.30 T_3$	
	滚动(或摆动)支座	$0.25 T_3$	

注:固定支座按照T_4计算,活动支座按0.30 T_5(聚四氟乙烯板支座)计算或0.25 T_5(滚动或摆动支座)计算,T_4和T_5分别为与固定支座或活动支座相应的单跨跨径的制动力,桥墩承受的制动力为上述固定支座与活动支座传递的制动力之和。

3.3.7 风荷载

作用在桥上的风力是由迎风面的压力和背风面的吸力所组成。它可分为垂直桥轴方向的横向风力和顺桥轴方向的纵向分力。

横向风力等于横向风压乘以迎风面积,横向风压是每平方米迎风面积上所受横向风力的大小,其值与设计风速、地形地理条件、风压高度、风速频率和风载体型等有关,具体计算可参见《公路桥涵设计通用规范》(JTG D60—2004)第4.3.7条规定。

纵向风力因受上部结构和墩台、路堤的阻挡,较横向风力为小,常按折减后的横向风压面积来计算。例如,桥墩上纵向风力,可按横向风压的70%乘以桥墩迎风面积计算等。

由上部结构传至墩台的纵向风力,其在支座上的着力点,同汽车制动力。

3.3.8 流水压力

作用在桥墩上的流水压力标准值可按式(3-9)计算:

$$F_W = KA \frac{\gamma V^2}{2g} \qquad (3-9)$$

式中:F_W——流水压力标准值(kN);

$\quad$ γ——水的重力密度(kN/m^3);

$\quad$ V——设计流速(m/s);

$\quad$ A——桥墩阻水面积(m^2),计算至一般冲刷线处;

$\quad$ g——重力加速度,$g=9.81$(m/s^2);

$\quad$ K——桥墩形状系数,见表3-11。

流水压力合力的着力点,假定在设计水位线以下0.3倍水深处。

表3-11 桥墩形状系数

桥墩形状	K	桥墩形状	K
方形桥墩	1.5	尖端形桥墩	0.7
矩形桥墩(长边与水流平行)	1.3	圆端形桥墩	0.6
圆形桥墩	0.8		

3.3.9 冰压力

对具有竖向前棱的桥墩,冰压力可按下述规定取用:

冰对桩或墩产生的冰压力标准值可按式(3-10)计算:

$$F_i = mC_t bt R_{ik} \qquad (3-10)$$

式中:F_i——冰压力标准值(kN);

$\quad$ m——桩或墩迎冰面形状系数,可按表3-12取用;

$\quad$ C_t——冰温系数,可按表3-13取用;

$\quad$ b——桩或墩迎冰面投影宽度(m);

$\quad$ t——计算冰厚(m),可取实际调查的最大冰厚;

$\quad$ R_{ik}——冰的抗压强度标准值(kN/m^2),可取当地冰温0℃时的冰抗压强度;当缺乏实测资料时,对海冰可取 $R_{ik}=750$ kN/m^2;对河冰,流冰开始时 $R_{ik}=750$ kN/m^2,最高流冰水位时可取 $R_{ik}=450$ kN/m^2。

表 3－12　桩或墩迎冰面形状系数

系数 ＼ 迎冰面形状	平面	圆弧形	尖角形的迎冰面角度				
			45°	60°	75°	90°	120°
m	1.00	0.90	0.54	0.59	0.64	0.69	0.77

表 3－13　冰温系数

冰温（℃）	0	－10 及以下
C_t	1.0	2.0

注：（1）表列冰温系数可直线内插；

　　（2）对海冰，冰温取结冰期最低冰温；对河冰，冰温取解冻期最低冰温。

当冰块流向桥轴线的角度 $\varphi \leqslant 80°$ 时，桥墩竖向边缘的冰荷载应乘以 $\sin \varphi$ 予以折减。

冰压力合力作用在计算结冰水位以下 0.3 倍冰厚处。

当流冰范围内桥墩有倾斜表面时，冰压力应分解为水平分力和竖向分力。

3.3.10　温度作用

1. 均匀温度作用

计算桥梁结构因均匀温度作用引起外加变形或约束变形时，应从受到约束时的结构温度开始，考虑最高和最低有效温度的作用效应。如缺乏实际调查资料，公路混凝土结构和钢结构的最高和最低有效温度标准值可按表 3－14 取用。

表 3－14　公路桥梁结构的最高和最低有效温度标准值

气温分区	钢桥面板钢桥		混凝土桥面板钢桥		混凝土、石桥	
	最高	最低	最高	最低	最高	最低
严寒地区	46	－43	39	－32	34	－23
寒冷地区	46	－21	39	－15	34	－10
温热地区	46	－9（－3）	39	－6（－1）	34	－3（0）

注：（1）全国气温分区参见《桥规》；

　　（2）表中括号内数值适用于昆明、南宁、广州、福州地区。

2. 梯度温度作用（温差作用）

计算桥梁结构由于梯度温度引起的效应时，可采用图 3－4 所示的竖向温度梯度曲线，其桥面板表面的最高温度 T_1 规定见表 3－15。对混凝土结构，当梁高 $H < 400$ mm 时，图中 $A = H - 100$（mm）；梁高 $H \geqslant 400$ mm 时，$A = 300$ mm。对带混凝土桥面板的钢结构，$A = 300$ mm，图 3－4 中的 t 为混凝土桥面板的厚度（mm）。

混凝土上部结构和带混凝土桥面板的钢结构的竖向日照反温差为正温差乘以 －0.5。

表 3 – 15 竖向日照正温差计算的温度基数

结构类型	$T_1(℃)$	$T_2(℃)$
混凝土铺装	25	6.7
50 mm 沥青混凝土铺装层	20	6.7
100 mm 沥青混凝土铺装层	14	5.5

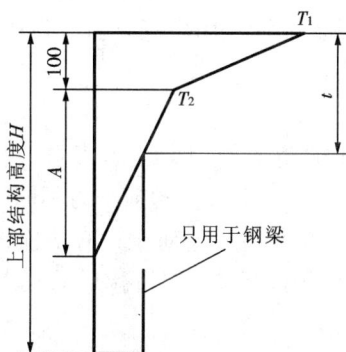

图 3 – 4 竖向温度梯度曲线

3.3.11 支座摩阻力

支座摩阻力是上部构造因温度变化而产生的,其标准值可按式(3 – 11)计算

$$F = \mu W \qquad (3 – 11)$$

式中:W——作用于活动支座上由上部结构重力产生的效应;

μ——支座的摩擦系数,无实测数据时,可按表 3 – 16 选用。

表 3 – 16 支座摩擦系数

支座种类	支座摩擦系数 μ
滚动支座或摆动支座 板式橡胶支座:	0.05
支座与混凝土面接触	0.30
支座与钢板接触	0.20
聚四氟乙烯板与不锈钢板接触	0.06(加硅脂;温度低于 – 25℃时为 0.078)
	0.12(不加硅脂;温度低于 – 25℃时为 0.156)

3.4 偶然作用

3.4.1 地震作用

地震动峰值加速度等于 $0.10g$、$0.15g$、$0.20g$、$0.30g$ 地区的公路桥涵,应进行抗震设计。地震动峰值加速度大于或等于 $0.40g$ 地区的公路桥涵,应进行专门的抗震研究和设计。

地震动峰值加速度小于或等于0.05g地区的公路桥涵,除有特殊要求者外,可采用简易设防。做过地震小区规划的地区,应按主管部门审批后的地震动参数进行抗震设计。

公路桥梁地震作用的计算及结构的设计,应符合《公路工程抗震设计细则》(JTG/T B02—01—2008)的规定。

3.4.2　船舶或者漂流物的撞击作用

位于通航河流或有漂浮物的河流中的桥梁墩台,设计时应考虑船只或漂流物的撞击力。当无实测资料时,可参照《公路桥涵设计通用规范》(JTG D60—2004)附录中的规定计算。

3.4.3　汽车撞击作用

桥梁结构必要时可考虑汽车的撞击作用。汽车撞击力标准值在车辆行驶方向取1000 kN,在车辆行驶垂直方向取560 kN,两个方向的撞击力不同时考虑,撞击力作用于行车道以上1.2 m处,直接分布于撞击涉及的构件上。对于设有防撞设施的结构构件,可视防撞设施的防撞能力,对汽车撞击力标准值予以折减,但折减后的汽车撞击力标准值不应低于上述规定值的1/6。

本章思考题

3–1　试阐述桥梁的"作用"与"荷载"两者的含义及其区别。

3–2　我国公路桥涵设计通用规范(JTG D60—2004)中,将桥梁作用分为哪几类?并说明每类作用的定义。

3–3　试阐述作用代表值、作用标准值及作用频遇值的具体含义。

3–4　永久作用采用什么值作为代表值?

3–5　什么是作用效应?公路桥涵结构按正常使用极限状态设计时,采用哪两种效应组合?

3–6　公路桥梁汽车荷载分为哪几个等级?汽车荷载由哪几种荷载组成?桥梁结构的整体计算和局部计算分别采用何种汽车荷载?

3–7　桥梁可变作用包括哪些作用?

3–8　桥梁偶然作用包括哪些作用?

第 4 章　桥面布置与构造

桥面部分通常包括桥面铺装、防水和排水设施、伸缩装置、人行道(或安全带)、缘石、栏杆和照明灯具等构造(图 4 - 1)。桥面构造直接与车辆、行人接触,虽然不是主要承重结构,但它对桥梁功能的正常发挥,对主要构件的保护,对车辆行人的安全以及桥梁的美观等都十分重要。因此,应对桥面构造的设计和施工给予足够的重视。

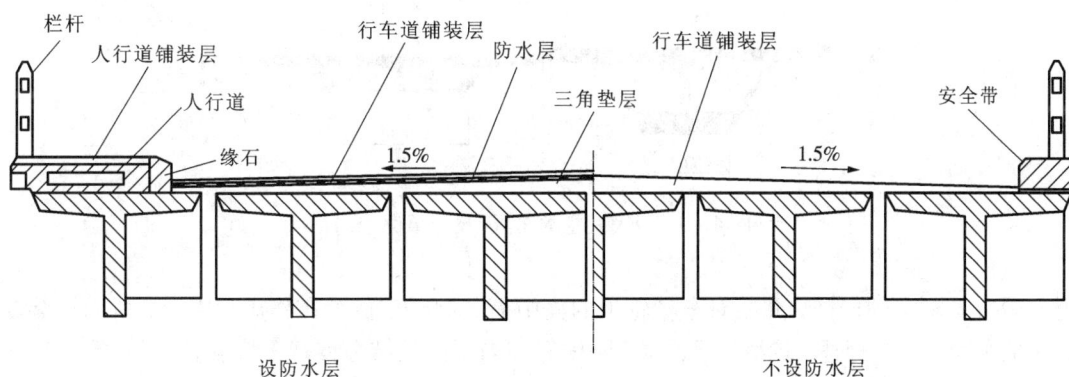

图 4 - 1　桥面部分的一般构造

4.1　桥面布置

桥面布置应在桥梁的总体设计中考虑,它根据道路的等级、桥梁的宽度、行车要求等条件确定。桥梁主要有如下几种桥面布置形式:

1. 双向车道布置,即行车道的上下行交通布置在同一桥面上(图 4 - 1)。在桥面上,上下行交通用画线分隔,没有明显的界限,由于在桥梁上同时存在上下行机动车和非机动车,车辆只能中速或低速行驶,对交通量较大的道路,桥梁往往会造成交通滞流状态。

2. 分车道布置(图 4 - 2),即桥面上设置分隔带,使上下行交通分隔。甚至机动车道与非机动车道分隔、行车道与人行道分隔设置。这种布置方式可提高行车速度,便于交通管理。

3. 分离式主梁布置(图 4 - 3),使上下行交通完全分开,减少行车干扰,提高车速。这种形式多用于高速公路的桥梁,高速公路桥梁一般不设人行道与人行道护栏,设置防撞护栏。

4.2　桥面铺装

4.2.1　桥面铺装

桥面铺装也称行车道铺装,其功用是保护桥面板不受车辆轮胎(或履带)的直接磨耗,防

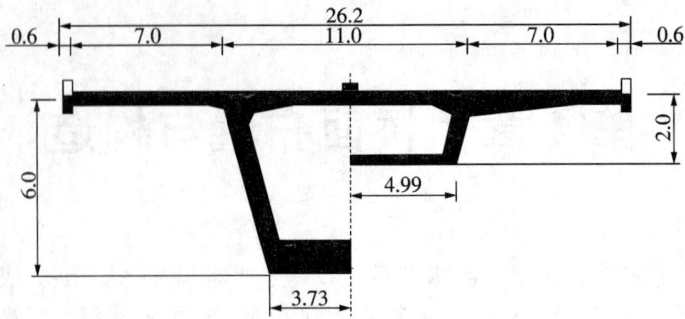

图 4 - 2　分车道的桥面布置(尺寸单位：m)

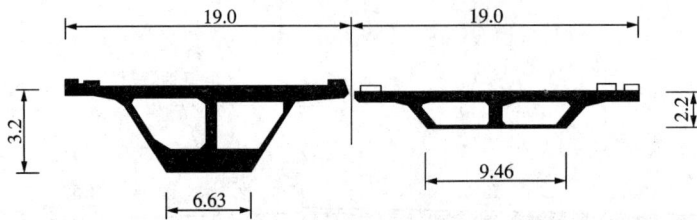

图 4 - 3　分离式主梁布置(尺寸单位：m)

止主梁遭受雨水的侵蚀，并能对车辆轮重的集中荷载起一定的分布作用。因此，桥面铺装应具有抗车辙、行车舒适、抗滑、不透水、刚度好和与桥面板结合良好等特点。

桥面铺装可采用水泥混凝土、沥青表面处治和沥青混凝土等各种类型。沥青表面处治桥面铺装，耐久性较差，仅在中级或低级公路桥梁上使用。水泥混凝土和沥青混凝土桥面铺装性能良好，应用较广。

水泥混凝土的耐磨性能好，适合重载交通。水泥混凝土桥面铺装直接铺设在防水层或桥面板上，层厚不宜小于 8 cm，其强度等级不应低于 C40，铺设时应避免二次成形。水泥混凝土铺装层内应配置钢筋网，钢筋直径不应小于 8 mm，间距不宜大于 10 cm。

考虑到大桥和特大桥中，因结构体系的原因，桥面板常受拉、压应力的交替作用，为防止桥面铺装参与受力而导致开裂，现行《桥规》推荐在高速公路、一级公路上的特大、大桥宜采用沥青混凝土桥面铺装。

沥青混凝土桥面铺装由粘层、防水层、保护层及沥青面层组成，其总厚度宜为 6 ~ 10 cm，铺设方式分为单层式和双层式两种。高速公路、一级公路的沥青混凝土桥面铺装为双层式，下层为 3 ~ 4 cm 中粒式沥青混凝土整平层，表面层的厚度与级配类型可与其相邻桥头引线相同，但不宜小于 2.5 cm。多雨潮湿地区、纵坡大于 5% 或设计车速大于 50 km/h 的大中型高架桥、立交桥的桥面应铺设抗滑表层。

沥青混凝土维修养护方便，铺筑后几小时就能通车，但易老化和变形。因此，沥青材料应采用重交通沥青或改性沥青。改性沥青混凝土是近年来国内开展研究和铺筑的高性能沥青混凝土材料，它具有抗滑、密水、抗车辙、减少开裂等优点，值得推广应用。

4.2.2　桥面纵、横坡

桥面设置纵、横坡,以利雨水迅速排出,防止或减少雨水对铺装层的渗透,从而保护了行车道板,延长桥梁使用寿命。

桥面上设置纵坡有利于排水,同时,在平原地区,还可以在满足桥下通航净空要求的前提下,降低墩台标高,减少引桥跨长或桥头引道土方量,从而节省工程费用。桥面的纵坡,一般都做成双向纵坡,纵坡一般不超过4%。

桥梁除了设有纵向坡度以外,尚应将桥面铺装沿横向设置足够的桥面横坡,坡度可按路面横坡取用或比后者大0.5%。对于沥青混凝土或水泥混凝土铺装,行车道桥面通常采用抛物线形横坡,人行道则用直线形。

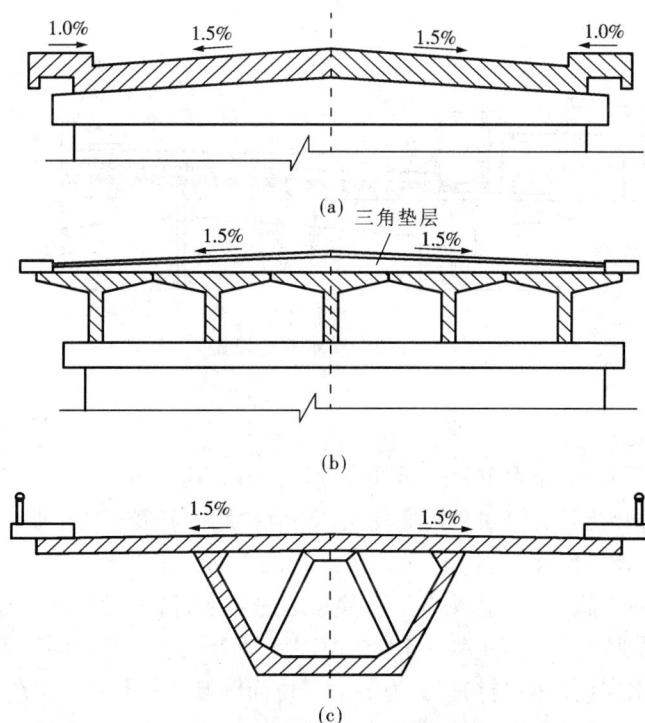

图 4-4　桥面横坡的设置

桥面横坡的形成通常有3种方法:

(1)对于板桥(矩形板梁或空心板梁)或就地浇筑的肋板式梁桥,将墩台顶部做成倾斜的,再其上盖桥面板[图4-4(a)]可节省铺装材料并减轻恒载。

(2)对于装配式肋板桥,可采用不等厚的铺装层包括混凝土的三角垫层和等厚的路面铺装层[图4-4(b)],方便施工。

(3)桥宽较大时,直接将行车道板做成双倾斜[图4-4(c)],可减轻恒载,但主梁构造、制作均较复杂。

桥面不宽时,第2种方式较常用。

4.3　桥面防水和排水

为了保障桥面行车畅通、安全，防止桥面结构受降水侵蚀，应设置完善的桥面防水和排水设施。

4.3.1　防水层的设置

桥面的防水层，设置在行车道铺装层下边，它将透过铺装层渗下的雨水汇集到排水设备（泄水管）排出。

对于防水程度要求高，或桥面板位于结构受拉区可能出现裂纹的混凝土梁桥上，应在铺装内设置防水层（图4－5）。

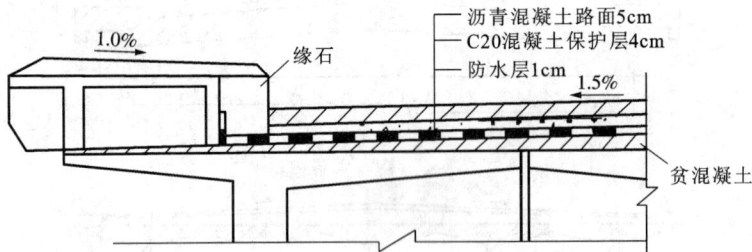

图4－5　防水层的设置

防水层有3种类型：

(1)沥青涂胶下封层，即洒布薄层沥青或改性沥青，其上布一层砂，经碾压形成；

(2)高分子聚合物涂胶，例如聚氨酯胶泥、环氧树脂、阳离子乳化沥青、氯丁胶乳等；

(3)沥青或改性沥青防水卷材，以及浸渍沥青的无纺土工布等。

设计时应选用便于施工、坚固耐久、质量稳定的防水材料。为避免防水层在施工过程中被破坏，其上宜铺设厚度1 cm的AC－10或AC－5沥青混凝土或单层表面处治。

当采用柔性防水层（使用卷材）时，为了增强桥面铺装的抗裂性，应在其上的混凝土铺装层或垫层中铺设 $\phi3 \sim \phi6$ 的钢筋网，网格尺寸为15 cm×15 cm至20 cm×20 cm。

无专门防水层时，应采用防水混凝土铺装或加强排水和养护。

4.3.2　排水设施的设置

为了迅速排除桥面积水，防止雨水积滞于桥面并渗入梁体而影响桥梁的耐久性，在桥梁设计时要有一个完整的排水系统。包括桥面上设置纵横坡排水以及设置一定数量的泄水管或排水管。

梁桥上常用的泄水管宜设置在桥面行车道边缘处，距离缘石10～15 cm，如图4－6所示，沿行车道两侧可以对称排列，也可以交错排列。

泄水口的间距应依据设计径流量计算确定，但最大间距不宜超过20 m。通常当桥面纵坡大于2%而桥长小于50 m时，桥上可以不设泄水管，此时，可在引道两侧设置流水槽，以免雨水冲刷路基；当桥面纵坡大于2%而桥长大于50 m时，桥上每隔12～15 m设置一个泄水管；当桥面纵坡小于2%时，应每隔6～8 m设置一个泄水管。另外，在桥梁伸缩缝的上游方向应增设泄水管，在凹形竖曲线的最低点及前后3～5 m处也应各设置一个泄水管。桥面上泄水管的过水面积按每平方米桥面不少于2～3 cm²布置。

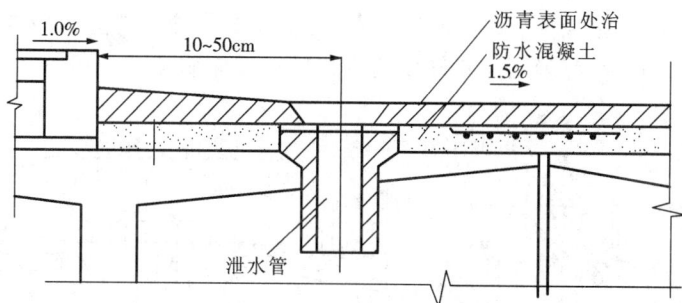

图4-6　竖向泄水管的设置

泄水管可采用圆形或矩形。圆形泄水管口的直径宜为15～20 cm；矩形泄水管口的宽度宜为20～30 cm，长度为30～40 cm。泄水管口顶部采用铸铁格栅盖板，其顶面应比周围路面低5～10 mm。

泄水管一般采用铸铁管或塑料管，最小内径为15 cm。泄水管周围的桥面板应配置补强钢筋网。

对于跨越一般河流、水沟的桥梁，桥面水流入泄水管后可直接向下排放（图4-6）；对于一些跨径不大、不设人行道的小桥，可以直接在行车道两侧的安全带或路缘石上预留横向孔道，用铁管或竹管将水排出桥外，管口要伸出构件2～3 cm以便滴水，但这种做法孔道易淤塞。

4.4　桥面伸缩缝

4.4.1　伸缩缝的作用及基本要求

桥面伸缩装置的主要作用是适应桥梁上部结构在气温变化、活载作用、混凝土收缩徐变等因素的影响下变形的需要，并保证车辆通过桥面时平稳。一般设在两梁端之间以及梁端与桥台背墙之间。特别要注意，在伸缩缝附近的栏杆、人行道结构也应断开，以满足梁体的自由变形。

桥梁的变形量的大小，主要是考虑以伸缩装置安装时的温度为基准，由温度变化引起的伸缩量和混凝土的徐变、收缩所引起的伸缩量作为基本伸缩量，其计算公式为：

$$\Delta l = \Delta l_t^+ + \Delta l_t^- + \Delta l_s + \Delta l_e \qquad (4-1)$$

式中：Δl_t^+——温度升高引起的梁的伸长量；

　　　Δl_t^-——温度下降引起的梁的缩短量；

　　　Δl_s——由于收缩引起的梁的收缩量；

Δl_e——由于徐变引起的梁的收缩量。

对于其他因素，例如梁端的转角变位、安装时的偏差等，一般都作为安全裕量和构造上的需要来考虑。通常在基本伸缩量的基础上，再增加 20% 的安全储量即可。

4.4.2　常用伸缩缝的构造

桥梁伸缩装置的类型有镀锌铁皮式伸缩装置、钢板式伸缩装置、橡胶伸缩装置及模数式伸缩装置等(图 4-7)，目前多用橡胶伸缩装置与模数式伸缩装置。

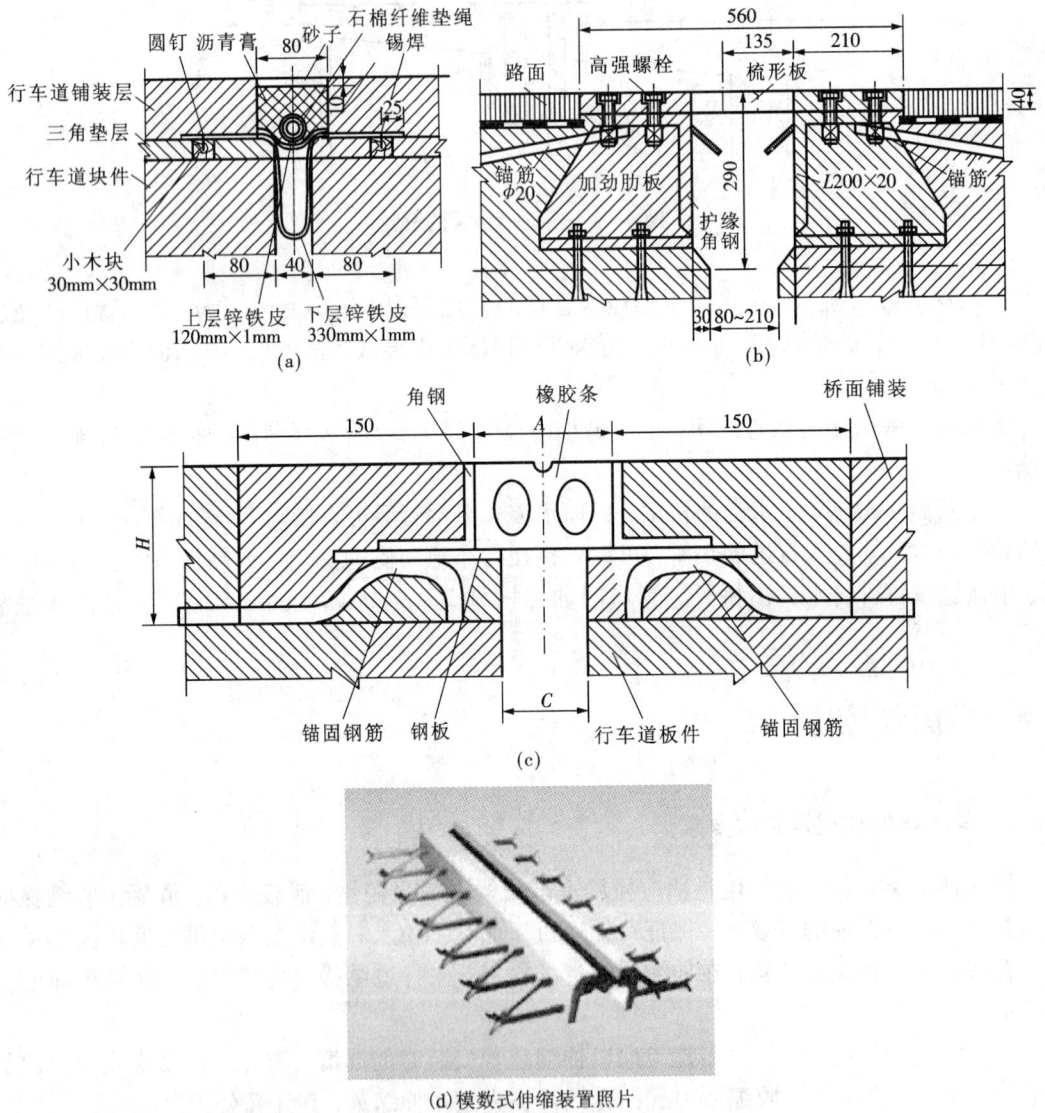

(a)

(b)

(c)

(d)模数式伸缩装置照片

图 4-7　常用桥梁伸缩缝装置构造(尺寸单位：mm)

1. 镀锌铁皮伸缩缝

对于中小跨径的桥梁，当变形量在 20～40 mm 以内时，常采用以锌铁皮为跨缝材料的伸缩缝构造[图 4 - 7(a)]。弯成 U 形断面的长条锌铁皮分上下两层,上层的弯形部分开凿了孔径为 0.6 cm、孔距为 3 cm 的梅花眼,其上设置石棉纤维垫绳,然后用沥青胶填塞。这样,当桥面伸缩时锌铁皮可随之变形,下层 U 锌铁皮可将渗下的雨水沿横向排出桥外。该类伸缩装置一般用于伸缩量在 40 mm 以下的常规桥梁工程上,但目前已不多见。

2. 钢板伸缩缝

当桥梁的伸缩变形量超过 40 mm 时,可采用钢板为跨缝材料的伸缩装置,即钢疏齿板型伸缩装置[图 4 - 7(b)]。该伸缩装置当车辆驶过时往往由于梁端转动或挠曲变形而产生冲击作用,噪声大,而且容易使结构损坏。因此,需采用螺栓弹簧的装置来固定滑动钢板,以减少冲击和噪声,该伸缩缝的构造相对复杂。

3. 橡胶伸缩缝

该装置是利用各种不同断面形状的橡胶带作为填嵌材料的伸缩装置。橡胶作为伸缩缝的填嵌材料,既富于弹性,又易于胶贴(或胶接),能满足变形要求和兼备防水功能。因此,目前在国内、外桥梁工程中得到广泛应用。图 4 - 7(c)为矩形橡胶条型伸缩装置,当梁架好后,在端部焊好角钢,涂上胶后,再将橡胶嵌条强行嵌入,伸缩量为 20 ~ 50 mm。

4. 模数式伸缩缝

模数式伸缩装置是橡胶与高强异型钢材的组合结构[图 4 - 7(d)]。橡胶伸缩装置,很难满足大位移量的要求;钢板伸缩装置,很难做到密封不透水,而且容易造成对车辆的冲击,影响车辆的行驶性。模数式伸缩装置则是利用吸震缓冲、密封性能好的橡胶材料与强度高性能好的异型钢材组合的,且能满足大位移量要求的桥梁伸缩装置。其选型主要视桥梁变形量的大小和活载轮重而定,目前最大的伸缩量可达 2000 mm。

桥梁伸缩装置暴露在大气中,直接经受车辆人群荷载的反复摩擦、冲击作用,稍有缺陷或不足,就会引起跳车等不良现象,严重时还会影响到桥梁结构本身和通行者的生命安全,是桥梁中最易损坏而又较难修缮的部位。需经常维护,清除缝内杂物,并及时更换。

4.5　人行道、栏杆与灯柱、护栏

4.5.1　人行道

位于城镇和近郊的桥梁均应设置人行道,其宽度和高度应根据行人的交通流量和周围环境确定。人行道的宽度为 0.75 m 或 1 m,当宽度要求大于 1 m 时,按 0.5 m 的倍数增加。表 4 - 1 为城市桥梁人行道参考宽度。在快速路、主干路、次干路或行人稀少地区,若两侧无人行道,则两侧应设安全带,宽度为 0.50 ~ 0.75 m,高度不小于 0.25 m。近年来,不少桥梁设计中,为了保证行车的安全,安全带的高度已经用到 0.4 m 以上。

人行道顶面应做成倾向桥面 1% ~ 1.5% 的排水横坡,城市桥梁人行道顶面可铺彩砖,以增加美观。此外,人行道在桥面断缝处必须做伸缩缝。

人行道的构造形式多种多样,根据不同的施工方法有就地浇注式、预制装配式、部分装配和部分现浇的混合式。其中就地浇注式的人行道现在已经很少采用。而预制装配式的人行道具有构件标准化拼装简单化等优点,在各种桥梁结构中应用广泛。

表 4 - 1　城市桥梁桥面人行道宽度表

桥梁等级及地段	人行道宽度(单侧)	桥梁等级及地段	人行道宽度(单侧)
火车站、码头、长途汽车站附近和其他行人聚集地段	3 ~ 5 m	一般街道地段	1.5 ~ 3 m
大型商店和大型公共文化机关附近,商业闹市区	2.5 ~ 4.5 m	大桥、特大桥	2 ~ 3 m

　　图 4 - 8(a)为整体预制的 F 形的人行道,他搁置在主梁上,适用于各种净宽的人行道,人行道下可以放置过桥的管线,但是对管线的检修和更换十分困难;图 4 - 8(b)为人行道附设在板上,人行道部分用填料填高,上面敷设 2 ~ 3 cm 砂浆面层或沥青砂,人行道内层设置缘石;图 4 - 8(c)为小跨宽桥上将人行道部分墩台加高,在其上搁置独立的人行道板;图 4 - 8(d)为就地浇注式人行道,适用于整体浇注的钢筋混凝土梁桥,而将人行道设在挑出的悬臂上,这样就可以缩短墩台宽度,但施工不太方便。

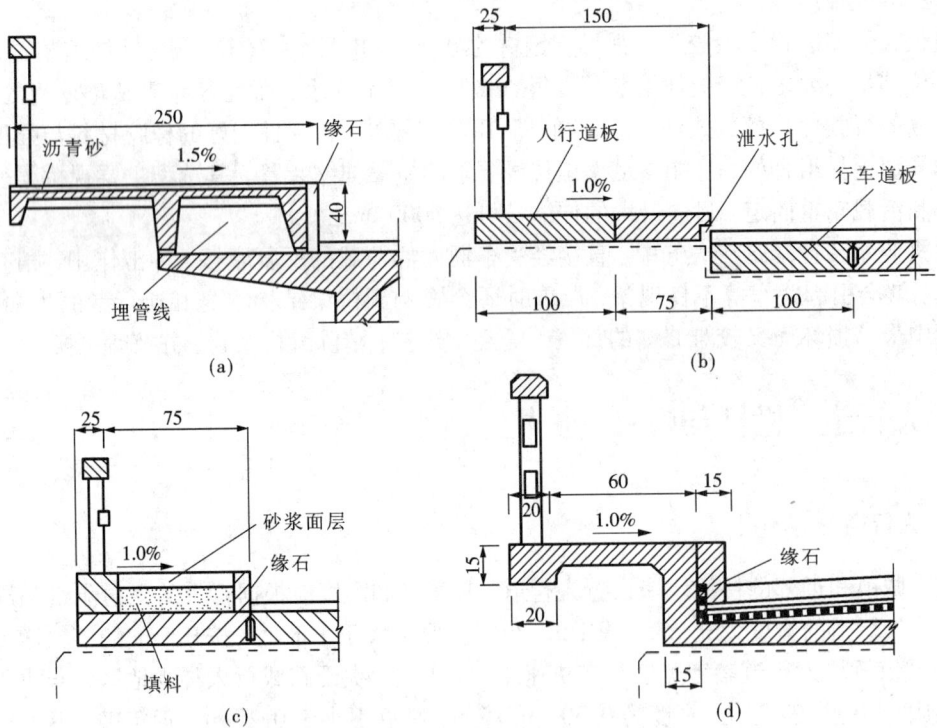

图 4 - 8　人行道一般构造(尺寸单位: cm)

4.5.2　栏杆

　　桥梁栏杆设置在人行道上,其重要功能在于防止行人和非机动车辆掉入桥下。其设计应符合受力要求,并注意美观,高度不应小于 1.1 m。应注意,在靠近桥面伸缩逢处所有的栏杆,均应断开使梁体能自由变形。

4.5.3　灯柱

在城市桥上以及城郊行人和车辆较多的公路桥上，都要设置照明设备。桥梁照明应防止眩光，必要时应采用严格控光灯具，而不宜采用栏杆照明方式。对于大型桥梁和具有艺术、历史价值的中小桥梁的照明应进行专门设计，既满足功能要求，又顾及艺术效果，并与桥梁的风格相协调。

照明灯柱可以设在栏杆扶手的位置上，在较宽的人行道上也可设在靠近缘石处。照明用灯一般高出车道 8～12 m。钢筋混凝土灯柱的柱脚可以就地浇筑并将钢筋锚固于桥面中。铸铁灯柱的柱脚可固定在预埋的锚固螺栓上。照明以及其他用途所需的电信线路等通常都从人行道下的预留孔道内通过。

4.5.4　护栏

为了避免机动车辆碰撞行人和非机动车辆的严重事故的发生，对于高速公路，汽车专用一级公路上的特大桥，大、中桥梁，必须根据其防撞等级在人行道与车行道之间设置桥梁护栏。一般公路的特大及大、中桥梁在条件许可的情况下也应设置。在有人行道的桥梁上，应按实际需要在人行道和行车道分界处设置汽车与行人之间的分隔护栏。

桥梁护栏按构造特征可分为梁柱式护栏、钢筋混凝土墙式护栏和组合式护栏，如图 4－9 所示。可采用的材料有金属(钢，铝合金)和钢筋混凝土。

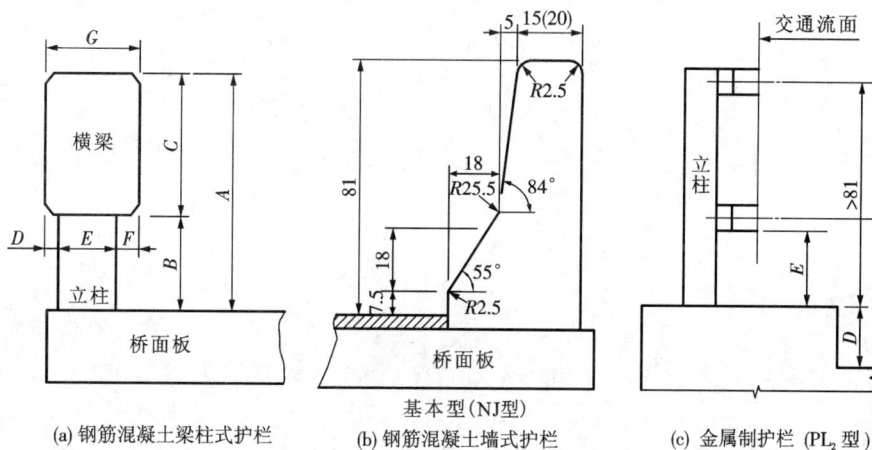

(a) 钢筋混凝土梁柱式护栏　　(b) 钢筋混凝土墙式护栏　　(c) 金属制护栏 (PL$_2$ 型)

图 4－9　桥梁护栏构造(尺寸单位：cm)

桥梁护栏的形式选择，首先应满足其防撞等级的要求，避免在相应设计条件下的失控车辆跃出，同时还应综合考虑公路等级、桥梁护栏外侧危险物的特征、美观、经济性以及养护维修等因素。例如，在美观要求较高或积雪严重的地区，宜采用梁柱式或组合式结构；钢桥为了减轻恒载，宜采用金属制护栏。组合式护栏兼有钢筋混凝土墙式护栏的坚固和金属制梁柱式护栏美观的优点，在我国高速公路的桥梁上普遍采用。

本章思考题

4-1　桥面部分通常包括哪些构造?

4-2　桥面布置主要有哪几种形式?

4-3　桥面铺装的主要作用是什么?桥面铺装有哪几种类型?并且阐述各种类型的主要特点。

4-4　桥面为什么要设置纵、横坡?一般如何设置桥面纵、横坡?

4-5　桥面伸缩缝装置的主要作用是什么?伸缩缝装置的设置有何基本要求?

4-6　目前桥梁上使用的伸缩缝装置主要有哪些类型?并阐述各类伸缩缝装置的主要特点。

4-7　为什么在伸缩缝附近的栏杆、人行道结构也应断开?

4-8　桥面上的护栏主要起什么作用?

第 5 章　混凝土梁桥与刚构桥概述

5.1　梁桥概述

梁桥是指在垂直荷载作用下,支座只产生垂直反力而无水平反力的结构,梁作为主要承重结构,主要承受弯矩和剪力。公路与城市道路中建造的梁桥大多采用钢筋混凝土或预应力混凝土结构,统称为混凝土梁桥。混凝土梁桥具有造型简单、适应工业化施工、经济及耐久性好等许多优点,特别是预应力技术的应用,为现代装配式结构提供了最有效的接头和拼装手段,使得混凝土梁桥得到了广泛应用,这种桥型成为我国中小跨径桥梁的主要结构型式。目前,预应力混凝土简支梁桥的跨径已达到 50～70 m,连续梁桥的跨径达 120～150 m。

5.1.1　混凝土梁桥的基本体系

按受力特征混凝土梁桥可分为简支梁桥、连续梁桥和悬臂梁桥等三种基本体系(图 5 - 1);当桥梁轴线在平面上是曲线或桥梁轴线与支承线斜交时,则为曲线梁桥和斜梁桥这两种特殊型式(图 5 - 2)。

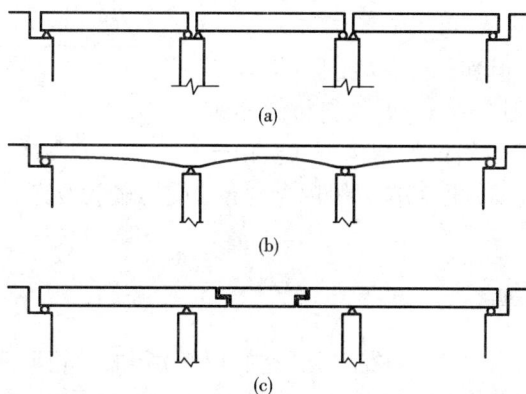

图 5 - 1　梁桥的基本体系

1. 简支梁桥

简支梁桥[图 5 - 1(a)]是结构受力和构造最简单的桥型,应用广泛,属于静定结构。简支梁桥的设计主要受跨中正弯矩的控制,钢筋混凝土简支梁的经济合理跨径在 20 m 以下,预应力混凝土简支梁的合理跨径一般不超过 50 m,我国目前预应力简支梁的标准设计最大跨径为 40 m。

简支梁桥一般用于小桥、大桥中的引桥及城市高架桥。在多孔简支梁桥中,为减少伸缩缝装置，使得行车平整舒适，目前常采用桥面连续的预应力混凝土简支梁桥。

2. 连续梁桥

连续梁桥属于超静定结构[图 5－1(b)]，在竖向荷载作用下支点截面产生负弯矩。连续梁与同等跨径的简支梁相比，其跨中正弯矩显著减小，从而跨越能力大。连续梁还具有结构刚度大、变形小、主梁变形挠曲线平缓、动力性能好及有利于高速行车等优点。预应力混凝土连续梁桥的合理跨径一般在 120 m 以内。

因连续梁桥是超静定结构，基础不均匀沉降将在结构中产生附加内力，因此，桥梁基础相对要求较高，宜用于地基较好的场合。

3. 悬臂梁桥

悬臂梁桥属于静定结构，图 5－1(c)所示为边跨悬臂梁和中跨简支挂梁相组合的结构型式。悬臂梁桥支点截面产生负弯矩，跨中正弯矩比简支梁桥小，跨越能力比简支梁大，但小于连续梁；主跨要增加悬臂与挂梁间的牛腿与伸缩缝构造，并且牛腿处变形大、伸缩缝易损坏、行车不平顺，目前已较少使用。

4. 曲线梁桥

曲线梁桥的桥轴线在平面上为曲线[图 5－2(a)]，可采用单跨一次超静定简支曲线梁或多跨连续曲梁的结构型式，属超静定结构。曲线桥中无论恒载还是汽车荷载都会产生扭矩，存在弯扭耦合现象，这是曲线桥与直线桥不同之处。钢筋混凝土曲线梁和预应力混凝土曲线梁桥广泛用于城市立交桥中。

5. 斜梁桥

桥轴线虽然是直线，但其与支承线的夹角 α 不等于 90°时，成为斜桥[图 5－2(b)]。斜桥大多采用斜板桥或单跨一次超静定斜梁的结构型式。由于桥轴线与支承线斜交，斜梁桥也存在弯扭耦合现象，受力较为复杂，一般仅用于地形受到限制的跨线桥中。

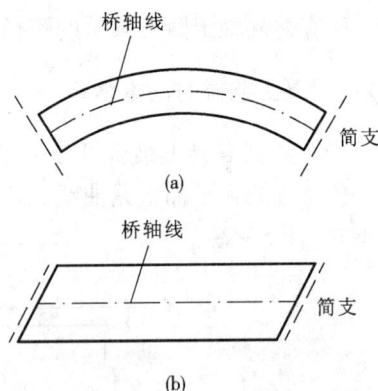

图 5－2   曲线桥与斜梁桥

5.1.2 梁桥的主要截面型式

混凝土梁桥的承重结构一般采用实心板、空心板、肋梁式及箱形截面等四种主要截面型式（图 5－3）。采用实心板和空心板截面的梁桥一般称为板桥，实体板[图 5－3(a)]是最简单的构造型式，一般用于钢筋混凝土简支板桥和连续板桥；空心板截面[图 5－3(b)]则是在实心板基础上，对截面进行挖空，减轻结构自重，增大跨越能力，大多用于预应力混凝土或钢筋混凝土板桥；肋梁式截面[图 5－3(c)]是在板式截面的基础上，将下缘受拉区混凝土进一步挖空，从而显著减轻结构自重，增加梁高与截面抗弯惯性矩，跨越能力进一步得到提高。肋梁式截面有 T 形和 I 字形两种型式，T 形截面一般用于简支梁桥，I 字形截面可用于连续梁、悬臂梁或者简支梁；箱形截面[图 5－3(d)]的挖空率最高，截面上缘的顶板与下缘底板混凝土能够承受连续梁跨中截面正弯矩和支点截面负弯矩产生的压应力，抗弯能力强，又箱梁为闭口截面，抗扭惯性矩大、抗扭性能好，因而是大跨连续梁桥和曲线梁桥最适合的截面形式。

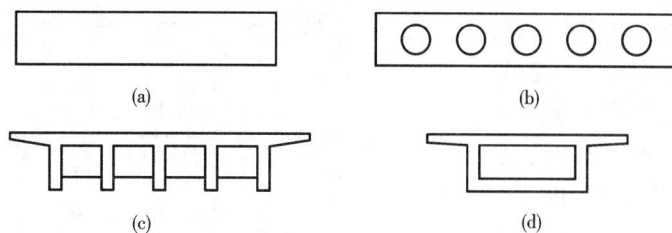

图 5-3　混凝土梁桥的主要截面型式

5.1.3　梁桥的主要施工方法

混凝土梁桥的施工方法可分为整体浇筑法和节段施工法两大类。整体浇筑施工法就是一次浇筑完成桥梁主体结构混凝土的方法，由于施工工期长，占用支架和模板较多，受季节影响大，施工费用大，因此整体浇筑法一般仅用于修建曲线桥、斜桥等特殊形式的结构或者运输困难的地区；节段施工法是将桥梁结构在纵向、横向或竖向划分为许多段，分段现浇或分段预制拼装的施工方法，对于简支梁（板）桥，通常在横向划分为多片梁肋或板肋，采用预制装配法施工，而在连续梁桥中，一般采取纵向分段的方式，如简支 - 连续法、逐孔法、悬臂法及顶推法等各种施工方法。

5.2　刚构桥概述

刚构桥的主要承重结构是梁与桥墩固结的刚架结构，由于墩梁固结，使得梁和桥墩整体受力，桥墩不仅承受梁上荷载引起的竖向压力，还承担弯矩和水平推力。刚构桥在竖向荷载作用下，梁的弯矩通常比同等跨径连续梁或简支梁小，其跨越能力大于梁桥；墩梁固结省去了大型支座，结构整体性强、抗震性能好。因此，预应力混凝土刚构桥是目前大跨径桥梁的主要桥型，最大跨径已达 301 m（挪威 stolma 桥）。

刚构桥按受力体系可分为连续刚构桥、斜腿刚构桥、门式刚构桥和 T 形刚构桥等四种主要类型（图 5-4）。刚构桥的主梁一般均需承受正、负弯矩作用，横截面宜采用箱型截面，连续刚构桥主梁受力与连续梁基本相同，横截面形式和尺寸与连续梁也基本相同。

5.2.1　连续刚构桥

连续刚构桥[图 5-4(a)]，属于多次超静定结构，在大跨连续刚构桥中，由于体系温度变化、混凝土收缩等作用将使梁产生较大的纵向变形（伸长或缩短），从而导致墩顶产生较大的水平位移；为了减小墩顶水平位移产生的墩顶水平推力、墩底弯矩及结构中的其他附加内力，在设计中一般应减小墩顶的水平抗推刚度。因此，对于墩高较矮的连续刚构桥，通常采用水平抗推刚度小的双肢薄壁墩，高墩连续刚构桥则可采用双肢薄壁墩或单肢薄壁墩。

对于跨数多连续长度很长的桥，为了减小桥墩对梁纵向位移的约束作用及其在结构中产生的附加内力，往往在两侧的一个或多个边跨上设置滑动支座，成为刚构 - 连续梁组合体系桥[图 5-4(b)]。

连续刚构桥主梁连续无缝，行车平顺；特别适合于悬臂法施工，并且高墩的柔性有利于减小温度变化产生的墩顶水平推力等结构附加内力；因此大跨预应力混凝土连续刚构桥是跨越深谷、河流的合理桥型。已建的湖北龙潭河大桥[跨径布置(106 + 3 × 200 + 106) m]，最大墩高178 m，为目前国内外连续刚构桥中的最高墩的桥。

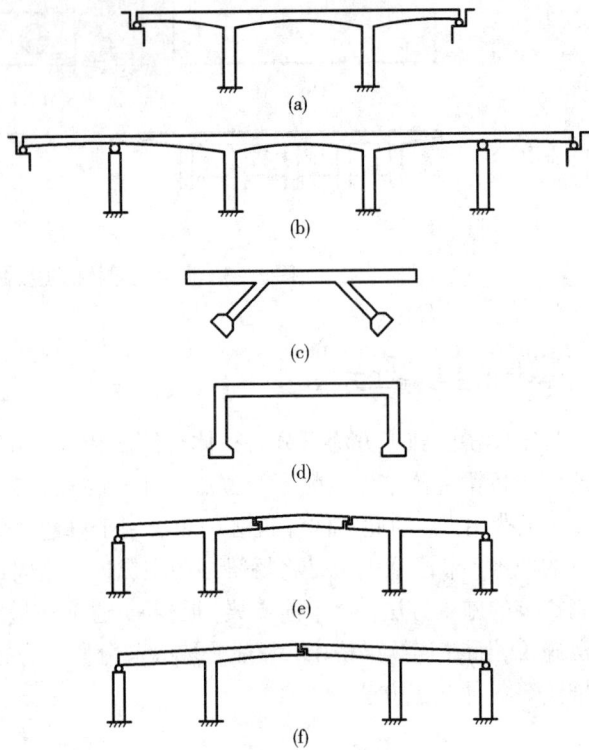

5.2.2　斜腿刚构桥

　　刚构桥的主墩斜置，称为斜腿刚构桥[图5 - 4(c)]，属于超静定结构。在竖向荷载作用下斜腿底端除承受竖向反力外，还存在较大的水平推力。由中跨主梁与斜腿组成的部分，相当于折线形拱桥，其压力线接近于拱桥，因此受力状态也接近于拱桥，斜腿与中跨主梁均承受较大的轴向压力。温度变化与收缩等将使斜

图 5 - 4　刚构桥的类型

腿刚构桥产生较大的附加内力，为了减小这种附加内力，一般在斜腿底部设置铰支座。由于斜腿施工难度大，斜腿与主梁联结处构造及受力较复杂，一般需在斜腿底部设置永久性铰支座等原因，这种桥型一般用于中小跨径桥(跨线桥或跨越深谷)，大跨径桥不常采用。

5.2.3　门式刚构桥

　　门式刚构桥[图5 - 4(d)]在竖向荷载作用下，梁的跨中弯矩值比相同跨径的简支梁小，可以降底跨中建筑高度、增大桥下净空；但是，墩柱受力严重不对称，即使在结构自重作用下，墩柱也产生较大的弯矩，从而使得主梁与墩柱相联结的节点部位，受有很大的外缘受拉的弯矩，节点外缘混凝土产生较大的拉应力，内缘混凝土产生较大的压应力，对于钢筋混凝土结构，节点往往容易产生裂缝。因此，这种桥型仅适用于桥下净空受到限制的小跨径跨线桥，并且目前较少采用。

5.2.4　T形刚构桥

　　T形刚构桥有跨中带挂孔和设剪力铰的两种基本形式[图5 - 4(e)、(f)]。混凝土T形刚构桥是20世纪50年代至70年代曾经使用的一种桥型，属于静定或低次超静定结构，其受力特点是长悬臂体系，除挂孔以外，主梁以承受负弯矩为主；在混凝土徐变与车辆荷载共同作用下悬臂端的挠度较大，从而在悬臂端和挂梁(或剪力铰)的结合处形成折角，不仅导致伸缩缝与剪力铰容易损坏，且车辆在此跳动，行车不适；由于跳车影响，对桥梁动力冲击作用较大，使得结构受力不利，容易开裂与损坏；因此，这种桥型目前已较少使用。

本章思考题

5－1　试阐述简支梁桥的受力特点及其适用范围。

5－2　一般来说，连续梁桥比简支梁桥跨越能力大，为什么？

5－3　从受力与变形角度分析，悬臂梁桥的主要缺点是什么？

5－4　混凝土梁桥主要有哪几种截面型式？并阐述各自的特点及适用场合。

5－5　刚构桥的主要特点是什么？刚构桥按受力体系可分为哪几类？

第6章　混凝土梁桥与刚构桥的构造

6.1　板桥的构造

6.1.1　板桥的特点与分类

板桥是小跨径桥中最常用的桥型之一。由于它在建成后外形上像一块薄板，故习惯称之为板桥。

1. 板桥的优缺点

1）优点

（1）建筑高度小，适用于桥下净空受限制的桥梁，与其他类型的桥梁相比，可以降低桥头引道路堤高度和缩短引道长度。

（2）外形简单，制作方便。

（3）做成装配式板桥的预制构件时，重量轻，架设方便。

2）缺点

跨径不宜过大，跨径超过一定限度时，截面显著加高，从而导致自重过大，由于截面材料使用得不经济，使板桥建筑高度小的优点也因此被抵消。

2. 板桥的分类

板桥按施工方法可分为：整体式板桥和装配式板桥；按截面形式可分为：实心板、空心板和异型板桥；按是否施加预应力，可分为钢筋混凝土板桥与预应力混凝土板桥等。

6.1.2　整体式简支板桥的构造

整体式板桥一般做成实体式等厚度的矩形截面形式，有时为了减轻自重，也可将截面受拉区稍加挖空做成肋式的板截面，如图 6 - 1 所示。

整体式正交简支板桥的常用跨径一般在 8 m 以下，板厚与跨径之比一般为 1/16 ~ 1/12，但不宜小于 10 cm，其桥面宽度往往大于跨径。因此，在荷载作用下，桥面板实际上呈双向受力状态，当桥面板宽度较大时，除配置纵向的受力钢筋外，还应计算配置板的横向受力钢筋。

板中主筋直径不宜小于 10 mm，间距不大于 20 cm。分布筋直径不宜小于 8 mm，间距不大于 20 cm。为保证混凝土结构在设计年限内具有足够的耐久性，混凝土内的钢筋不被腐蚀，应保证混凝土保护层厚度和密实性。

6.1.3　装配式简支板桥的构造

装配式简支板桥的横截面形式主要有实心板和空心板两种，空心板使用较多，下面着重介绍空心板桥。

(a)整体式矩形实心板(单位：cm)

(b)肋式板截面(单位：cm)

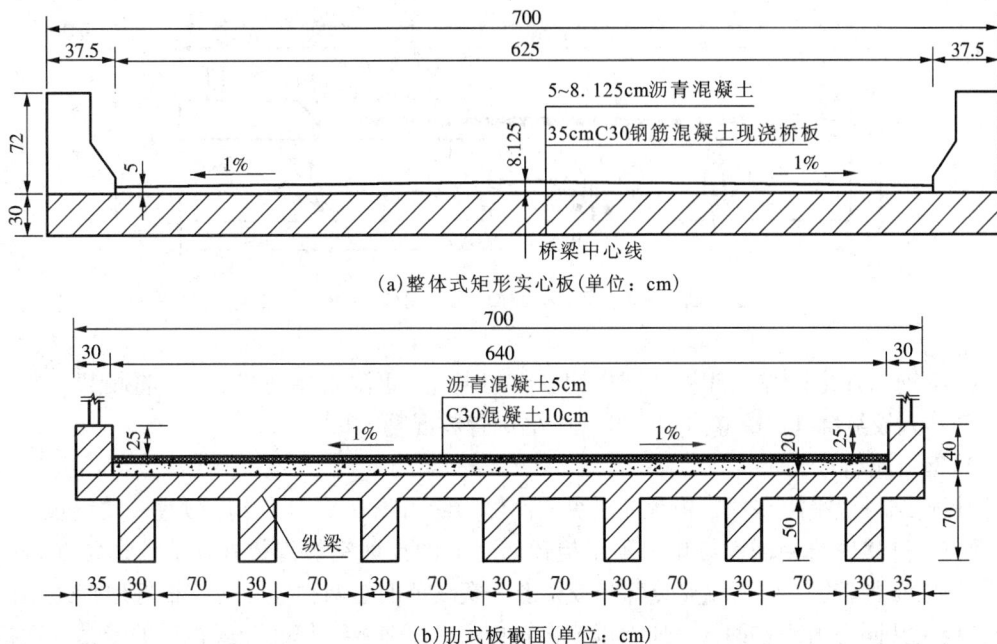

图 6-1 整体式简支板桥横截面

1.装配式空心板桥

为了减轻自重，充分发挥材料的性能，在跨径 6～13 m 钢筋混凝土板桥及跨径 10～16 m 的预应力混凝土板桥的标准图中，采用空心板截面，板厚为 40～85 cm。空心板的顶板和底板厚度应不小于 8 cm，空洞端部应予填封，以保证施工质量和承载的需要。

装配式预制空心板截面中间挖空型式很多，图 6-2 为几种常用的空心板截面型式，挖成单个较宽的孔洞，挖空体积最大，块件重量最轻，但顶板需满足一定的厚度，且在顶板内要布置一定数量的横向受力钢筋。图 6-2(a)的顶板略呈微弯形，可以节省一些钢筋，但模板较图 6-2 (b)复杂些。图 6-2(c)挖成两个正圆孔，其挖空体积较小。图 6-2(d)的芯模由两个半圆及两

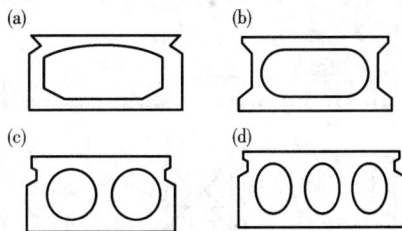

图 6-2 空心板截面的挖空形式

块侧模板组成，对不同厚度的板只要更换两块侧模板就能形成空形，它挖空体积较大，适用性也较好。

图 6-3 为标准跨径 16 m、净宽 2×11 m、板厚为 0.7 m 的预应力混凝土空心板桥的一般横断面图，半幅桥面由 12 块板组成，板间隙 1 cm。

2.装配式板桥的横向连接

装配式板桥板块之间必须采用横向连接构造，以保证板块共同承受车辆荷载。常用的横向连接方式有企口混凝土铰连接和钢板焊接连接。

(1)企口混凝土铰连结

企口式混凝土铰常采用的型式如图 6-4 所示，为使桥面铺装层与主板共同受力，将预制

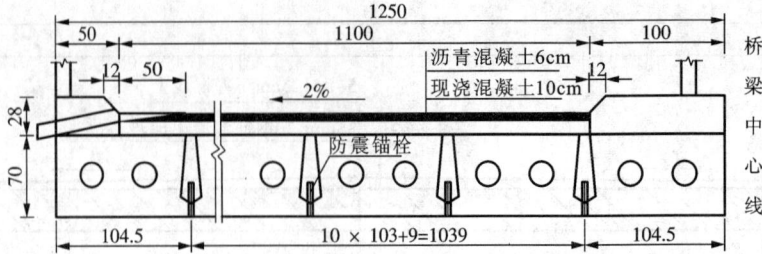

图 6-3　空心板截面(尺寸单位: cm)

板中的 N1 钢筋伸出以与相邻板的同样钢筋互相绑扎,再浇筑在铺装层内;将相邻板的底层箍筋 N2 伸入铰缝绑扎,铰缝内用 C30 以上的细骨料混凝土填实。

(2)钢板连结

钢板连结一般采用在预制板顶面沿纵向两侧边缘每隔 0.8~1.5 m,预埋一块钢板,如图 6-5 所示,连接时将钢盖板与相邻预制板顶面对应的预埋钢板焊接在一起。通常在跨中部分钢板连结布置较密,而两端支点部分较稀疏。实践证明这两种连结能够很好地传递横向剪力使各板块共同受力。在国外,通常以横向预应力方式连接,使装配式板桥的受力特性接近于整体式板桥。

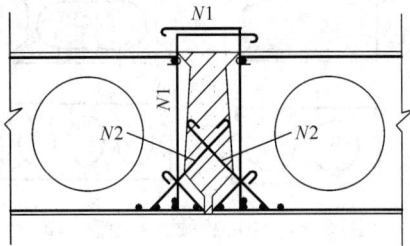

图 6-4　企口式混凝土铰构造

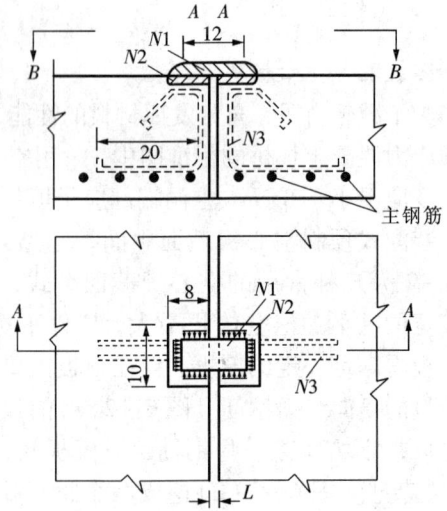

图 6-5　钢板连接构造(尺寸单位: cm)

6.1.4　斜板桥的构造

由于桥址处地形的限制,需将桥梁做成斜交。斜交板桥的板的支承轴线的垂直线与桥纵轴线的夹角称为斜交角(图 6-6)。

1. 斜板桥的受力特点

(1)荷载有向两支承边之间最短距离方向传递的趋势,如图 6-6 所示。在较宽的斜板中部,其最大主弯矩方向(即在垂直于该方向的截面上没有扭矩)几乎接近于支承边正交。其次,无论对宽的或窄的斜板,其两侧的主弯矩方向虽接近平行于自由边,但仍有向支承边垂线方向偏转的趋势。

（2）各角点受力情况可以用比拟连续梁的工作来描述，如图 6-7 所示，在斜板"Z"形条带 $A-B-C-D$ 上各点的受力情况，可以用三跨连续梁来比拟，在钝角 B、C 处产生较大的负弯矩，其方向垂直于钝角的二等分线；同时，在 B、C 点的反力也较大，锐角 A、D 点的反力较小，当斜交角与斜的跨宽比都较大时，锐角便有向上翘起的趋势。此时若固定锐角角点，势必导致板内有较大的扭矩。

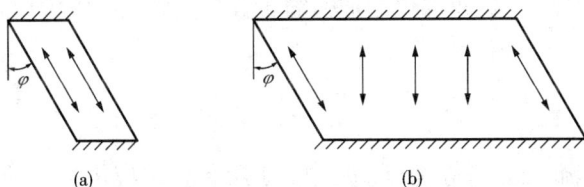

图 6-6　斜板的最大主弯矩方向

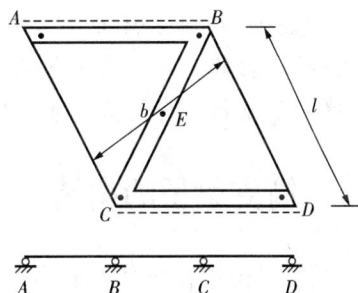

图 6-7　比拟连续梁

（3）在均布荷载下，当桥轴线方向的跨长相同时，斜板桥的最大跨内弯矩比正桥要小，跨中弯矩的折减主要取决于斜交角 φ 和抗弯刚度与抗扭刚度的比值 K。

（4）在上述同样情况下，斜板桥的跨中横向弯矩比正桥的却要大，可以认为横向弯矩增加的量，相当于跨径方向弯矩减少的量。由于斜交引起的纵向弯矩的折减系数可查公路设计手册《梁桥》（上册）第一篇附表（二）。

（5）斜板桥的跨中剪力比相同跨径的正桥大，跨中剪力的增大倍数可取

$$\eta = 1 + \frac{\varphi}{60°} \qquad (6-1)$$

式中：φ 为斜交角。

2. 斜板桥的构造

如图 6-8 所示，斜板桥的钢筋可按下列规定布置：

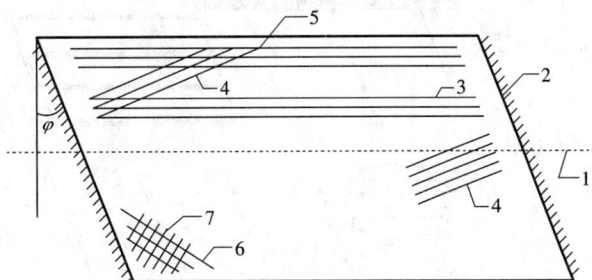

图 6-8　斜板桥钢筋布置

1—桥纵轴线；2—支承轴线；3—顺桥纵轴线钢筋；4—与支承轴线正交钢筋；
5—自由边钢筋带；6—垂直于钝角平分线的钝角钢筋；7—平行于钝角平分线的钝角钢筋

（1）当整体式板桥的斜交角 $\varphi \leqslant 15°$ 时，主钢筋平行于桥纵轴线方向布置；当整体式板桥

的斜交角 $\varphi > 15°$ 时，主钢筋宜垂直于板的支座轴线方向布置，此时，在板的自由边上下应各设一条不少于 3 根平行于自由边的钢筋带，并用箍筋箍牢在钝角部位靠近板顶的上层，应布置垂直于钝角平分线的加强筋，在钝角部位靠近板底的下层，应布置平行于钝角平分线的加强筋，加强钢筋的直径不小于 12 mm，间距 100 ~ 150 mm，布置于钝角两侧 1 ~ 1.5 m 边长的扇形面积内。

（2）斜板的分布钢筋宜垂直于主钢筋方向设置，其直径不小于 8 mm，间距不大于 200 mm，分布钢筋的面积不宜小于板截面积的 0.1%，在斜板的支座附近宜设平行于支座轴线的分布钢筋，或将分布钢筋向支座方向呈扇形分布，过渡到平行于支承轴线。

（3）预制斜板的主筋可与桥纵轴线平行，其钝角部位的加强筋布置与整体式斜板桥相同。

6.2　简支梁桥的构造

简支梁桥具有受力明确、构造简单、施工方便等优点，是中、小跨径桥梁应用最广的桥型。按施工方法分为整体式简支梁桥和装配式简支梁桥。

图 6 - 9 为一典型的装配式简支梁桥的构造布置。上部构造由主梁、横隔梁、桥面板、桥面系等部分组成。主梁是桥梁的主要承重结构；横隔梁保证各根主梁相互连成整体，以提高桥梁的整体刚度；主梁的上翼缘构成桥面板，组成行车（人）平面，承受车辆（人群）荷载的作用。这类桥梁可采用整体现浇和预制装配两种不同的方式进行施工。

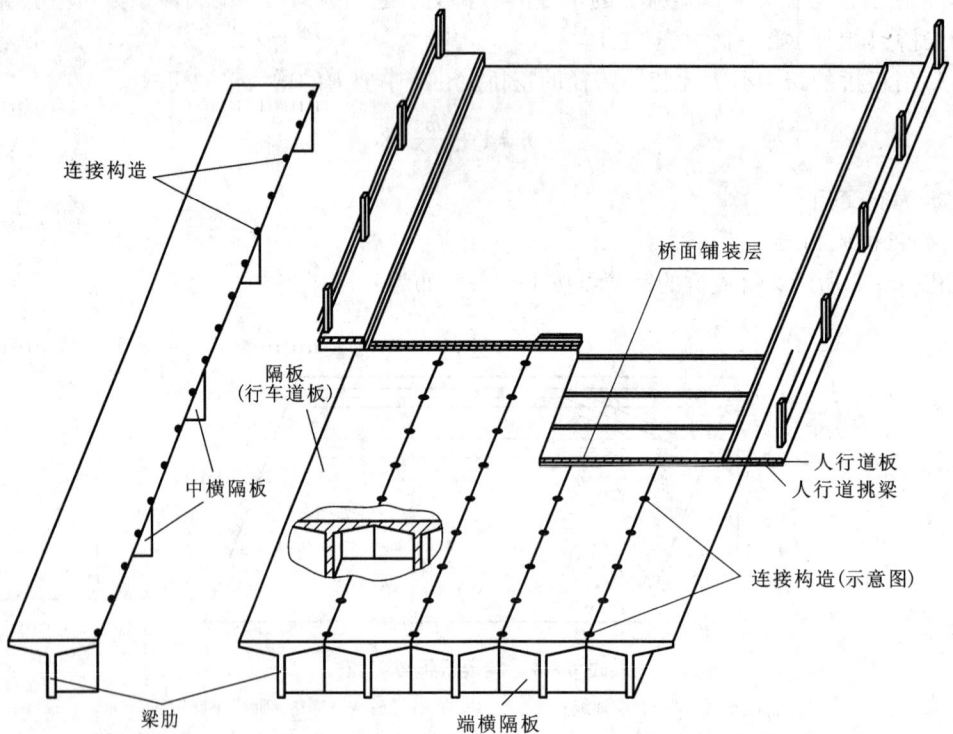

图 6 - 9　简支梁桥概貌

6.2.1　整体式简支梁桥

整体式简支梁桥在城市立交中应用较广泛,具有整体性好、刚度大、易于做成复杂形状等优点,多数在桥孔支架模板上现场浇筑,个别也有整体预制、整孔架设的情况。

常用的整体式简支 T 形梁桥的横截面如图 6－10 所示。在保证抗剪、稳定的条件下,主梁的肋宽为梁高的 1/6～1/7,但不宜小于 14 cm,以利于浇筑混凝土,当肋宽有变化时,其过渡段长度不小于 12 倍肋宽差。主梁高度通常为跨径的 1/8～1/15。为了减小桥面板的跨径(一般限制在 2～3 m 之内),还可以在两根主梁之间设置次纵梁,如图 6－10(b)。为了合理布置主钢筋,梁肋底部可做成马蹄形。

整体式简支梁桥桥面板的跨中板厚不应小于 10 cm。桥面板与梁肋衔接处一般都设置承托结构,承托长高比一般不大于 3。

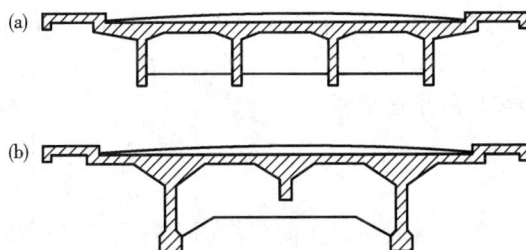

图 6－10　整体式梁桥横截面

6.2.2　装配式简支 T 形梁桥

装配式简支梁主梁的横截面形式可分为 Π 形[图 6－11(a)]、T 形[图 6－11(b)～(d)]和箱形[图 6－11(e)]三种。

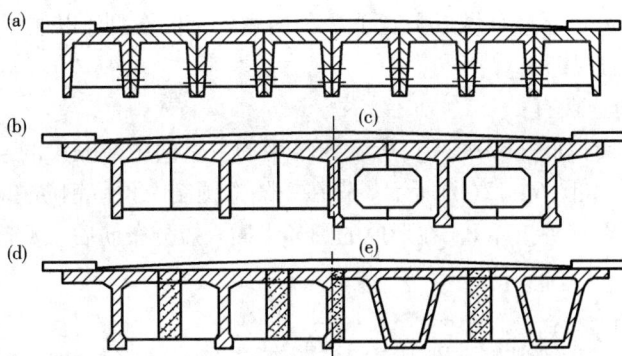

图 6－11　装配式梁桥横截面

Π 形主梁的特点是截面形状稳定,横向抗弯刚度大,块件堆放、装卸方便;但当跨径较大时,混凝土和钢的用量较大,横向联系较差,现在已很少采用。

装配式 T 形梁桥是使用最为普遍的结构形式,其优点是制造简单、整体性好、接头也方便。其构造布置是在给定桥的设计宽度的条件下,选择主梁的截面形式,确定主梁的间距

(片数)和桥跨结构所需横隔梁的数量,进而确定各构造部分的细部尺寸。

1. T形梁桥主梁的构造

表6-1为常用的简支梁桥主梁尺寸的经验数据。其变化范围较大,跨径较大时应取较小的比值;反之,则应取较大的比值。

表6-1　装配式简支T梁桥主梁尺寸

桥梁型式	适用跨径(m)	主梁间距(m)	主梁高度	主梁肋宽度(m)
钢筋混凝土简支梁	$8 < l < 20$	$1.5 \sim 2.2$	$(1/11 \sim 1/18)l$	$0.16 \sim 0.2$
预应力混凝土简支梁	$20 < l < 50$	$1.8 \sim 2.5$	$(1/14 \sim 1/25)l$	$0.18 \sim 0.2$

主梁的肋宽必须满足截面抗剪和抗主拉应力的强度要求,同时应考虑梁肋的稳定性,梁肋内主筋的布置以及浇筑混凝土施工所需的最小肋宽。目前常用的肋宽为 15~18 cm,当主梁间距小于 2 m 时,梁肋为全长等肋宽,当主梁间距大于 2 m 时,通常在梁端 2~5 m 范围内梁肋逐步加宽,以满足该部位的抗剪要求。

2. 横隔梁

1)横隔梁的构造

横隔梁刚度越大,梁的整体性越好,在荷载作用下各主梁越能更好地共同受力。端横隔梁是必须设置的,它不但有利于制造、运输和安装阶段构件的稳定性,而且能显著加强全桥的整体性。跨内的横隔梁将随跨径的大小每隔 5.0~10.0 m 设置一道。

横隔梁的高度应保证具有足够的抗弯刚度,通常可做成主梁高度的 3/4 左右。梁肋下部,成马蹄形加宽时,横隔梁延伸至马蹄的加宽处[图6-11(c)、(d)]。从梁体在运输和安装阶段的稳定要求来看,端横隔梁应做成与主梁同高,但为便于安装和检查支座,端横隔梁底部又应与主梁底缘之间留有一定的空隙,如何选择视施工的具体情况而定。横隔梁的肋宽,通常采用 12~16 cm ,且宜做成上宽下窄和内宽外窄的楔型,以便脱模。

2)横隔梁的横向连接

横隔梁常用横向连接有:

(1)钢板焊接连接:如图6-12(a)所示为常用的主梁间中横隔梁的连接构造形式。

(2)扣环式接头:如图6-12(b)所示。先在横隔梁预制中预留钢筋扣环 A,安装时在相邻构件的扣环两侧再安上接头扣环 B,在形成的圆环中插入短分布筋后,现浇混凝土封闭接缝。

3. 桥面板

1)桥面板的构造

对于T形简支梁,主梁翼板宽度视主梁间距而定,而实际预制时,翼板的宽度应比主梁间距小 2 cm,以便在安装过程中易于调整 T 梁的位置和制作上的误差。主梁翼板一般做成变厚度板,其厚度随主梁间距而定,边缘厚度不宜小于 6 cm。主梁间距小于 2.0 m 的铰接梁桥,板边缘厚度可采用 8 cm(桥面铺装不参与受力)或 6 cm(桥面铺装通过预埋的联接钢筋与翼缘板共同受力);主梁间距大于 2.0 m 的刚接梁桥,桥面板的跨中厚度一般不小于 15 cm,边缘板边厚度不小于 10 cm。

如图6-13所示为主梁间距 2.2 m 的 T 形梁桥的桥面板钢筋布置图。板上缘承受负弯

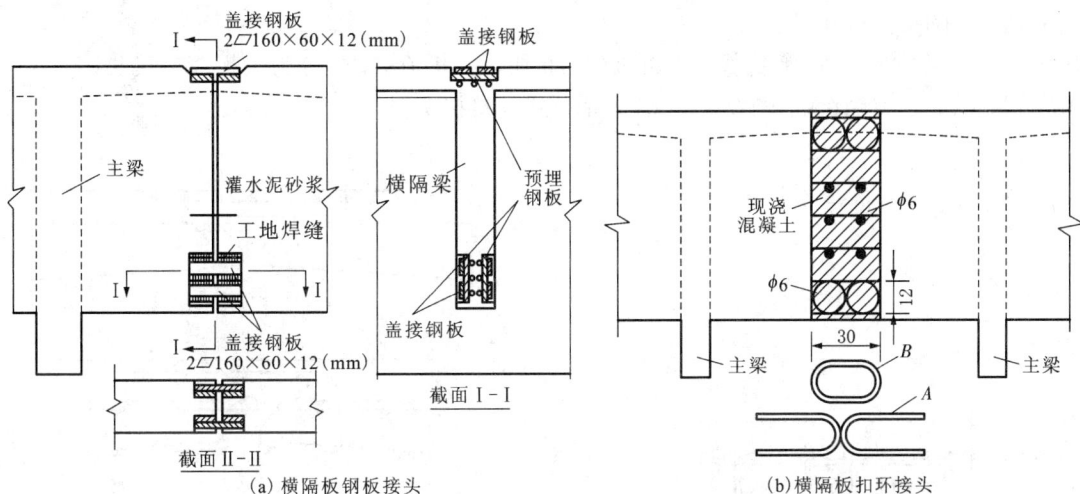

图 6-12　装配式横隔板接头(尺寸单位：cm；钢筋直径：mm)

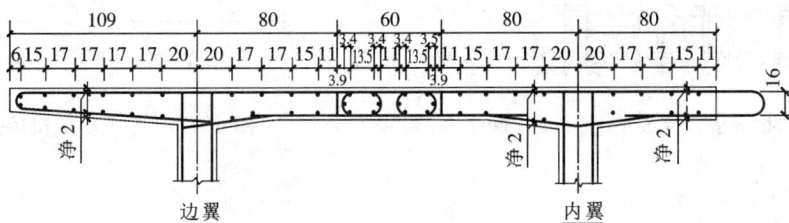

图 6-13　主梁间距 2.2 m 的桥面板钢筋布置 (尺寸单位：cm)

矩，《桥规》规定，受力钢筋直径不小于 10 mm，间距不大于 20 cm；在垂直于主筋方向布置分布钢筋，分布钢筋设在主钢筋的内侧，其直径不小于 8 mm，间距不大于 20 cm，截面面积不宜小于板截面的 0.1% 。在主钢筋的弯折处，应布置分布钢筋。在有横隔板的部位，应增加分布筋的截面积，以承受集中轮载作用下的局部负弯矩，所有增加的分布钢筋应从横隔板轴线伸出 $L/4$(L 为横隔板的跨径)的长度。

2)桥面板的横向连接

常用的桥面板(翼缘板)横向连接有刚性接头和铰接接头两种：

(1)刚性接头：既可承受弯矩，也可承受剪力，如图 6-14 所示。图 6-14(a)为在铺装层内配置受力钢筋，并将翼缘板内预留的横向钢筋伸出和梁肋顶上增设 Π 形钢筋锚固于铺装层中；图 6-14(b)为翼板用钢板联接，接缝处铺装混凝土内放置上下两层钢筋网。图 6-15 为翼缘板内伸出的扣环接头钢筋构造(即图 6-13 所示装配

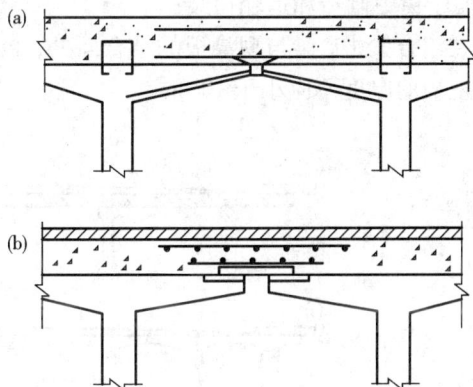

图 6-14　装配式桥面板刚性接头钢筋布置

式 T 梁相应的接头构造平面)。

(2)铰接接头。只能承受剪力,如图 6 - 16 所示。图 6 - 16(a)为钢板铰接接头;图 6 - 16(b)为企口式铰接接头;图 6 - 16(c)为企口式焊接接头。

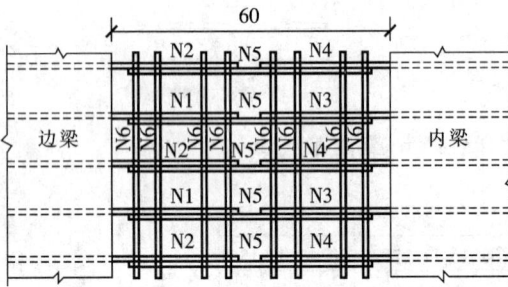

图 6 - 15　桥面板扣接缝平面(单位:cm)

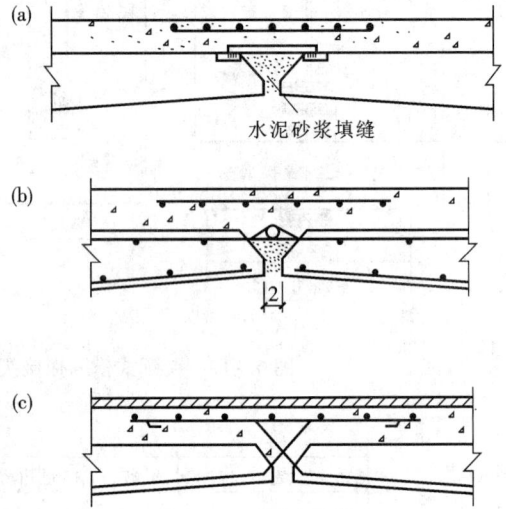

图 6 - 16　桥面板铰接接头

6.2.3　组合梁桥

组合梁桥也是一种装配式的桥跨结构,即用纵向水平缝将桥梁的梁肋部分与桥面板(翼板)分隔开来,使单梁的整体截面变成板与肋的组合截面。施工时先架设梁肋,再安装预制板(有时采用微弯板以节省钢筋),最后在接缝内或连同在板上现浇一部分混凝土使结构连成整体。目前国内外采用的组合式梁桥有两种型式:

I 形组合梁桥[图 6 - 17(a)、(b)]和箱形组合梁桥[图 6 - 17(c)]。前者适用于钢筋混凝土简支梁桥,后者则只适用于预应力混凝土梁桥。其优点在于可以显著减轻预制构件的重量,便于集中制造和运输吊装。

在组合梁中,梁与现浇板的结合面处,板的厚度不应小于 15 cm,当梁顶伸入板中时,梁顶以上板的厚度不应小于 10 cm。

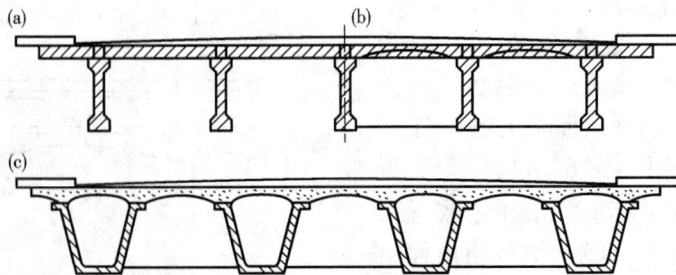

图 6 - 17　组合梁桥横截面

组合梁是分阶段受力的，在梁肋架设后，所有迟后安装的预制板和现浇桥面混凝土（甚至现浇横隔梁）的重量，连同梁肋本身的自重，都要由尺寸较小的预制梁肋来承受。这与装配式 T 梁由主梁全截面来承受全部恒载不同，因而组合梁梁肋的上下缘应力远大于 T 梁上下缘的应力。图 6 - 18 示出了装配式 T 梁与组合梁的跨中截面在恒载 + 活载工况下的截面应力图比较。

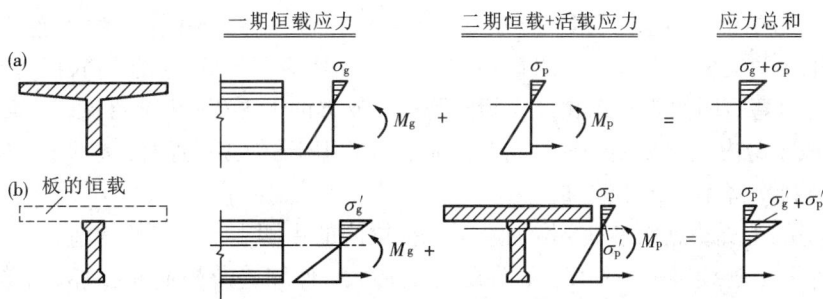

图 6 - 18　装配式 T 梁与组合梁的跨中截面应力比较

6.3　悬臂梁桥的构造

悬臂梁桥分为双悬臂梁和单悬臂梁，图 6 - 19(b) 为双悬臂锚跨（悬臂梁主跨为锚跨）带挂梁的三跨悬臂梁桥；图 6 - 19(c) 为单悬臂锚跨和挂梁组成的三跨悬臂梁桥。

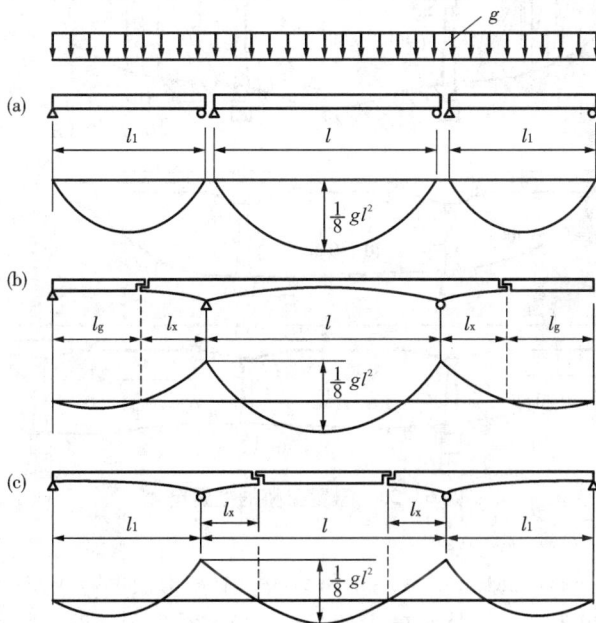

图 6 - 19　恒载产生的弯矩图

(a)简支梁；(b)、(c)悬臂梁

6.3.1 悬臂梁桥的受力特点

图 6 - 19 所示为简支梁和悬臂梁在恒载作用下的弯矩图。图中各种梁式体系的跨径布置相同，假定其恒载集度也相同。比较图 6 - 19(a)、(b)、(c)，显然，简支梁的各跨跨中恒载弯矩最大；由于悬臂梁悬出支点以外的伸臂对支点截面产生负弯矩，对锚跨跨中正弯矩产生了卸载作用，无论单悬臂梁或双悬臂梁在锚跨跨中正弯矩显著减小，而悬臂跨中因简支挂梁的跨径缩短而跨中正弯矩也同样显著减小。从表征材料用量的弯矩图面积（绝对值之和）来看，悬臂梁也比简支梁小得多。以图 6 - 19(c)的中跨弯矩图为例，当悬臂长度等于中孔跨径的 1/4 时，正负弯矩图面积的总和仅为相同跨径简支梁的 1/3.2。由此可见，与简支梁相比，悬臂梁可以减小跨内主梁高度和降低材料用量，可适用于更大跨径的桥型方案。悬臂梁桥为静定结构，基础沉降不会产生附加内力。

悬臂梁桥的主要缺点：跨中要增加悬臂与挂梁间的牛腿、伸缩缝的构造，整体刚度比连续梁小，行车不及连续梁平顺；其次，牛腿处变形大，伸缩缝及桥面易损坏，结构耐久性较差。目前，这种桥型较少使用。

6.3.2 悬臂梁桥的构造特点

悬臂梁桥的截面形式一般采用带马蹄的 T 形截面或箱形截面。各种悬臂体系 T 形截面梁桥的跨径布置和梁高尺寸如图 6 - 20 所示。

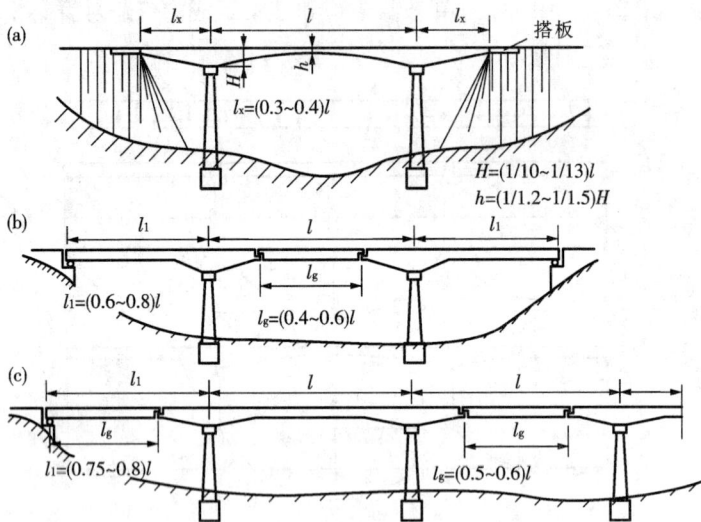

图 6 - 20 悬臂梁桥的主要尺寸

单孔双悬臂梁桥[图 6 - 20(a)]常用于跨线桥，中孔跨径由跨线桥的行车净空要求确定，两侧悬臂端伸入路堤可省去两个体积庞大的桥台，但需在悬臂与路堤衔接处设置搭板以利行车。主梁采用 T 形截面（较少应用）时，悬臂长度一般为中跨长度的 0.3 ~ 0.4 倍。当采用箱形截面时，悬臂长度可达中跨长度的 0.4 ~ 0.6 倍。T 形悬臂梁的中支点梁高为 $(1/10 ~ 1/13)l$，跨中梁高通常减至中支点梁高的 $1/1.2 ~ 1/1.5$ 倍。对于大跨径箱形截面悬臂梁，中支点梁高为$(1/12 \sim 1/18)l$，在此情况下跨中梁高为中支点梁高的 $1/2 \sim 1/2.5$ 倍。

图 6 - 20（b）所示带挂梁的三孔悬臂梁桥，通常挂孔的跨度取 $l_g = (0.4 \sim 0.6)l$，边孔跨径取 $l_1 = (0.6 \sim 0.8)l$（中孔跨径较小时取大值，跨径大时小值）。图 6 - 20（c）所示多跨双悬臂梁的两个悬臂一般都做成相同的尺寸，其挂梁长度为 $l_g = (0.5 \sim 0.6)l$，挂梁高度为 $h_g = (1/12 \sim l/20)l_g$。

悬臂梁桥悬臂端和挂梁端结合部的局部构造称为牛腿。由于梁端的相互搭接，中间还要设置传力支座来传递较大的竖向力，因此牛腿的高度被削弱至不到悬臂梁高和挂梁梁高的一半，但却又要传递较大的竖向力，这就使其成为上部结构中的薄弱部位，且受力情况复杂。鉴于牛腿是整根梁的薄弱部位，因此设计时除了将此处梁肋加宽并设置端横梁加强外，还应适当改变牛腿的形状，避免尖的凹角，同时还需配置密集的钢筋网或张拉预应力。

6.4 连续梁桥的构造与设计

6.4.1 连续梁桥的受力特点

连续梁桥的主要受力特点为：

1. 除了按简支 - 连续法施工的连续梁桥外，一般一次落架施工的连续梁桥在结构自重荷载作用下，跨中截面产生正弯矩，支点截面产生负弯矩，且支点截面负弯矩大于跨中截面正弯矩；与同等跨径的简支梁相比，连续梁的最大正弯矩及负弯矩均小于简支梁的跨中正弯矩（图 6 - 21），因此，连续梁的内力分布比简支梁要均匀，有利于充分发挥材料的作用。

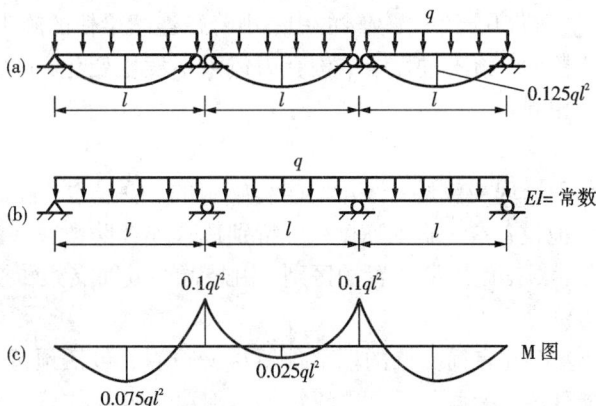

图 6 - 21 等跨简支梁与连续梁弯矩比较

2. 连续梁为超静定结构，在截面尺寸及材料相同的条件下，连续梁的刚度比相应的简支梁大，即在汽车荷载作用下跨中产生的挠度比简支梁小（图 6 - 22），行车平顺舒适。

3. 连续梁因结构整体发生均匀温度变化引起的纵向水平位移，在结构中不产生附加内力及支承反力，这一特点与简支梁相同（图 6 - 23）。但是，连续梁属超静定结构，非线性温度变化、预应力作用、混凝土收缩徐变及基础沉降等将引起结构附加内力。

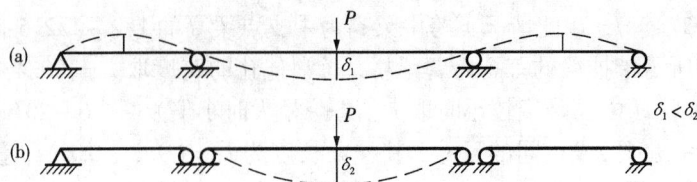

图 6 – 22　连续梁与简支梁的变形比较

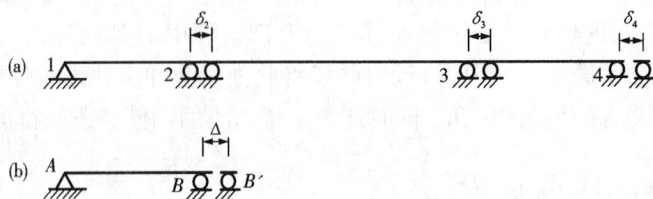

图 6 – 23　连续梁与简支梁因结构整体温度变化引起的纵向变形

6.4.2　连续梁桥施工方法概要

连续梁桥的施工过程的内力、成桥状态的内力及最终设计内力与施工方法密切相关，从而影响到其配筋设计，包括预应力筋的布置方式和数量。因此，现简要地介绍连续梁桥的施工方法如下：

1. 整体施工法

整体施工法也称为一次落架法，就是预先搭好支架，在支架上立模板、扎钢筋，整体现浇梁体混凝土，一次卸落支架的施工方法。此法是最古老、最简单的施工方法，由于需要大量的支架、施工期长，一般仅用于桥墩较矮的中、小跨径连续梁桥的施工 [图 6 – 24(a)]。

使用整体法施工的桥梁，施工过程中结构受力体系不发生变化，即结构自重和使用荷载作用下的结构计算简图相同。

2. 逐跨施工法

逐跨施工法是逐孔现场现浇或逐跨装配、连续施工的一种方法 [图 6 – 24(b)]。这种方法需要的施工支架及其他设备少、施工速度快，特别适合连续跨数较多的桥梁施工。施工过程中结构体系发生变化，根据施工缝位置的区别，由悬臂梁或简支梁转换为连续梁。

3. 简支 – 连续施工法

先现浇或预制简支梁，并在简支梁的端部预留接缝位置，包括预留钢筋接头、预应力索管道，待简支梁达到强度、安装就位后，再浇筑接缝混凝土及张拉联结预应力筋，成为连续梁 [图 6 – 24(c)]。采用简支 – 连续法施工时，结构将发生体系转换，由简支梁转换为连续梁，在梁的自重作用下为简支梁受力，使用荷载作用下为连续梁受力。

4. 悬臂施工法

悬臂施工法包括悬臂浇注法和悬臂拼装法。施工过程中，墩梁临时固结，主梁从墩顶向两边同时对称分段浇筑或拼装，直至合拢。合拢之前的结构受力呈 T 构状态，属静定结构，梁的受力与悬臂梁相同；合拢后拆除临时固结，转换为连续梁体系。悬臂浇注施工法仅需要挂篮等少量施工设备，避免大量的支架，特别适合于建造跨越深谷、河流的大跨连续梁桥 [图 6 – 24(d)]。

(a) 整体施工法

(b) 逐跨施工法

工作缝

工作缝　　工作缝

(c) 简支 – 连续施工法

湿接缝　　　湿接缝

(d) 悬臂施工法

对称施工　　　　对称施工

临时固结

边跨合拢段　　　中跨合拢段　　　边跨合拢段

(e) 顶推施工法

岸上预制梁　　　　梁段　　导梁(钢桁架)

滑轮　　千斤顶　　千斤顶

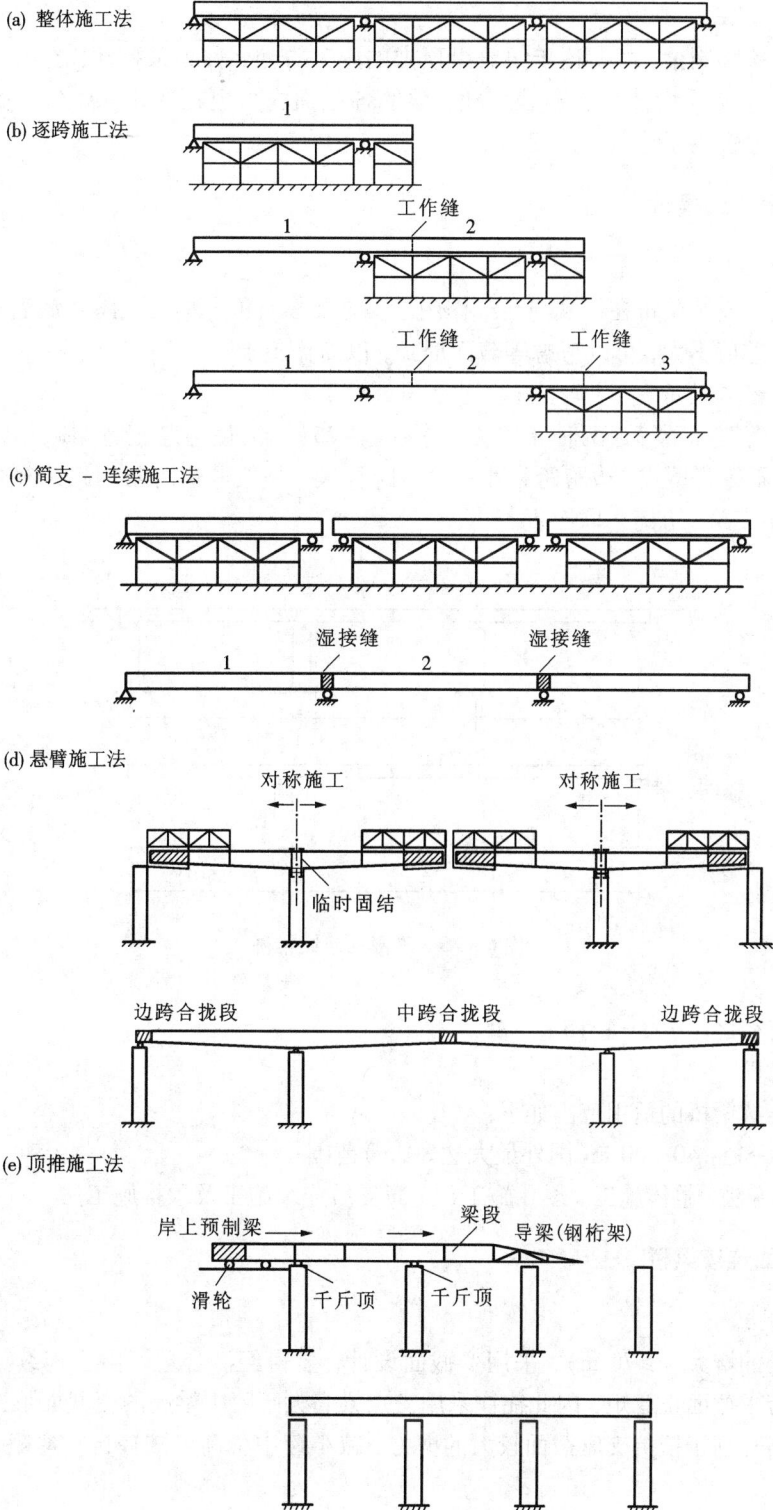

图 6–24　连续梁桥施工方法概要

5. 顶推施工法

在岸上分段预制梁，然后逐步向对岸顶推的施工方法，称为顶推法[图6－24(e)]。顶推施工过程中结构受力体系不断地变化，梁的各截面内力也在变化，甚至正负弯矩交替出现。顶推法一般适用于等截面连续梁桥。

6.4.3　等截面连续梁桥

1. 力学特点

一般情况下连续梁桥在恒载与活载作用下，支点截面负弯矩大于跨中截面正弯矩，但跨径不大时这个差值不大，可以考虑等截面形式，以简化施工。

2. 跨径布置与梁高

可以采用等跨和不等跨两种布置方式(图6－25)。为使边跨正弯矩减小，受力均匀合理，大多采用不等跨型式，边跨跨径小，中跨跨径大，一般取边跨与中跨跨径之比为0.6 ~ 0.8，大多采用三跨、五跨一联布置。

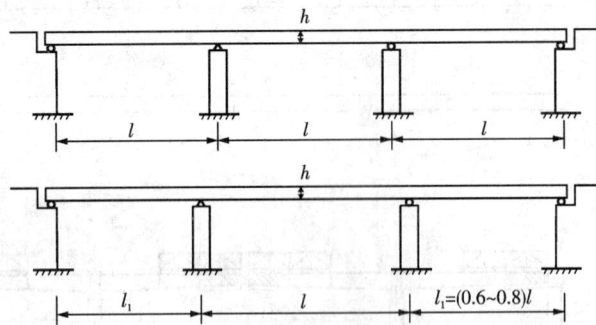

图6－25　等截面连续梁桥

梁高与跨径之比 $h/l = 1/15 \sim 1/25$。

3. 适用范围

等截面连续梁桥的适用范围如下：

(1)中等跨径：40 ~ 60 m(国外最大达80 m)范围；

(2)施工方法：整体施工、逐孔施工、先简支后连续施工及顶推施工法。

6.4.4　变截面连续梁桥

1. 力学特点

随着跨径的增大($l \geqslant 70$ m)，采用变截面设计，显得经济合理。由于连续梁的支点截面负弯矩大于跨中截面正弯矩，因此往往采用支点梁高大于跨中梁高的变截面形式。并且增加支点截面梁高有利于抵抗支座截面较大的剪力，减小跨中梁高可减轻自重弯矩，归纳起来有三个特点：

(1)采用支点梁高大于跨中梁高的变截面形式，使得梁高的变化规律与连续梁的弯矩图变化规律相一致，可充分发挥材料性能；

(2)减小跨中梁高，有利于减小结构自重产生的弯矩、剪力；

（3）增大支座截面梁高，还有利于抵抗支座截面较大的剪力。

因此，与等截面连续梁相比，变截面连续梁可适用于较大的跨径。

图 6 - 26 示出了三跨变截面连续梁与等截面连续梁在匀布荷载 $q = 10$ kN/m 作用下的弯矩图。可以看出，当支点梁高从 1.5 m 加大到 3.5 m 时，跨中截面最大正弯矩减小了一半多，支点截面负弯矩虽然增加了，但其梁高增加，截面抗弯惯性矩加大，最大应力并不增加。

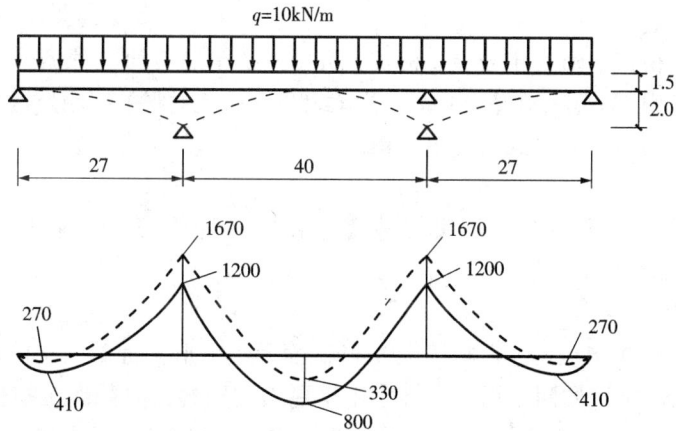

图 6 - 26　三跨连续梁弯矩比较（尺寸单位：m；弯矩单位：kN·m）

2. 跨径与梁高布置

1）跨径布置

一般采用三跨或五跨布置，跨数太多、连续长度过长，因温度变化使得桥梁纵向水平位移大，给伸缩缝设置带来困难。

为了使边跨与中跨的最大正弯矩基本相等，一般取边跨与中跨跨径之比 $l_1/l = 0.6 \sim 0.8$；对于城市桥梁，为了满足跨线要求，有时 $l_1/l \leqslant 0.5$，此时需在边跨进行压重，以抵消边支座可能产生的负反力（图 6 - 27）。

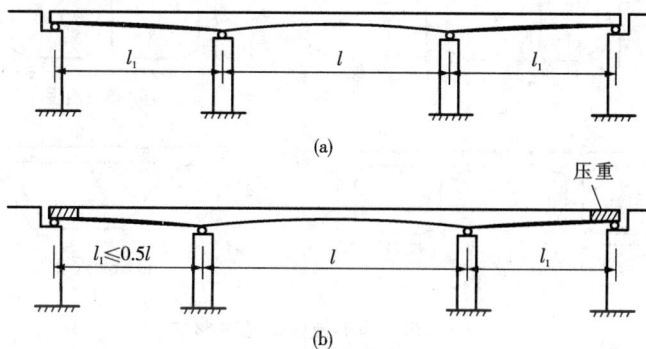

图 6 - 27　变截面连续梁桥

2）梁高

支点截面梁高 $h_支$ 一般取 $(1/16 \sim 1/18)l$，不小于 $l/20$；跨中梁高 $h_中 = (1/1.5 \sim 1/2.5)$

$h_{支}$。梁底一般按二次抛物线、折线或者 1.5 ~ 1.8 次抛物线变化。

3. 适用范围

(1)跨径范围：70 ~ 120 m，大于 120 m 跨径，显得不经济。

(2)施工方法：大多采用悬臂浇注或悬臂拼装施工法。连续梁桥采用悬臂法施工时，施工过程中墩梁临时固结，待合拢后，拆除临时固结措施，进行体系转换。

6.4.5　截面设计

混凝土连续梁桥截面形式主要有：板式、肋梁式及箱形截面三种型式。其中，板式、肋梁式截面主要用于中、小跨径（$l < 50$ m）；当 $l \geqslant 50$ m 后，主要采用箱形截面。

1. 各种不同截面型式的特点及适用范围

1)板式截面

板式截面包括实体板与空心板，此类截面自重大，但构造简单，施工方便。一般适用于小跨径连续梁桥（$l \leqslant 20$ m）。

2)肋梁式截面

肋梁式截面包括 T 形截面、带马蹄的 T 形截面及 I 字形截面等，比板式截面挖空率高、结构自重有所减轻、抗弯惯性矩增大，可适用于更大的跨径；但截面抗扭性能差（抗扭刚度低），且不适应连续梁有正负弯矩存在的受力要求，因此在连续梁桥中较少采用肋梁式截面。

3)箱形截面

箱形截面空心率高，有利于减轻结构自重；截面抗弯与抗扭刚度大，受力性能好，同时适应抵抗正、负弯矩。因此，箱形截面是大跨连续梁桥及其他桥梁的主要截面型式。

下面主要介绍箱形截面的尺寸设计。

2. 箱形截面设计

1)截面形式

如图 6 - 28 所示，箱形截面主要有：

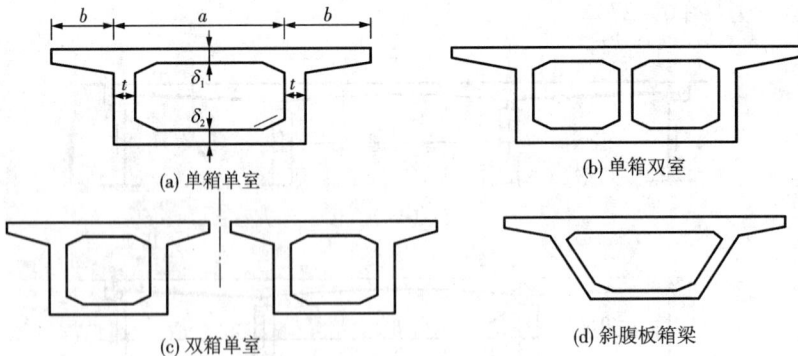

(a) 单箱单室　　　　　　(b) 单箱双室

(c) 双箱单室　　　　　　(d) 斜腹板箱梁

图 6 - 28　箱形截面的基本形式

(1)单箱单室，用的最多[图 6 - 28(a)]；

(2)单箱双室[图 6 - 28(b)]；

(3)双箱单室，主要用于双幅桥[图 6 - 28(c)]；

（4）箱梁腹板大多采用竖直形式，但也有采用斜腹板形式，施工稍困难，使用较少［图6-28(d)］。

2）横向尺寸布置

箱梁顶板宽度一般取接近桥面总宽；悬臂长度 b，两腹板之间距离 a，一般取 $b/a = 1/2.5 \sim 1/3$［图6-28(a)］；考虑到悬臂板横向受力（根部弯矩），一般 $b \leqslant 5$ m，当 $b > 3$ m 时，宜布横向预应力筋。

3）顶板厚度

确定箱梁截面顶板厚度 δ_1 一般需考虑两个因素：

（1）满足桥面板横向受力，主要是受弯的要求；

（2）布置箱梁纵、横向预应力筋的要求。参照《日本本洲四国联络桥设计标准》，车行道部分的箱梁顶板或其他呈现连续板受力特性的桥面板以及悬臂板厚度拟定，可参照表6-2。对于悬臂端部厚度一般不小于 10 cm，若设置防撞墙或需锚固横向预应力筋，则不小于 20 cm。

表6-2　车行道部分桥面板的厚度　　　　　　　　　　cm

位置	桥面板跨度方向	
	垂直于行车道方向	平行于行车道方向
顶板或连续板	$3l+11$（纵肋之间）	$5l+13$（横隔之间）
悬臂板	$l<0.25$ 时，$28l+16$	$24l+13$
	$l>0.25$ 时，$8l+21$	

注：两个方向厚度计算后取小值，l 为桥面板的跨度（m）。

4）底板厚度

考虑到连续体系梁桥中支点负弯矩较大，跨中正弯矩较大的因素，一般采用变厚度设计，箱梁底板厚度从跨中向中支点逐渐变厚，以适应中支点附近截面下缘受压要求。

底板厚度 δ_2 与跨径 l 之比一般取 $1/140 \sim 1/170$；跨中区域底板厚度则可按构造要求设计，一般取 $22 \sim 28$cm。

5）腹板厚度

腹板厚度设计主要考虑两个因素：

（1）满足抗剪要求，对于连续梁桥，在 $l/4$ 跨径区域，剪力较大，由于弯矩、扭矩及剪力的共同作用，导致腹板承受较大的主拉应力，若腹板强度不够，则往往产生斜裂缝。

（2）应考虑预应力钢束管道布置，普通钢筋布置及混凝土浇注要求，腹板设计不宜太薄。

腹板最佳厚度参数公式（英国水泥和混凝土协会提供）为：

墩上腹板厚度参数：
$$K_1 = \frac{t_{wp}h_p}{Bl_{max}} \times 10^3 \qquad (6-2)$$

跨中腹板厚度参数：
$$K_2 = \frac{t_{wm}h_m}{Bl_{max}} \times 10^3 \qquad (6-3)$$

式中：t_{wp}——墩上截面腹板厚度总和；

t_{wm}——跨中截面腹板厚度总和；

h_p——墩上截面梁高；

h_m——跨中截面梁高；

B——桥面总宽；

l_{max}——桥梁最大跨径。

参数 K_1、K_2 的最佳取值见图 6 – 29。

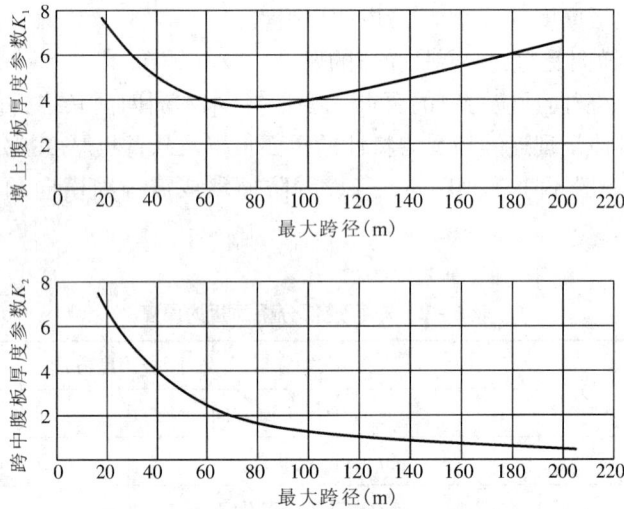

图 6 – 29　连续箱梁最佳腹板厚度参数曲线

腹板最小厚度 t_{min} 一般应满足：腹板内无预应力管道时，$t_{min}=20$ cm；腹板内有预应力管道时，$t_{min}=25\sim35$ cm；腹板内有预应力筋锚固头时，$t_{min}=35$ cm。

考虑到连续梁支座处剪力较大，跨中区域剪力较小，因此箱梁腹板一般设计成从跨中向支座处逐渐变厚的形式。

6）承托

为了减小局部应力，在箱梁顶板与腹板、腹板与

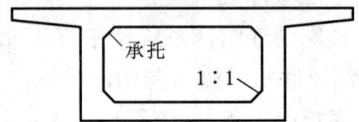

图 6 – 30　箱梁承托的设置

底板的交接处，一般需设置承托（图 6 – 30），承托的坡度一般可采用 1 : 1 或者其他合适的比例。

6.4.6　预应力筋布置

连续梁桥主梁主要有三个内力：纵向受弯、竖向受剪及横向受弯。为了抵抗这三个内力，需布置三向预应力筋，即纵向抗弯、竖向抗剪及横向抗弯预应力筋。

1. 纵向预应力筋

连续梁桥根据不同的施工方法，其恒载受力状态及活载受力存在一定的差别，因此纵向预应力筋布置有如下几种主要方式：

（1）顶推法施工的连续梁桥，一般采用直线布筋方式[图 6 – 31(a)]。上、下预应力筋通

束使得截面接近轴心受压，以抵抗顶推过程中各截面正负弯矩的交替变化；待顶推完成后，在跨中底部和支座顶部增加局部预应力筋，以满足使用阶段活载内力要求；有时，在支座底部及跨中顶部附近布置设计要求的施工临时束，施工完成时予以拆除。

（2）简支－连续法，即先简支后连续施工的连续梁桥，先按简支梁桥布置预应力束，然后在支座接缝的顶部布置直线筋，形成连续梁以承担活载下产生的负弯矩［图 6 - 31(b)］。

（3）悬臂施工连续梁桥，一般采用节段浇筑或拼装的施工方法，因此一期钢束布置在截面上缘以抵抗悬臂施工阶段与使用阶段的负弯矩，合拢后在跨中区域截面下缘布置预应力束，以抵抗使用阶段活载产生的正弯矩。上缘预应力筋主要布置在箱梁顶板，称为顶板索；下缘预应力筋一般布置在箱梁底板，称底板索。

顶板索有直线配筋［图 6 - 31(c)］与曲线配筋［图 6 - 31(d)］两种方式，曲线配筋锚固于腹板位置，有利于腹板抗剪，较多采用。

（4）连续曲线配筋方式，将跨中部位抵抗正弯矩的底板索与支座部位抵抗负弯矩的顶板索，在全桥范围连续化［图 6 - 31(e)］。这种预应力筋布置方式一般适用于整体浇注施工的中、小跨径连续梁桥。

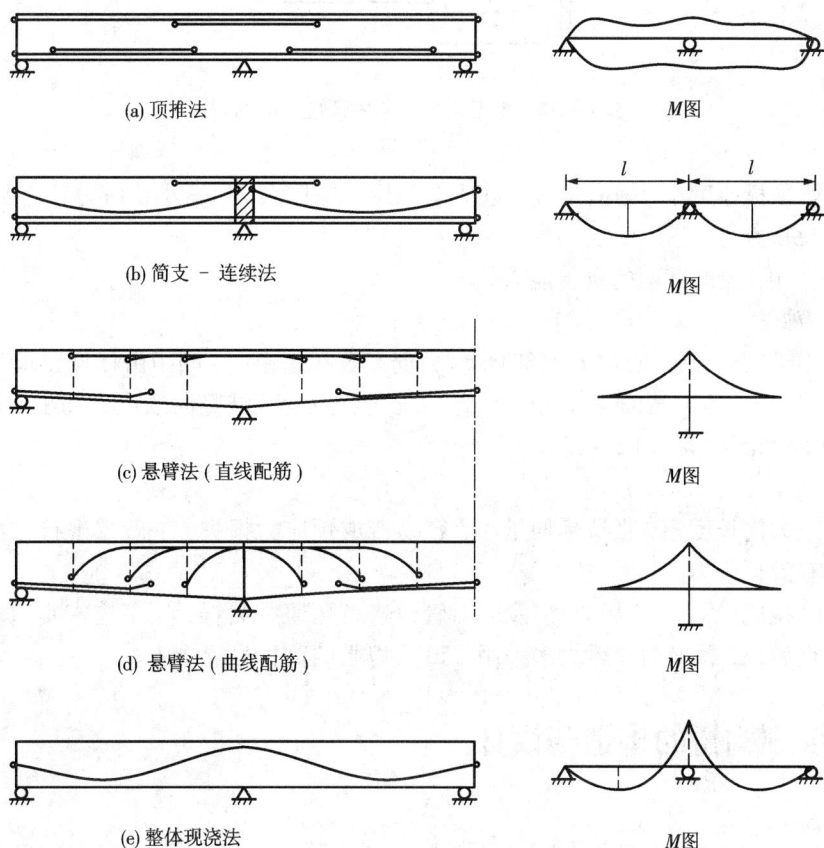

图 6 - 31　连续梁纵向预应力筋配筋方式

图 6 - 31 中右边是连续梁施工过程中自重作用下的弯矩示意图。

　　预应力筋弯曲次数多，连续长度过长，预应力损失大，因此预应力筋连续长度一般不宜太长。

　　2. 横向预应力筋

　　横向预应力筋是用以保证桥梁横向整体性、桥面板及横隔板横向抗弯能力的主要受力钢筋。

　　横向预应力筋一般布置在箱梁顶板和横隔板中。顶板中的横向预应力筋在悬臂段及腹板支承处，布置在顶板上缘；在两腹板支承的跨中部位，布置在顶板下缘（图6-32）。因为箱梁顶板的横向弯曲相当于框架或连续梁工作。

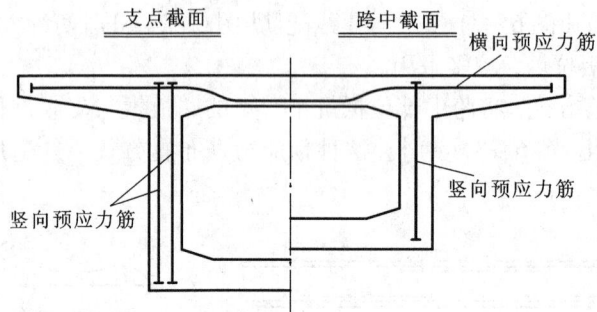

图6-32　箱梁横向及竖向预应力筋布置

　　由于箱梁顶板厚度小，横向预应力筋大多采用扁锚体系，以减小预应力管道所占空间。

　　3. 竖向预应力筋

　　1）主要作用：提高截面的抗剪能力。

　　2）配筋方式

　　一般采用粗钢筋或钢铰线作为竖向预应力筋布置在腹板内，间距由计算要求确定。因桥墩支点截面剪力大，跨中截面剪力小，因此一般支点附近区域竖向预应力筋配置较密（间距小），跨中区域间距稍大（图6-32）。

　　3）特点

　　竖向预应力筋长度短，张拉延伸量小，容易造成预应力损失，一般需进行二次张拉，以确保足够的有效预应力。

　　预应力张拉后（纵、横、竖向）应及时对管道进行压浆并封锚，压浆应密实饱满，否则有可能带来严重后果；预应力箱梁大多采用C50及以上的高标号混凝土。

6.5　连续刚构桥的构造与设计

　　1. 受力特点

　　混凝土连续刚构桥（图6-33）的主要受力特点为：

　　（1）连续刚构桥是梁墩固结体系，梁墩整体受力；

　　（2）悬臂法施工的同等跨径的连续刚构桥与连续梁桥相比，在结构自重作用下两者的结构内力与变形基本一致，如主梁跨中正弯矩、支点截面负弯矩及跨中挠度等，两者基本相等；

(3)由于梁墩固结，活载作用下，连续刚构桥主梁跨中截面正弯矩及支点截面负弯矩都小于相同跨径的连续梁，因此连续刚构桥的梁高一般略小于相同跨径的连续梁，连续刚构桥比连续梁桥适应更大的跨径；

(4)连续刚构桥由于温度变化、混凝土收缩等因素，使桥梁产生较大的纵向变形及在墩顶产生较大的水平推力等结构附加内力，为了减小结构附加内力，设计中在确保桥墩抗压与抗弯刚度的前提下，应尽量减小桥墩的水平抗推刚度；

(5)由于高墩的水平抗推刚度小，属柔性墩，因此连续刚构桥适应于高墩。

2. 适用范围

混凝土连续刚构桥一般适用于跨径 100 ~ 240 m 范围，最大跨径可达 300 m；一般采用预应力混凝土结构，施工方法适合悬臂法，较多采用悬臂浇筑法。

3. 构造与设计

1)跨径布置

预应力混凝土连续刚构桥一般采用 3 ~ 5 跨布置，如果采用刚构 - 连续组合体系桥，则跨数可以更多。边跨与中跨的跨径之比 l_1/l 一般取 0.5 ~ 0.7；当采用悬臂法施工时，在深谷条件下，支架现浇很困难，为了减小边跨的支架现浇长度，或取消边跨落地支架采用导梁合拢的方式，往往取边中跨比 l_1/l 为 0.5 ~ 0.55。

2)主梁截面形式、梁高及预应力筋布置

连续刚构桥的主梁一般采用箱形截面；根部梁高 $h_支$ 一般取 $(1/16 ~ 1/20)l$，跨中梁高与根部梁高之比 $h_中/h_支$ 一般取 1/2.5 ~ 1/3.5，略小于连续梁的跨中梁高；连续刚构桥箱梁截面的细部尺寸与连续箱梁基本相同；大跨连续刚构桥一般采用悬臂法施工，箱梁预应力筋布置方式与采用悬臂法施工的连续箱梁相同(见本教材 6.4.6)。

3)桥墩

连续刚构桥桥墩主要有竖直双薄壁墩、竖直单薄壁墩及 V 形墩等三种基本形式(图 6 - 33)。对于连续刚构桥的桥墩设计，在满足桥墩抗压、抗弯刚度的前提下，应减小其水平抗推刚度，以适应桥梁纵向变形、减小结构次内力，可采用水平抗推刚度较小的单肢薄壁墩或双肢薄壁墩。一般情况下，墩的长细比可取 16 ~ 20；双肢薄壁墩的中距与主跨之比 a/l 可取 1/20 ~ 1/25。

因薄壁墩的防撞能力较弱，在通航河流上建桥时应充分注意桥梁薄壁墩抵抗船舶撞击的安全度，采取合适的防撞措施；其次，大跨连续刚构桥在横桥的约束也较弱，桥梁在横向不平衡荷载或风荷载作用下，易产生扭曲变位，为了增大其横向稳定性，桥墩的横向刚度应设计得大一些。

(1)竖直双薄壁墩

它是用两个相互平行的薄壁与主梁固结的桥墩[图 6 - 33(a)]，墩壁可以做成实心的矩形或者空心的箱形截面形式。竖直双薄壁墩抗弯刚度大、稳定性好，同时其水平抗推刚度小，适应桥梁的纵向变形；由于是双薄壁墩，主梁的负弯矩峰值出现在两肢墩的墩顶，且比单壁墩小一些，可以减小墩顶主梁截面尺寸，节约材料。因此，双薄壁墩是连续刚构桥理想的桥墩型式，被广泛采用。

(2)竖直单薄壁墩

在高墩连续刚构桥中，也采用竖直单薄壁墩[图 6 - 33(b)]，其截面形式有实心的矩形或空心的箱形截面。

现以实心矩形截面为例，对单薄壁墩与双薄壁墩的水平抗推刚度比较如下：

设单薄壁墩的截面尺寸为 $b \times 2h$，双薄壁墩的单肢尺寸 $b \times h$（图 6 – 34），墩高均为 l。材料弹性模量 E 相同，单薄壁墩的纵向抗弯惯性矩为 I_1，而双壁墩的单肢纵向惯性矩为 I_2，则顺桥向墩顶水平抗推刚度为：

单薄壁墩：
$$k_1 = \frac{3EI_1}{l^3} = \frac{2Ebh^3}{l^3} \tag{6-4}$$

双薄壁墩：
$$k_2 = 2 \times \frac{3EI_2}{l^3} = \frac{Ebh^3}{2l^3} \tag{6-5}$$

由式（6 – 4）、式（6 – 5）可知，在墩身截面积相同的情况下，双薄壁墩的抗推刚度仅为单薄壁墩的 1/4。

一般来说，在截面积相同的条件下，单薄壁墩的抗弯、抗扭及稳定性均较双薄壁墩弱，但其抗推刚度大，不利于桥梁的纵向变形。但是，随着墩身高度的增加，单薄壁墩的抗推刚度逐渐减小、柔性逐渐增强，并且箱形单薄壁抗弯、抗扭及稳定性好，因此，对于高墩连续刚构桥，箱形单薄壁墩也是理想的墩身形式。

（3）V 形墩（或 Y 形柱式墩）

为了减小墩顶处主梁的负弯矩峰值，可将墩柱做成 V 形墩形式［图 6 – 33（c）］，Y 形墩是上部为 V 形托架，下部为单柱式，构成 Y 字形桥墩，这种桥墩施工较麻烦。

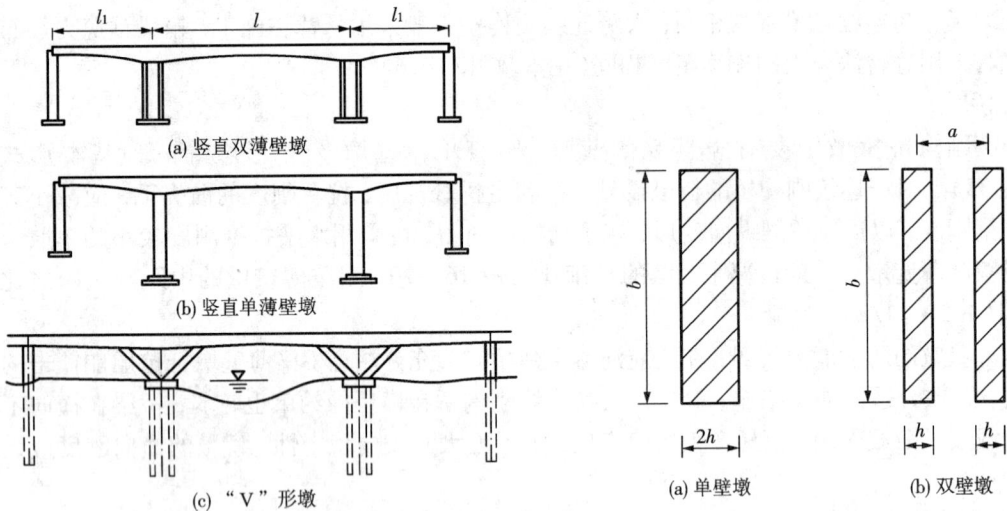

图 6 – 33　连续刚构桥

图 6 – 34　薄壁墩的截面

4）墩梁固结处的设计

连续刚构桥的梁墩固结处构造与受力均十分复杂，是结构设计的关键部位。固结处的联结形式，首先取决于墩柱的形式，同时应考虑使传力路径明确简捷、力线流畅和施工方便。

图 6 – 35 所示为纵向设有横隔墙（板）的双壁墩，因此在固结处采用了梁部箱体直接同接于双壁墩顶部的型式，并使双壁轴线与固结处梁部的横隔板中心线一致。墩顶钢筋经底板伸

至横隔板内,有足够的锚固长度。为了防止结合部位横向开裂,在横隔板上下部包括底板设置横向预应力筋,在梁墩联结部位底板顶面应力集中过大处增设了梗腋。对于特大跨径的连续刚构桥,其薄壁空心墩顶宜布置高度 2 m 左右的实体段。

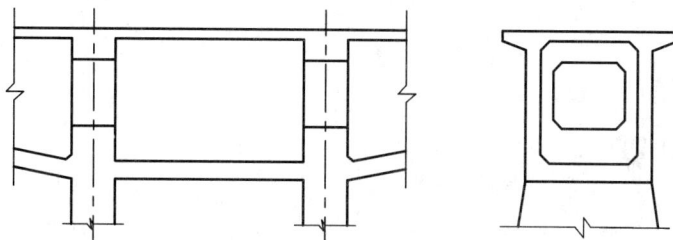

图 6 - 35　墩梁固结处的构造

本章思考题

6 - 1　简述混凝土简支板桥的受力特点、主要截面型式及跨径适应范围。

6 - 2　一般来说,预应力混凝土简支梁桥比钢筋混凝土简支梁桥跨越能力大,简支梁桥比简支板桥跨越能力大,为什么?

6 - 3　简述斜板桥的受力特点。

6 - 4　混凝土简支梁桥一般采用 T 形截面,较少使用箱形截面,从受力和经济方面阐述其理由。

6 - 5　简述连续梁桥的主要受力特点。

6 - 6　简述连续刚构桥的主要受力特点。

6 - 7　为什么连续刚构桥一般采用水平抗推刚度小的柔性墩?

6 - 8　连续梁桥有哪几种主要施工方法?并绘出相应的纵向预应力筋配筋方式。

6 - 9　阐述等截面连续梁桥的适用范围及其跨径与梁高布置的一般原则。

6 - 10　阐述变截面连续梁桥的适用范围及其跨径与梁高布置的一般原则。

6 - 11　在混凝土连续梁桥箱形截面的设计中,一般应如何确定箱梁的顶板、底板及腹板的厚度?

6 - 12　连续梁或连续刚构桥中使用 V 形墩,有何优、缺点?

第 7 章　简支梁桥的计算

7.1　桥面板计算

7.1.1　桥面板的计算模型

混凝土简支梁桥的桥面板直接承受车辆荷载，它与主梁梁肋和横隔梁联结在一起，既保证了梁的整体作用，又将活载传给了主梁。梁格系构造和桥面板的支承形式如图 7-1 所示。

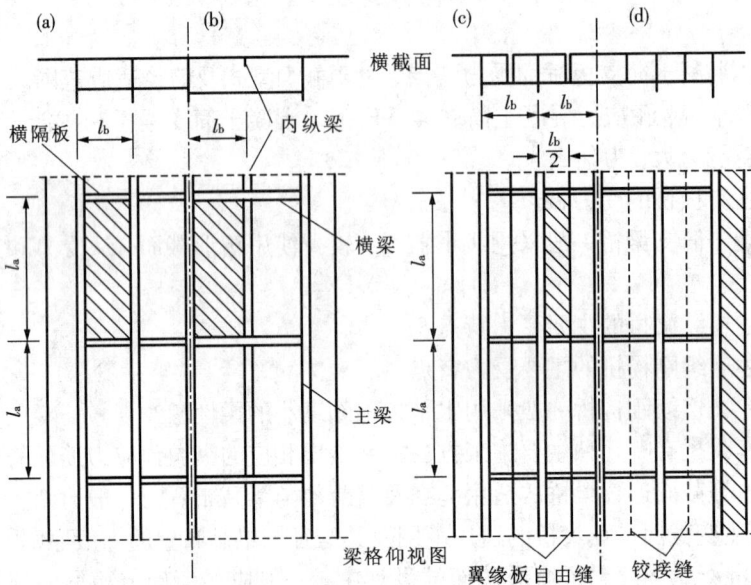

图 7-1　梁格系构造和桥面板的支承形式
(a)具有主梁和横隔梁的梁格系；(b)具有主梁、横隔梁和内-纵梁的梁格系；
(c)端边为自由边的 T 梁翼缘板；(d)端边为铰接的 T 梁翼缘板

对于整体式梁桥来说，具有主梁和横隔梁的简单梁格[图 7-1(a)]，以及具有主梁、横梁和内纵梁的复杂梁格[图 7-1(b)]，行车道板都是周边支承的板。通常其边长比或长宽比 (l_a / l_b) 等于或大于 2，当有荷载作用于板上时，绝大部分力是由短跨方向(l_b)传递的，因此可近似地按仅由短跨承受荷载的单向受力板来设计。即仅在短跨方向配置受力主筋，而长跨方向只要配置适当的构造钢筋即可。对于长宽比小于 2 的板，则称为双向板，需按两个方向的内力分别配置受力钢筋。

对于常见的 $l_a / l_b \geqslant 2$ 的装配式 T 形梁桥，有下列两种情况：

（1）翼缘板的边缘是自由边，实际为三边支承的板，但可把其看做像边梁外侧的翼缘板一样，作为沿短跨一端嵌固而另一端为自由端的悬臂板。如图 7 - 1（c）所示。

（2）相邻翼缘板板端互相成铰接接缝，行车道板应按一端嵌固，另一端铰接的铰接悬臂板进行计算。如图 7 - 1（d）所示。

实际工程中最常用的行车道板受力图式有：单向板、悬臂板和铰接悬臂板三种，下面分别介绍它们的计算方法。

7.1.2　车轮荷载在板上的分布

根据试验研究，作用在混凝土或沥青铺装面层上的车轮荷载，可以偏安全地假定呈 45°角扩散分布于混凝土板面上。

如图 7 - 2 所示，假定车轮与桥面的接触面是 $a_2 \times b_2$ 的矩形面（a_2 为沿行车方向车轮的着地长度；b_2 为垂直于行车方向的车轮的着地宽度），则作用于行车道板顶面的矩形荷载压力面的边长为：

$$\left. \begin{array}{ll} 沿行车方向 & a_1 = a_2 + 2H \\ 沿横向 & b_1 = b_2 + 2H \end{array} \right\} \tag{7-1}$$

式中：H——铺装层的厚度。

各级荷载的 a_2 和 b_2 值可从《桥规》中查得。

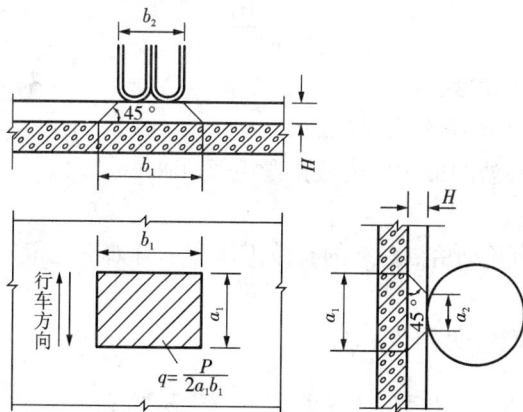

图 7 - 2　车轮荷载在板面上的分布

设 P 为车辆荷载的轴重，由一个车轮引起的桥面板上的局部分布荷载为：

$$汽车：p = \frac{P}{2a_1 b_1} \qquad 挂车：p = \frac{P}{4a_1 b_1} \tag{7-2}$$

7.1.3　板的有效工作宽度

1. 板的有效工作宽度的定义

桥面板在局部分布荷载的作用下，不仅直接承压部分的板带参与工作，与其相邻的部分板带也分担一部分荷载。因此，在桥面板荷载的计算中，需确定板的有效工作宽度。

如图 7 - 3 所示，荷载以 $a_1 \times b_1$ 的分布面积作用在板上，板在计算跨径 x 方向和垂直于计算跨径的 y 方向分别产生挠曲变形 w_x 和 w_y。

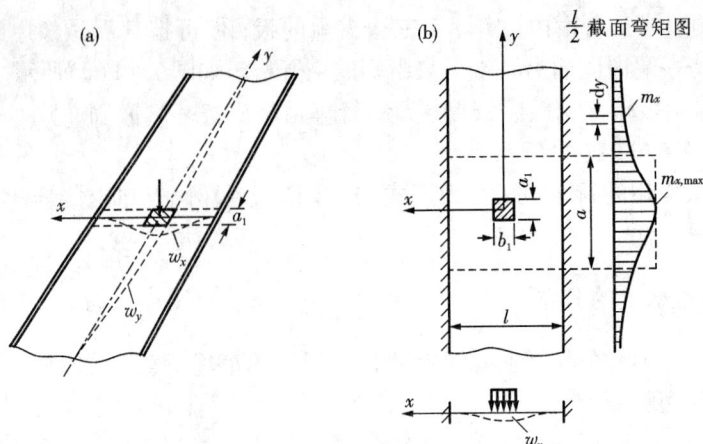

图 7 - 3　行车道板的受力状态

以 $a \times m_{x,\,max}$ 的矩形面积等代曲线图形面积，即

$$a \times m_{x,\,max} = \int m_x \mathrm{d}y = M$$

则得弯矩图的换算宽度为：

$$a = \frac{M}{m_{x,\,max}} \tag{7-3}$$

式中：a——板的有效工作宽度；

　　　M——车轮荷载产生的跨中总弯矩；

　　　$m_{x,\,max}$——荷载中心处的最大单位板宽弯矩值（$kN \cdot m/m$）。

2. 单向板

《桥规》基于大量的理论研究，对板的有效工作宽度有如下规定。

（1）车轮在板的跨中

对于单独一个车轮荷载[见图 7 - 4（a）]：

$$a = a_1 + \frac{l}{3} = a_2 + 2H + \frac{l}{3} \geqslant \frac{2}{3}l \tag{7-4}$$

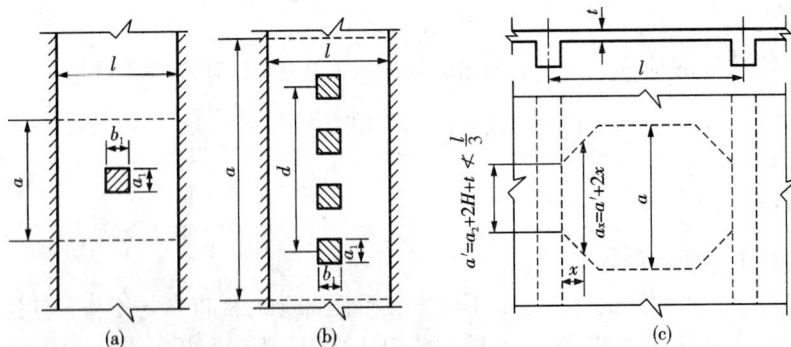

图 7 - 4　单向板的荷载有效分布宽度

对于两个或几个靠近的相同的车轮荷载,当按式(7-4)计算的各相邻荷载的有效分布宽度发生重叠时,车重取其总和,分布宽度按边轮分布外缘计算[图7-4(b)],即

$$a = a_1 + d + \frac{l}{3} = a_2 + 2H + d + \frac{l}{3} \geq \frac{2}{3}l + d \qquad (7-5)$$

(2)车轮在板的支承处

$$a' = a_1 + t = a_2 + 2H + t \geq \frac{l}{3} \qquad (7-6)$$

(3)荷载靠近板的支承处

$$a_x = a' + 2x \leq a \qquad (7-7)$$

式中:l——板的计算跨径;

　　　d——最外两个车轮荷载的中心距离;

　　　t——板的厚度;

　　　x——荷载作用点离支承边缘的距离。

式(7-7)表明:荷载由支承处向板的跨中方向移动时,相应的有效分布宽度可近似地按45°线过渡。对于不同位置时的单向板有效分布宽度图形如图7-4(c)所示。由图可知,荷载愈靠近跨中,板的有效分布宽度愈宽,荷载的作用影响范围愈大。

3.悬臂板

如图7-5所示,悬臂板的荷载有效分布宽度为:

$$a = a_1 + 2b' = a_2 + 2H + 2b' \qquad (7-8)$$

式中:b'——承重板上的荷载压力面外侧边缘至悬臂板根部的距离。

对于分布荷载靠近板边的最不利情况,b'就等于悬臂板的净跨径 l_0,于是:

$$a = a_1 + 2l_0 \qquad (7-9)$$

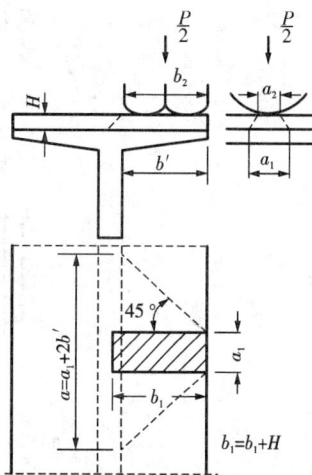

图7-5　悬臂板荷载的有效分布宽度

7.1.4　桥面板的内力计算

1.多跨连续单向板的内力

对于一次浇筑的多跨连续单向板的内力计算,现行《桥规》采用了简化方法计算(图7-6)。

1)跨中最大弯矩计算

当 $t/h < 1/4$ 时(即主梁抗扭能力大者):

$$\left.\begin{array}{ll} 跨中弯矩 & M_{中} = +0.5M_0 \\ 支点弯矩 & M_{支} = -0.7M_0 \end{array}\right\} \qquad (7-10)$$

当 $t/h \geq 1/4$ 时(即主梁抗扭能力小者):

$$\left.\begin{array}{ll} 跨中弯矩 & M_{中} = +0.7M_0 \\ 支点弯矩 & M_{支} = -0.7M_0 \end{array}\right\} \qquad (7-11)$$

式中:h——肋高;

　　　t——板厚;

　　　M_0——M_{0P} 和 M_{0g} 两部分的内力组合;

M_{0P}——1 m 宽简支板条的跨中汽车及人群荷载引起的弯矩。

$$M_{0P} = (1+\mu) \cdot \frac{P}{8a}(l - \frac{b_1}{2}) \qquad (7-12)$$

式中：P——轴重，对于汽车荷载应取加重车后轴的轴重计算；

a——板的有效工作宽度；

l——板的计算跨径；

μ——冲击系数，对于桥面板通常取 0.3；

M_{0g}——1 m 宽简支板条的跨中恒载引起的弯矩。

$$M_{0g} = \frac{1}{8}gl^2 \qquad (7-13)$$

式中：g——1 m 宽板条每延米的恒载重量。

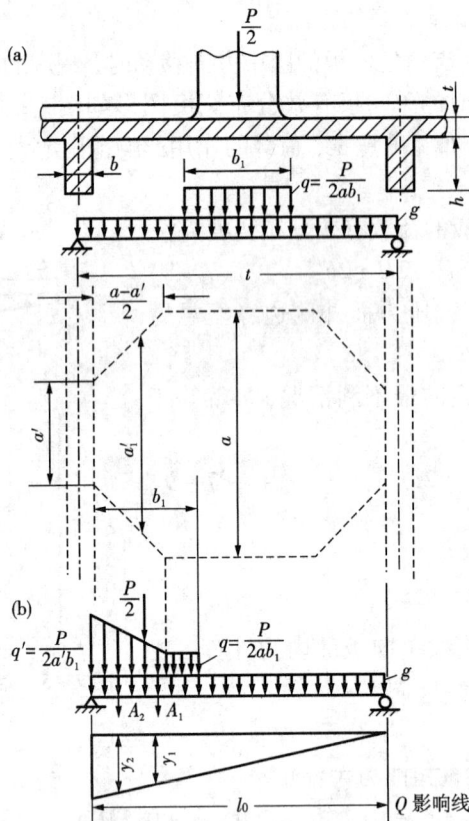

图 7-6　单向板内力计算图式

(a)跨中弯矩；(b)支点剪力

2）支点剪力计算

对于跨内只有一个车轮荷载的情况，考虑了相应的有效工作宽度后，每米板宽承受的分布荷载如图 7-6(b)所示。汽车引起的支点剪力为：

$$Q_s = \frac{gl_0}{2} + (1+\mu)(A_1 \cdot y_1 + A_2 \cdot y_2) \qquad (7-14)$$

式中：A_1——矩形部分的合力，$A_1 = \dfrac{P}{2a}$；

　　　　A_2——三角形部分荷载的合力，$A_2 = \dfrac{P}{8aa'b_1} \cdot (a - a')^2$；

　　　　y_1、y_2——对应于荷载合力 A_1、A_2 的支点剪力影响线纵坐标值；

　　　　l_0——板的净跨径。

如行车道板的跨径内不只一个车轮进入时，需计算其他车轮的影响。

2. 悬臂板的内力

1）铰接悬臂板的内力

用铰接方式连接的 T 形梁翼缘板的最大弯矩在悬臂根部。计算悬臂根部活载弯矩 M_{sp} 时，最不利的荷载位置是把车轮荷载对中布置在铰接处，这时铰内的剪力为零，两相邻悬臂板各个承受半个车轮荷载，即 $P/4$，如图 7 - 7(a)所示。

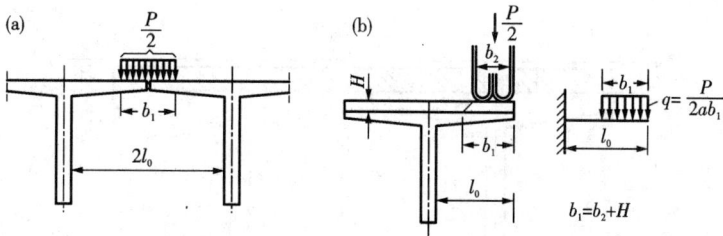

图 7 - 7　铰接悬臂板和自由悬臂板计算图示
（a）相邻翼缘板沿板边作成铰接的桥面板　（b）沿板边纵缝不相连的自由悬臂板

则每米宽板条的活载弯矩为

$$M_{sp} = -(1 + \mu)\frac{P}{4a}\left(l_0 - \frac{b_1}{4}\right) \tag{7-15}$$

每米宽板条的恒载弯矩为

$$M_{sg} = -\frac{1}{2}gl_0^2 \tag{7-16}$$

需要注意的是，此处 l_0 为铰接双悬臂板的净跨径。

2）自由悬臂板的内力

计算根部最大弯矩时，应将车轮荷载靠板的边缘布置，此时 $b_1 = b_2 + H$，如图 7 - 7(b)所示。则恒载和活载弯矩值可由一般公式求得。每米宽板条的活载弯矩为：

$$M_{sp} = \begin{cases} -(1 + \mu) \cdot \dfrac{P}{4ab_1}l_0^2, & b_1 \geqslant l_0 \\[3mm] -(1 + \mu) \cdot \dfrac{P}{2a}\left(l_0 - \dfrac{b_1}{2}\right), & b_1 < l_0 \end{cases} \tag{7-17}$$

每米宽板条的恒载弯矩用式(7-16)计算。

7.1.5　内力组合

计算出结构自重和汽车荷载内力后，1 m 宽板条的最大组合内力见表 7 - 1。

表 7 – 1 1 m 宽板内力组合

承载能力极限状态	结构重力对结构的承载能力不利时	$S_{ud} = \sum\limits_{i=1}^{m} 1.2S_{自重} + 1.4S_{汽} + 0.80 \times 1.4S_{人}$
	结构重力对结构的承载能力有利时	$S_{ud} = \sum\limits_{i=1}^{m} S_{自重} + 1.4S_{汽} + 0.80 \times 1.4S_{人}$
正常使用极限状态	短期效应组合	$S_{sd} = \sum\limits_{i=1}^{m} S_{自重} + 0.7S_{汽(不计冲击力)} + 1.0S_{人}$
	长期效应组合	$S_{ld} = \sum\limits_{i=1}^{m} S_{自重} + 0.4S_{汽(不计冲击力)} + 0.4S_{人}$

【例 7.1】 计算图 7 – 8 所示 T 梁翼缘板所构成的铰接悬臂板的设计内力。设计荷载：公路 – Ⅱ级。桥面铺装为 5 cm 沥青混凝土面层（容重为 21 kN/m³）和 15 cm 防水混凝土垫层（容重为 25 kN/m³）。

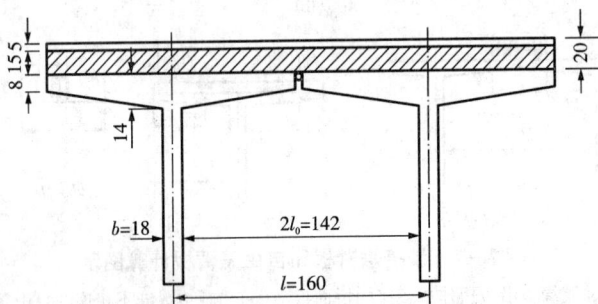

图 7 – 8 铰接悬臂行车道板（尺寸单位：cm）

解 1）恒载内力

（1）1 m 宽板上的恒载集度

沥青混凝土面层：$g_1 = 0.05 \times 1.0 \times 21 = 1.05$ kN/m

防水混凝土垫层：$g_2 = 0.15 \times 1.0 \times 25 = 3.75$ kN/m

T 梁翼板自重：$g_3 = \dfrac{0.08 + 0.14}{2} \times 1.0 \times 25 = 2.75$ kN/m

合计：$g = g_1 + g_2 + g_3 = 7.55$ kN/m

（2）1 m 宽板条的恒载内力

弯矩：$M_{sg} = -\dfrac{1}{2}gl_0^2 = -\dfrac{1}{2} \times 7.55 \times 0.71^2 = -1.90$ kN/m

剪力：$Q_{sg} = gl_0 = 7.55 \times 0.71 = 5.36$ kN

2）公路 – Ⅱ级车辆荷载产生的内力

公路 – Ⅱ级车辆荷载纵、横向布置如图 7 – 9 所示。

将公路 – Ⅱ级车辆荷载的两个 140 kN 轴重的后轮（轴间距 1.4 m）沿桥梁的纵向，作用于铰缝轴线上为最不利荷载。由《桥规》查得重车后轮的着地长度 $a_2 = 0.2$ m，着地宽度 $b_2 = 0.6$ m，车轮在板上的布置及其压力分布图形如图 7 – 10 所示，铺装层总厚 $H = 0.05 + 0.15 =$

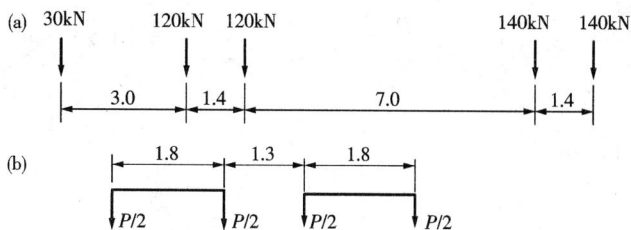

图 7 – 9　公路 – Ⅱ级车辆荷载(尺寸单位:m)

(a)纵向布置;(b)横向布置

0.20 m,则板上荷载压力面的边长为:

$$a_1 = a_2 + 2H = 0.2 + 2 \times 0.20 = 0.6 \text{ m}$$

$$b_1 = b_2 + 2H = 0.6 + 2 \times 0.20 = 1.0 \text{ m}$$

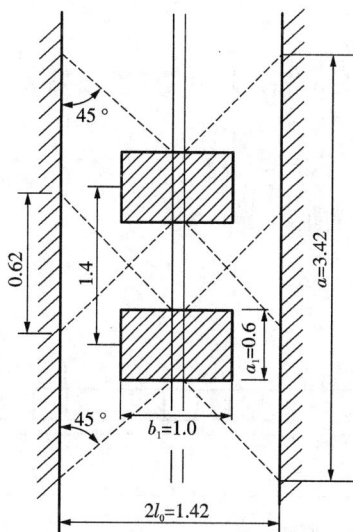

图 7 – 10　车辆荷载两个后轴轮载作用于铰缝轴线上(单位:m)

由图 7 – 9(a)可知:重车后轴两轮的有效分布宽度重叠,重叠的长度为

$$(0.3 + 0.71) \times 2 - 1.4 = 0.62 \text{ m}$$

则铰缝处纵向两个车轮对于悬臂根部的有效分布宽度

$$a = a_1 + d + 2l_0 = 0.6 + 1.4 + 2 \times 0.71 = 3.42 \text{ m}$$

冲击系数 $1 + \mu = 1.3$

作用于每米宽板条上的弯矩为:

$$M_{sp} = -(1+\mu)\frac{P}{4a}(l_0 - \frac{b_1}{4}) = -1.3 \times \frac{2 \times 140}{4 \times 3.42} \times (0.71 - \frac{1.0}{4}) = -12.24 \text{ kN/m}$$

(P 为在有效分布宽度内作用于铰缝的轴重之和,本例中为 $2 \times 140 \text{ kN} = 280 \text{ kN}$。)

相应于每米宽板条活载最大弯矩时的每米宽板条上的剪力为:

$$Q_{sp} = (1 + \mu)\frac{P}{4a} = 1.3 \times \frac{2 \times 140}{4 \times 3.42} = 26.61 \text{ kN}$$

7.2　主梁内力计算

7.2.1　恒载内力计算

混凝土公路桥梁的结构自重,往往占全部设计荷载很大的比重(通常为60% ~90%),梁的跨径越大,结构自重所占的比重也就越大。

计算恒载时,通常将跨内横隔梁、桥面铺装的重量、人行道和栏杆的重量平均分配给各梁,因此,对于等截面梁桥的主梁,其计算恒载为均布荷载。精确计算时,可将横隔梁作为集中力考虑,将人行道和栏杆的重量横向分配给各主梁。

如图 7 – 11 所示,以一片主梁为研究对象,其承受的恒载集度为 g,A 截面弯矩 M_x 和剪力 Q_x 分别为:

$$M_x = \frac{gl}{2}x - gx \cdot \frac{x}{2} = \frac{gx}{2}(l - x) \qquad (7 - 18)$$

$$Q_x = \frac{gl}{2} - gx = \frac{g}{2}(l - 2x) \qquad (7 - 19)$$

式中:x——计算截面到支点截面的距离(m);

　　　l——计算跨径(m);

　　　g——恒载集度(kN/m)。

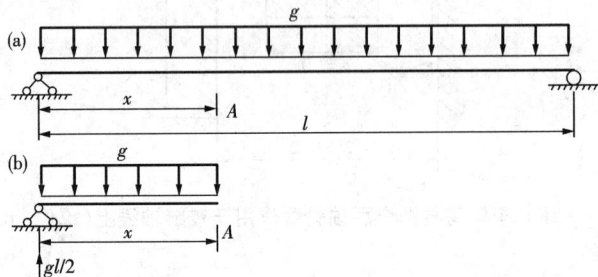

图 7 – 11　简支梁任一截面 A 的内力计算

(a)简支梁承受恒载;(b)截面法计算内力

7.2.2　活载内力计算

1. 荷载横向分布的概念

对于一座由多片主梁和横隔梁组成的梁桥[图 7 – 12(a)]来说,当桥上有荷载 P 作用时,由于结构的横向联系会使所有主梁以不同程度地参与工作,并随着荷载作用位置(x, y)的不同,某根主梁所承担的荷载也随之变化。因此,设计者必须首先了解某根主梁所分担的最不利荷载,然后再沿桥纵向确定该梁某一截面的最不利内力,并以此得出整座桥梁中最不利主梁的最大内力值。

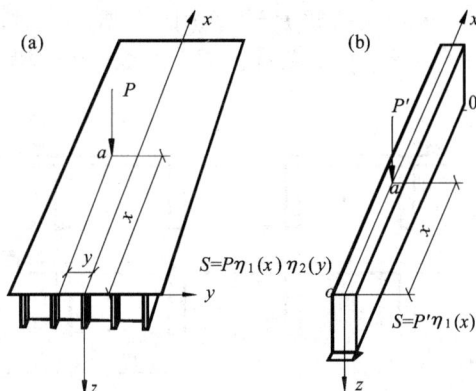

图 7 – 12 荷载作用下的内力计算

(a)在梁桥上　(b)在单梁上

对于某根主梁某一截面的内力值 S 的确定,在桥梁纵、横向均引入影响线的概念,将空间问题简化成为平面问题,即

$$S = P \cdot \eta(x, y) \approx P \cdot \eta_2(y) \cdot \eta_1(x) \qquad (7-20)$$

式中:$\eta(x, y)$——空间计算中某梁的内力影响面;

$\eta_1(x)$——单梁在 x 轴方向某一截面的内力影响线;

$\eta_2(y)$——单位荷载沿桥面横向(y 轴方向)作用在不同位置时,某梁所分配的荷载比值变化曲线,也称作对于某梁的荷载横向分布影响线。

$P \cdot \eta_2(y)$ 就是当 P 作用于 $a(x, y)$ 点时沿横向分配给某梁的荷载[图 7 – 12(b)],暂以 P' 表示,即 $P' = P \cdot \eta_2(y)$。按照最不利位置布载,就可求得其所受的最大荷载 P'_{max}。

我们定义 $P'_{max} = m \cdot P$,P 为轮轴重,则 m 就称为荷载横向分布系数,它表示某根主梁所承担的最大荷载是各个轴重的倍数(通常小于 1)。

对于汽车、挂车、人群荷载的横向分布系数 m 的计算公式如下:

$$\left. \begin{array}{l} \text{汽车:} m_q = \dfrac{\sum \eta_q}{2} \\[3mm] \text{挂车:} m_g = \dfrac{\sum \eta_g}{4} \\[3mm] \text{人群:} m_r = \eta_r \end{array} \right\} \qquad (7-21)$$

式中:η_q、η_g、η_r 为对应于汽车、挂车和人群荷载集度的荷载横向分布影响线竖标。

2.荷载横向分布的计算

桥梁的构造特点不同,横向分布系数的计算方法也不同,主要有杠杆原理法、偏心压力法、铰接板法、刚接梁法以及比拟正交异性板法。本节将重点介绍杠杆原理法和偏心压力法。

1)杠杆原理法

基本原理:忽略主梁之间横向结构的联系作用,假设桥面板在主梁上断开,把桥面板看做沿横向支承在主梁上的简支梁或悬臂梁。

适用情况:(1)双肋式梁桥;(2)多梁桥支点截面。

如图 7 - 13 所示，当移动的单位荷载 $P = 1$ 作用于计算梁上时，该梁承担的荷载为 1；当 P 作用于相邻或其他梁上时，该梁承担的荷载为零，该梁与相邻梁之间按线性变化。

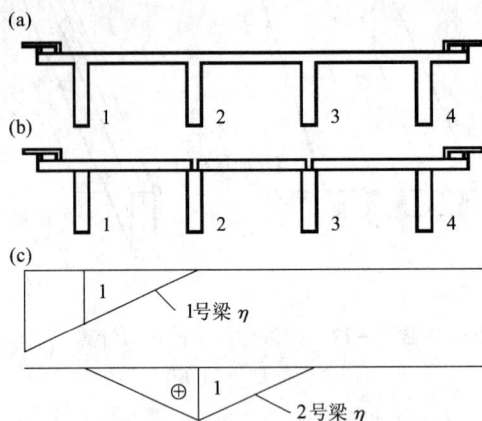

图 7 - 13　按杠杆原理法计算荷载横向分布系数

【例 7.2】　如图 7 - 14(a) 所示，桥梁主梁宽 2.2 m(主梁间中心距为 2.2 m)，计算跨径 l = 19.5 m。桥面宽：净(9 + 2 × 1.0) m 人行道；设计荷载：公路 - Ⅱ级，人群荷载：标准值为 3.0 kN/m²；用杠杆法计算 1、2、3 号梁支点截面的荷载横向分布系数。

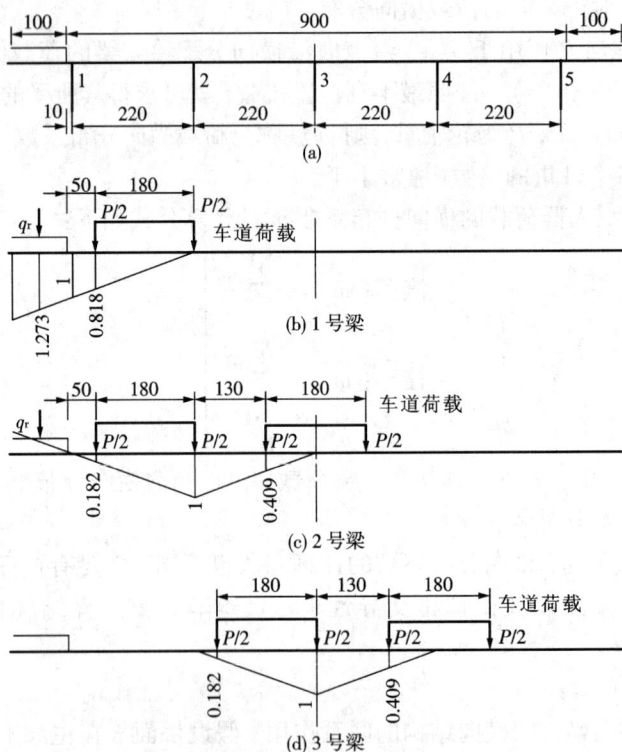

图 7 - 14　各主梁的横向分布影响线及荷载布置(尺寸单位：cm)

解　(1)绘制 1 号、2 号梁和 3 号梁的荷载反力影响线[见图 7-14(b)、(c)、(d)]。

绘制 1 号梁的反力影响线的方法为:应用杠杆法的原理,当单位荷载 $P=1$ 作用于 1 号梁位时,1 号梁所承受的荷载反力(影响线纵标)$R_1=1$;当单位荷载 $P=1$ 作用于 2 号梁位时,1 号梁所承受的荷载反力(影响线纵标)$R_1=0$;将两点连接直线,即得 1 号梁的荷载反力影响线。

(2)确定荷载的横向最不利的布置[图 7-14(b)、(c)]。

应用《结构力学》的原理,确定荷载的最不利布置。

(3)内插计算对应于荷载位置的影响线纵标 η_i。

(4)计算主梁在汽车荷载和人群荷载作用下的横向分布系数(表 7-2)。

对于汽车荷载,轮重 $=\dfrac{1}{2}$ 轴重。

汽车荷载的横向分布系数 $m_{0q}=\sum\dfrac{1}{2}\eta_i=\dfrac{1}{2}\sum\eta_i$(即主梁所承担的反力是一列车轴重的 m_{0q} 倍)。

对于人群,单侧人群荷载的集度 $q=3.0\ \mathrm{kN/m^2}\times$ 单侧人行道宽,其分布系数为人群荷载重心位置的荷载横向分布影响线坐标 $m_{0r}=\eta_r$。

表 7-2　杠杆法计算 1、2 号梁的横向分布系数

梁号	荷载	横向分布系数
1	汽车	$m_{0q}=0.818/2=0.409$
	人群	$m_{0r}=1.273$
2	汽车	$m_{0q}=(0.182+1+0.409)/2=0.796$
	人群	$m_{0r}=0$

在人群荷载作用下,2 号梁的横向分布系数 $m_{0r}=0$,这是因为人群荷载对 2 号梁将引起负反力,故在人行道上未加人群荷载。3 号梁的横向分布系数计算结果同 2 号梁,计算过程略。

2)偏心压力法

基本假定:车辆荷载作用下,中间横隔梁可近似地看做一根刚度无穷大的刚性梁,横隔梁仅发生刚体位移;忽略主梁的抗扭刚度,即不计入主梁扭矩抵抗活载的影响。如图 7-15 所示,图中 w_i 表示桥跨中央各主梁的竖向挠度。基于横隔梁无限刚性的假定,此法也称刚性横梁法。

适用范围:宽跨比 $B/L\leqslant 0.5$,且主梁间具有可靠连接的桥梁。

如图 7-15 和图 7-16 所示,第 i 号梁的抗弯惯矩为 I_i,弹性模量均为 E,各主梁关于桥梁中心线对称布置。在跨中截面,单位荷载 $P=1$ 作用点至桥梁中心线之距为 e,由于假定横隔梁近似为刚性,故可将荷载简化为两部分[图 7-16(b)]:作用于桥梁中心线的中心荷载 $P=1$;偏心力矩 $M=1\times e$。

计算时分别求出在中心荷载 $P=1$ 作用下各主梁的内力[图 7-16(c)]和在偏心力矩 $M=1\times e$ 作用下各主梁的内力[图 7-16(d)],然后将两者叠加[图 7-16(e)],即可求得偏心荷载 $P=1$ 作用时各主梁所分配的内力值。

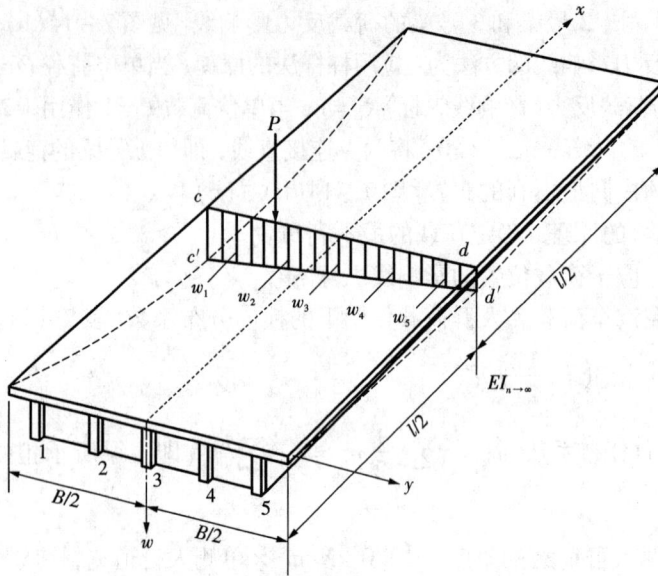

图 7 – 15 偏心压力法梁桥的挠曲变形

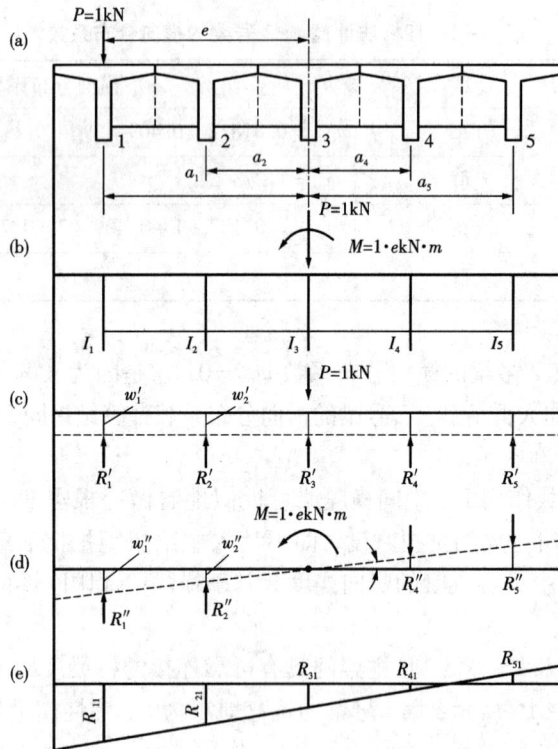

$$R_{11} = R'_{11} + R''_{11} = \frac{I_1}{\sum I_i} + \frac{a_1^2 I_1}{\sum a_i^2 I_i}$$

$$R_{51} = R'_{51} + R''_{51} = \frac{I_1}{\sum I_i} - \frac{a_1^2 I_1}{\sum a_i^2 I_i}$$

图 7 – 16 偏心荷载 $P = 1$ 作用下各主梁的荷载分布

（1）中心荷载 $P=1$ 作用下，各主梁所分配的反力按其抗弯刚度分配为：

$$R'_i = \frac{I_i}{\sum\limits_{i=1}^{n} I_i} \qquad\qquad (7-22)$$

（2）偏心力矩 $M = 1 \times e$ 作用下，各主梁的荷载 R''_i：

$$R''_i = \frac{ea_i I_i}{\sum\limits_{i=1}^{n} a_i^2 I_i} \qquad\qquad (7-23)$$

注意，当所计算的主梁与 $P=1$ 作用位置在桥梁中心线的同一侧时，$(e \cdot a_i)$ 的符号为 "$+$"，反之为 "$-$"。

（3）各主梁分配的总荷载。将式（7-22）与式（7-23）叠加，可得偏心荷载 $P=1$ 作用时，第 i 号梁所承受的总荷载为：

$$R_i = \frac{I_i}{\sum\limits_{i=1}^{n} I_i} + \frac{ea_i I_i}{\sum\limits_{i=1}^{n} a_i^2 I_i} \qquad\qquad (7-24)$$

对于简支梁，若各梁截面均相同，即 $I_i = I$，可得偏心荷载 $P=1$ 作用时，第 i 号梁所承受的荷载为：

$$R_i = \frac{1}{n} + \frac{ea_i}{\sum\limits_{i=1}^{n} a_i^2} \qquad\qquad (7-25)$$

式中，n 为主梁的根数。由式（7-25）可得出，当各主梁截面相同时，n 和 $\sum\limits_{i=1}^{n} a_i^2$ 为常数，当 $a_i e$ 最大时，第 i 号梁所承受的荷载最大。

【例7.3】 桥梁横截面如图 7-17(a) 所示，车行道宽 7 m，人行道宽 0.75 m。计算跨径 $l = 19.5$ m；设计荷载：公路-Ⅱ级。试求：（1）荷载位于跨中时，1 号梁的荷载横向分布系数 m_{cq}；（2）人群荷载的横向分布系数 m_{cr}。

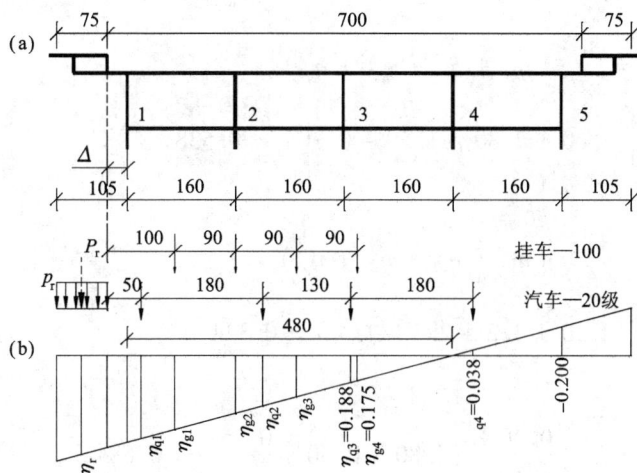

图 7-17 偏心压力法计算荷载横向分布系数图示（尺寸单位：cm）

解   此桥设有刚度强大的横隔梁，且承重结构的长度为

$$\frac{l}{B} = \frac{19.50}{5 \times 1.60} = 2.4 > 2$$

故可按偏心压力法来计算横向分布系数 m_c，其步骤如下：

①求荷载横向分布影响线竖标

本桥各根主梁的横截面积均相等，梁数 $n = 5$，梁间距为 1.60 m，则：

$$\sum_{i=1}^{5} a_i^2 = a_1^2 + a_2^2 + a_3^2 + a_4^2 + a_5^2$$
$$= (2 \times 1.60)^2 + 1.60^2 + 0 + (-1.60)^2 + (-2 \times 1.60)^2$$
$$= 25.60 \text{ m}^2$$

由式(7-25)得，1号梁在两个边主梁处的横向影响线的竖标值为

$$\eta_{11} = \frac{1}{n} + \frac{a_1^2}{\sum_{i=1}^{n} a_i^2} = \frac{1}{5} + \frac{(2 \times 1.60)^2}{25.60} = 0.20 + 0.40 = 0.60$$

$$\eta_{15} = \frac{1}{n} - \frac{a_1 a_5}{\sum_{i=1}^{n} a_i^2} = 0.20 - 0.40 = -0.20$$

②绘出荷载横向分布影响线，并按最不利位置布载，如图7-17(b)所示，其中：

人行道缘石至1号梁轴线的距离 Δ 为：

$$\Delta = 1.05 - 0.75 = 0.3 \text{ m}$$

荷载横向分布影响线的零点至1号梁位的距离为 x，可按比例关系求得

$$\frac{x}{0.60} = \frac{4 \times 1.60 - x}{0.2}; \text{ 解得 } x = 4.80 \text{ m}$$

并据此计算出对应各荷载点的影响线竖标 η_{qi} 和 η_r。

③计算荷载横向分布系数 m_c

1号梁的活载横向分布系数分别计算如下：

汽车荷载

$$m_{cq} = \frac{1}{2} \sum \eta_q = \frac{1}{2} \cdot (\eta_{q1} + \eta_{q2} + \eta_{q3} + \eta_{q4})$$
$$= \frac{1}{2} \cdot \frac{0.60}{4.80}(4.60 + 2.80 + 1.50 - 0.30) = 0.538$$

挂车荷载

$$m_{cg} = \frac{1}{4} \sum \eta_q = \frac{1}{4} \cdot (\eta_{g1} + \eta_{g2} + \eta_{g3} + \eta_{g4})$$
$$= \frac{1}{4} \cdot \frac{0.60}{4.80}(4.10 + 3.2 + 2.3 + 1.4) = 0.344$$

人群荷载

$$m_{cr} = \eta_r = \frac{\eta_{11}}{x} \cdot x_r = \frac{0.60}{4.80} \times (4.80 + 0.30 + \frac{0.75}{2}) = 0.684$$

求得1号梁的各种荷载横向分布系数后，就可得到各类荷载分布至该梁的最大荷载值。

3）修正偏心压力法

偏心压力法忽略了主梁的抵抗扭矩，导致了边梁受力的计算结果偏大。为弥补不足，国内外也广泛采用考虑主梁抗扭刚度的修正偏心压力法。

修正偏心压力法计算荷载横向分布，只要对偏心力矩 $M = 1 \cdot e$ 的作用进行修正即可。在偏心力矩 $M = 1 \cdot e$ 的作用下，考虑主梁的抗扭刚度后，第 i 号梁承担的反力为：

$$R''_i = \beta \frac{ea_i I_i}{\sum\limits_{i=1}^{n} a_i^2 I_i} \qquad (7-26)$$

式中：β——抗扭修正系数（$\beta < 1$），取决于结构的几何尺寸和材料特性。

$$\beta = \frac{1}{1 + \dfrac{Gl^2}{12E} \cdot \dfrac{\sum\limits_{i=1}^{n} I_{Ti}}{\sum\limits_{i=1}^{n} a_i^2 I_i}} \qquad (7-27)$$

式中：l——简支梁的计算跨径；

　　　I_{Ti}——主梁的抗扭惯矩；

　　　G——材料的剪切模量。

将式（7-22）和式（7-26）叠加，可得偏心荷载 $P = 1$ 作用时，第 i 号梁所承受的荷载为：

$$R_i = \frac{I_i}{\sum\limits_{i=1}^{n} I_i} + \beta \frac{ea_i I_i}{\sum\limits_{i=1}^{n} a_i^2 I_i} \qquad (7-28)$$

3. 荷载横向分布系数 m 沿桥跨的变化

用杠杆原理法确定出位于支点处的荷载横向分布系数以 m_o 表示，用（修正）偏心压力法确定出位于跨中的荷载横向分布系数以 m_c 表示，其他位置的荷载横向分布系数 m_x 便可用图 7-18 所示的近似处理方法来确定。

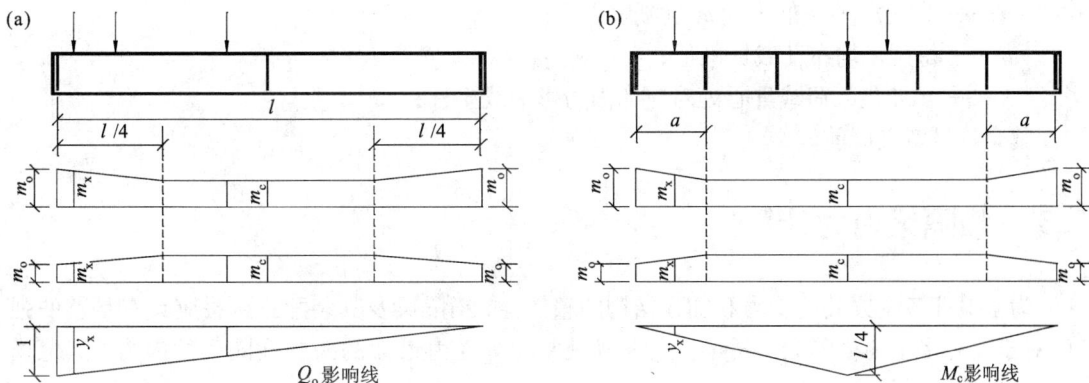

图 7-18　荷载横向分布系数 m 沿跨长变化图

对于无中间横隔梁或仅有 1 根中横隔梁的情况，跨中部分需用不变的 m_c，从离支点 $\dfrac{l}{4}$ 处

起至支点的区段内 m_x 呈直线形过渡至 m_o[图 7 – 18(a)]；对于有多根内横隔梁的情况，m_c 从第一根内横隔梁起向支点 m_o 直线形过渡[图 7 – 18(b)]。

这样，主梁上的活载因其纵向位置不同，就应有不同的横向分布系数。

在实际应用中，当求简支梁跨内各截面的中最大弯矩时，为了简化起见，通常均可按不变化的 m_c 来计算。只有在计算主梁梁端截面的最大剪力时，才考虑荷载横向分布系数变化的影响[图 7 – 18(a)]。对于跨内其他截面的主梁剪力，也可视具体情况计及 m 沿桥跨变化的影响。

4. 汽车、人群作用效应计算

当计算简支梁各截面的最大弯矩和跨中最大剪力时，可近似取用不变的跨中横向分布系数 m_c 计算。

$$\left.\begin{array}{l} \text{汽车荷载：} S_q = (1 + \mu)\xi m_{cq}(P_k y_k + q_k \Omega) \\ \text{人群荷载：} S_r = m_{cr} q_r \Omega \end{array}\right\} \qquad (7-29)$$

式中：S_q、S_r—— 所示截面的弯矩或剪力；

　　　　μ—— 汽车荷载的冲击系数；

　　　　ξ—— 汽车荷载横向折减系数；

　　　　m_{cq}、m_{cr}—— 跨中截面汽车荷载、人群荷载的横向分布系数；

　　　　P_k、q_k—— 车道荷载中的集中荷载和均布荷载标准值；

　　　　y_k—— 计算内力影响线纵标的最大值；

　　　　q_r—— 人群荷载集度，一般均取单侧人行道计算，q_r = 人群荷载标准值 × 单侧人行道宽。

　　　　Ω—— 弯矩、剪力影响线面积。

注意，利用式(7 – 29)计算支点截面剪力或靠近支点截面的剪力时，应另外计及支点附近因荷载横向分布系数变化而引起的内力增(或减)值，即

$$\Delta S = (1 + \mu)\xi \frac{a}{2}(m_0 - m_c)q\bar{y} \qquad (7-30)$$

式中：a—— 荷载横向分布系数 m 过渡段长度；

　　　　q—— 每延米均布荷载标准值；

　　　　$\bar{y}$—— m 变化区荷载重心处对应的内力影响线坐标；

其余符号意义同前。

7.3　横隔梁内力计算

为了保证各主梁共同受力和加强结构的整体性，横隔梁及其装配式接头应具有足够的强度。对于具有多根内横隔梁的桥梁，通常就只要计算受力最大的跨中横隔梁的内力，其他横隔梁可偏安全的仿此设计。

下面将介绍按偏心压力法原理来计算横隔梁内力的方法。

7.3.1　横隔梁的计算模型

偏心压力法将桥梁的中横隔梁近似看做是竖向支承在多根弹性主梁上的多跨弹性支承连

续梁，如图 7 – 19(b) 所示。鉴于各主梁的荷载横向影响线在主梁计算中已经求得，故这根连续梁可以用静力平衡条件求解。

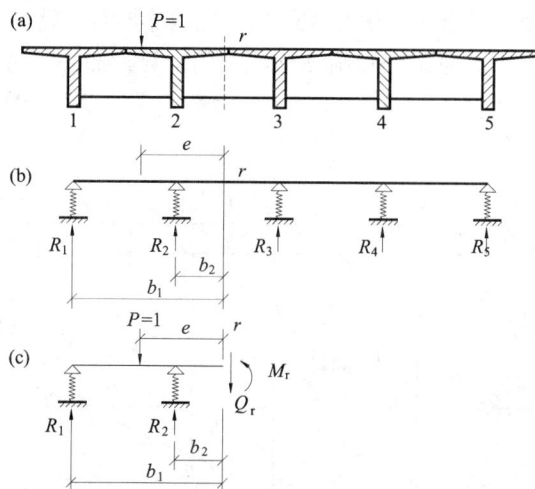

图 7 – 19　横隔梁计算模型

7.3.2　横隔梁的内力影响线

鉴于桥上荷载的横向移动性，通常用绘制横隔梁内力影响线的方法计算横隔梁的内力。当桥梁在跨中有单位荷载 $P = 1$ 作用时，各主梁所受的荷载将为 R_1，R_2，R_3，$\cdots$，R_n，这就是横隔梁的弹性支承反力。取 r 截面左侧为隔离体，如图 7 – 19(c) 所示，由力的平衡条件可写出横隔梁任意截面 r 的内力计算公式。

（1）荷载 $P = 1$ 位于截面 r 的左侧时：

$$M_r = R_1 b_1 + R_2 b_2 - 1 \cdot e = \sum^{左} R_i b_i - e \qquad (7 - 31)$$

$$Q_r = R_1 + R_2 - 1 = \sum^{左} R_i - 1 \qquad (7 - 32)$$

（2）荷载 $P = 1$ 位于截面 r 的右侧时：

$$M_r = R_1 b_1 + R_2 b_2 = \sum^{左} R_i b_i \qquad (7 - 33)$$

$$Q_r = R_1 + R_2 = \sum^{左} R_i \qquad (7 - 34)$$

式中：M_r、Q_r——横隔梁任意截面 r 的弯矩和剪力；

e——荷载 $P = 1$ 至所求截面的距离；

b_i——支承反力 R_i 至所求截面的距离；

$\sum^{左}$——表示所求截面以左的全部支承反力的作用。

以上公式中对于确定的计算截面 r 来说，所有的 b_i 是已知的，而 R_i 则随荷载 $P = 1$ 位置 e 而变化。因此就可以直接利用已经求得的 R_i 的横向影响线绘制横隔梁的内力影响线。

7.3.3　横隔梁的内力计算

1. 横向

如图 7 – 20 所示在桥梁的横向，根据横隔梁的内力影响线，就可直接在其上横向最不利加载，图中 P_K 为一列汽车车道荷载分布给该横隔梁的计算荷载，P_r 为单侧人群分布给该横隔梁的计算荷载。

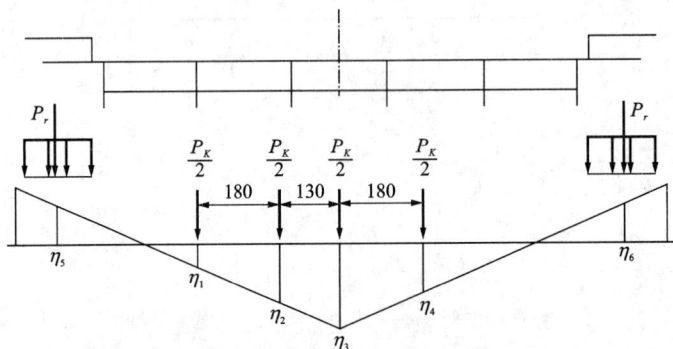

图 7 – 20　在横隔梁的内力影响线上横向最不利加载(尺寸单位：cm)

2. 纵向

如图 7 – 21 所示，在桥梁的纵向，对于一根横隔梁来说，计算时可假设荷载在相邻横隔梁之间按杠杆原理法传布。

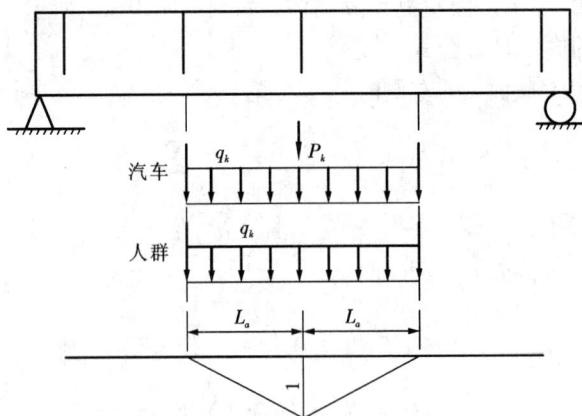

图 7 – 21　在桥梁的纵向加载

在杠杆法计算的横隔梁影响线上纵向最不利加载，则一列汽车车道荷载分布给横隔梁的计算荷载

$$P_q = q_k \Omega + P_k y_k = q_k L_a + P_k \tag{7 – 35}$$

纵向单侧人群荷载分布给横隔梁的计算荷载

$$P_r = q_r \Omega = q_r L_a \qquad (7-36)$$

式中：Ω—— 按杠杆原理法计算的纵向荷载影响线面积；

　　L_a—— 横隔梁间距；

　　P_k、q_k—— 汽车车道荷载标准值；

　　y_k——P_k 相应的影响线纵标；

　　q_r—— 单侧人群的荷载集度。

3. 横隔梁的内力

考虑纵横向最不利加载后，得到横隔梁在计算截面上最大（或小）的内力值

$$汽车荷载：S_q = (1+\mu) \cdot \xi \cdot (q_k L_a + P_k) \cdot \frac{1}{2} \sum \eta_q \qquad (7-37)$$

$$人群荷载：S_r = q_r L_a \cdot \sum \eta_r \qquad (7-38)$$

式中：μ、ξ—— 冲击系数和车道折减系数；

　　η_q、η_r—— 分别为图 7-20 中汽车车轮和单侧人群荷载合力作用点相应的影响线纵标。

7.4　挠度和预拱度计算

7.4.1　桥梁挠度的验算

对于一座混凝土桥梁，除了要对主梁进行承载能力极限状态的强度计算，还要对正常使用极限状态下梁的变形（裂缝和挠度）进行验算，以确保结构具有足够的刚度。

桥梁的挠度，按产生的原因可分为永久作用挠度和可变作用挠度。永久作用（包括结构自重、桥面铺装和附属设备的重力、预应力、混凝土徐变和收缩作用）是恒久存在的，其产生的挠度与持续时间有关，可分为短期挠度和长期挠度。永久作用挠度可以通过施工时预设的反向挠度（预拱度）来加以抵消，使竣工后的桥梁达到理想的线形。

可变作用挠度是临时出现的，在最不利的荷载位置上，挠度达到最大值，随着可变荷载的移动，挠度逐渐减小，一旦汽车驶离桥梁，挠度就会消失。在桥梁设计中，需要验算可变作用的挠度以体现结构的刚度特性。

钢筋混凝土和预应力混凝土简支梁长期挠度值 f_c 为：

$$f_c = f \times \eta_\theta \qquad (7-39)$$

式中：f—— 按荷载短期效应组合计算的挠度值，短期效应组合中汽车荷载频遇值为汽车荷载标准值的 0.7 倍，恒载以及人群荷载的频遇值等于标准值；

　　η_θ—— 挠度长期增长系数，C40 以下混凝土时，η_θ 取为 1.60；C40 ~ C80 混凝土时，η_θ取为 1.45 ~ 1.35，中间强度等级按直线内插取用。计算预应力混凝土简支梁预加力反拱值时，取为 2.0。

对于钢筋混凝土简支梁，荷载短期效应作用下的跨中截面挠度按下式近似计算：

$$f = \frac{5}{48} \frac{M_s l^2}{B} \qquad (7-40)$$

$$B = \frac{B_0}{\left(\dfrac{M_{cr}}{M_s}\right)^2 + \left[1 - \left(\dfrac{M_{cr}}{M_s}\right)^2\right]\dfrac{B_0}{B_{cr}}} \qquad (7-41)$$

$$M_{cr} = \gamma f_{tk} W_0 \tag{7-42}$$

式中：M_s——由荷载短期效应组合计算的弯矩值；

　　　l——计算跨径；

　　　B——开裂构件等效截面的抗弯刚度；

　　　B_0——全截面的抗弯刚度，$B_0 = 0.95 E_c I_0$；

　　　B_{cr}——开裂截面的抗弯刚度，$B_{cr} = E_c I_{cr}$；

　　　M_{cr}——开裂弯矩；

　　　γ——构件受拉区混凝土塑性影响系数；

　　　I_0——全截面换算截面惯性矩；

　　　I_{cr}——开裂截面换算截面惯性矩；

　　　f_{tk}——混凝土轴心抗拉强度标准值；

　　　S_0——全截面换算截面重心轴以上（或以下）部分面积对重心轴的面积矩；

　　　W_0——换算截面抗裂边缘的弹性抵抗矩。

《公路钢筋混凝土及预应力混凝土桥涵设计规范》（JTG D62—2004）规定，对于钢筋混凝土及预应力混凝土梁桥，用可变荷载频遇值计算的上部结构长期最大竖向挠度不应超过计算跨径的1/600；对于悬臂体系，悬臂端点的挠度不应超过悬臂长度的1/300。

7.4.2　桥梁施工预拱度

为了消除恒载挠度而设置的预拱度（指跨中的反向挠度），其值通常取等于全部恒载和一半静活载所产生的竖向挠度值，这意味着在常遇荷载情况下桥梁基本上接近直线状态。对于位于竖曲线上的桥梁，应视竖曲线的凸起（或凹下）情况，适当增加（或减少）预拱度值，使竣工后的线形与竖曲线接近一致。

受弯构件的预拱度可按下列规定设置：

1. 钢筋混凝土受弯构件

（1）当由荷载短期效应组合并考虑荷载长期效应影响产生的长期挠度不超过计算跨径的1/1600时，可不设预拱度；

（2）当不符合上述规定时应设预拱度，且其值应按结构自重和1/2可变荷载频遇值计算的长期挠度之和采用。

2. 预应力混凝土受弯构件

（1）当预加应力产生的长期反拱值大于按荷载短期效应组合计算的长期挠度时，可不设预拱度。

（2）当预加应力的长期反拱值小于按荷载短期效应组合计算的长期挠度时应设预拱度，其值应按该项荷载的挠度值与预加应力长期反拱值之差采用。

对自重相对于活载较小的预应力混凝土受弯构件，应考虑预加应力反拱值过大可能造成的不利影响，因此要严格控制初张拉的混凝土强度和弹性模量，结合荷载产生的向下挠度和合理控制预加应力，避免桥面隆起甚至开裂破坏。

本章思考题

7 - 1　何谓单向板、双向板？从受力性能及设计方面阐述其区别。

7 - 2　在实际桥梁工程中，最常遇到的行车道板按受力图式可分为哪几种？

7 - 3　试阐述板的有效工作宽度的概念。

7 - 4　什么是荷载横向分布？

7 - 5　试阐述杠杆原理法与偏心压力法的基本假定及各自的适用场合。

7 - 6　什么是桥梁施工预拱度？对于钢筋混凝土受弯构件及预应力混凝土受弯构件，一般如何设置施工预拱度？

7 - 7　某钢筋混凝土 T 梁，其桥面铺装平均厚为 11 cm，T 梁翼板按铰接悬臂板计算，试求公路 - Ⅱ级车辆荷载作用下的翼板控制截面内力（见题 7 - 7 图）（公路 - Ⅱ级车辆荷载汽车车轮中、后轴车轮着地长度 $a_2 = 0.2$ m；着地宽度 $b_2 = 0.6$ m）。

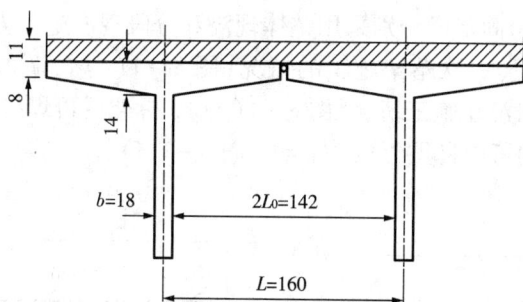

题 7 - 7 图　（尺寸单位：cm）

7 - 8　某钢筋混凝土简支 T 梁桥，车行道宽 9 m，两侧人行道宽 1 m，桥梁横截面为 5 梁式布置，已知主梁抗扭修正系数 $\beta = 0.9$，试按考虑主梁抗扭的修正偏心压力法，求 1 号梁在汽车及人群荷载作用下的荷载横向分布系数 m_q、m_r（见题 7 - 8 图）。

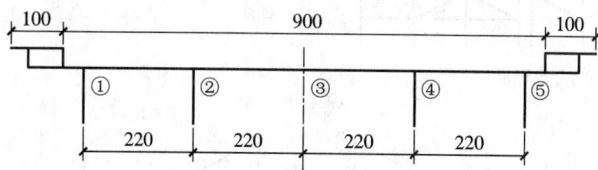

题 7 - 8 图　（尺寸单位：cm）

第8章　连续梁桥的计算

8.1　结构恒载内力计算

8.1.1　恒载内力计算特点

简支梁桥恒载内力计算，是按照成桥以后的结构图式进行的。而对于超静定连续梁桥与刚构桥的恒载内力计算，必须按施工过程来进行分析，根据各施工阶段内力计算结果，累积叠加得成桥状态的恒载内力。

如图 8-1 所示，单跨固定梁分别采用整体现浇和分段现浇施工方法，其自重内力图是完全不同的。对于整体浇注、一次落架施工的情况[图 8-1(a)]，跨中自重弯矩 $M_{中} = ql^2/24$ [图 8-1(b)]；对于分段浇注施工情况[图 8-1(c)]，拆架后再焊接合拢[图 8-1(d)]，若忽略焊接钢板的重量，则跨中自重弯矩 $M_{中} = 0$[图 8-1(f)]。

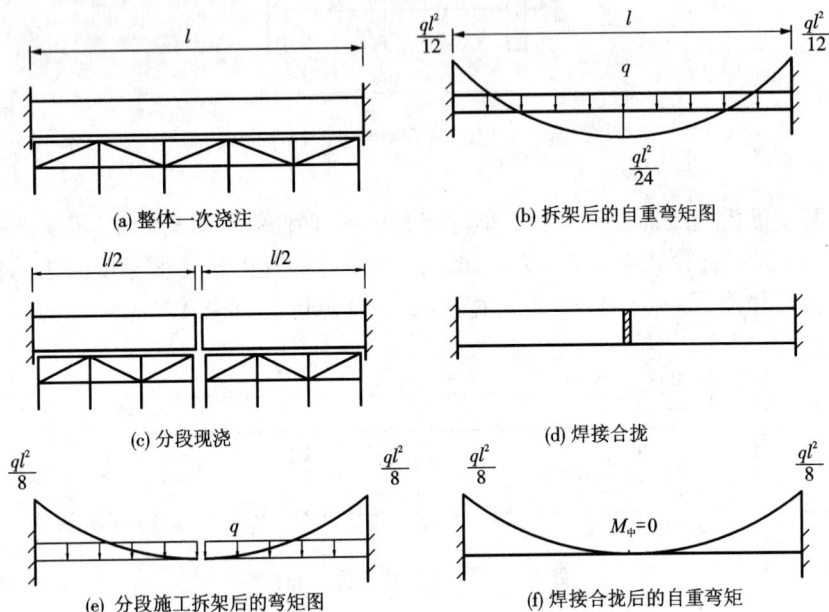

图 8-1　单跨梁采用不同施工方法的结构自重弯矩比较

因此，超静定桥梁结构恒载计算存在如下特点：

(1)需按施工过程，建立每一个施工阶段的结构受力计算图式，分析每阶段的结构内力与变形；

（2）分别将全部施工阶段的内力与变形叠加，得最终的结构恒载内力与变形。

（3）采用不同的施工方法，结构恒载内力不同。

连续梁桥主要有整体法、逐孔法、简支－连续法、悬臂法及顶推法等施工方法。整体施工法可按照成桥状态，一次建立结构计算图式，计算结构恒载内力；而其余四种施工方法，均需按施工过程，分阶段建立结构受力图式，计算各阶段内力，然后叠加得最终成桥状态的内力。下面主要介绍悬臂法施工的连续梁桥恒载内力计算过程。

8.1.2　悬臂浇筑法施工时连续梁桥的恒载内力计算

以一座三跨等截面连续梁桥为例，阐明各主要施工阶段及其受力情况。该桥上部结构采用挂篮对称悬臂浇筑法施工，从整体上可分为五个阶段，现分述如下（图 8-2）。

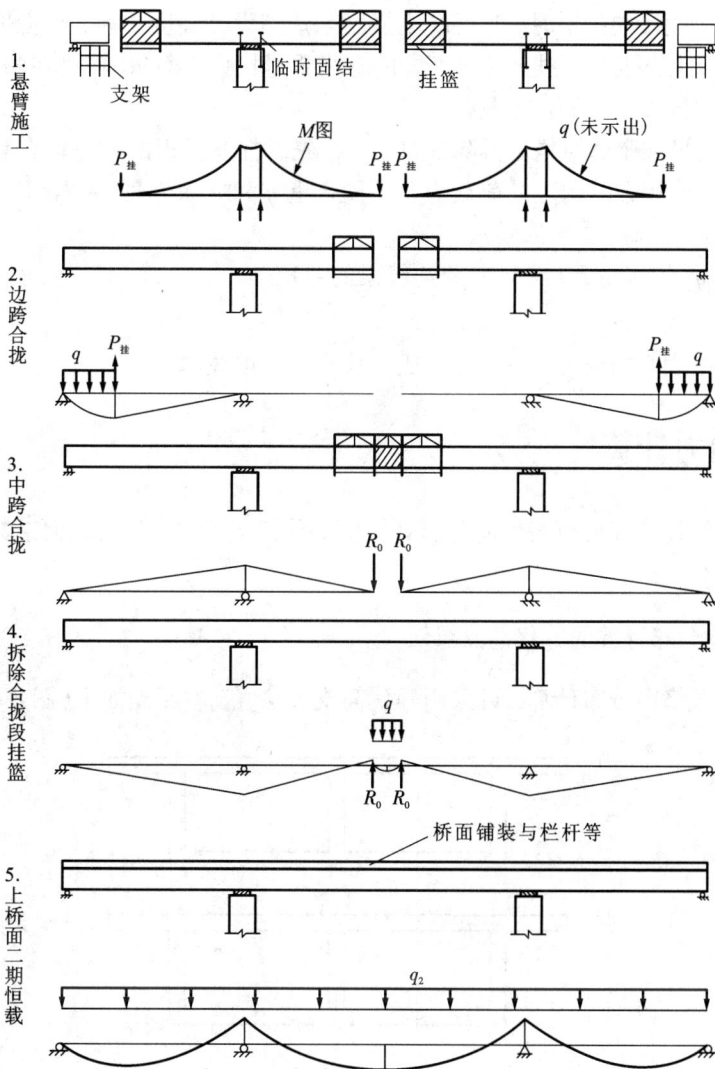

图 8-2　悬臂浇筑法施工时连续梁桥自重内力计算图式

1. 阶段 1：在主墩上悬臂浇筑箱梁

首先在主墩上采用托架现浇墩顶上面的梁段（称 0 号块件），并用粗钢筋将梁与墩身临时固结；然后采用挂篮向桥墩两侧分节段对称平衡悬臂施工；边跨不对称部分梁段采用支架施工。

此时，桥梁边墩支座上暂不受力，结构的工作性能如 T 形结构，为静定体系。荷载为梁体自重 q 和挂篮重力 $P_{挂}$，其弯矩图与一般悬臂梁相同。

2. 阶段 2：边跨合拢

边跨合拢阶段包括：①浇合拢段混凝土；②张拉合拢索（暂不考虑预应力计算）；③拆除中墩临时锚固，体系转换；④拆除支架和边跨挂篮。

此时，结构体系为一悬臂梁，承受的荷载为边段梁体重力 q，及拆除挂篮荷载（$-P_{挂}$）。

3. 阶段 3：中跨合拢

浇筑完中跨合拢段混凝土时，当混凝土强度未达到设计强度之前，结构体系仍视为悬臂梁，将合拢段混凝土自重 q 与挂篮荷载 $P_{挂}$ 的合力重量按集中力 R_0 作用在两端。

4. 阶段 4：拆除中跨合拢段的挂篮

此时，全桥已形成整体结构。拆除挂篮后，原先由挂篮承担的合拢段自重转而作用在整体结构上。因此，作用在结构上的荷载为合拢段自重 q 和拆除荷载（$-R_0$）。

5. 阶段 5：施工桥面（二期恒载）

在二期恒载 q_2 的作用下，计算三跨连续梁的弯矩图。

6. 成桥状态恒载内力

将阶段 1 至阶段 5 的内力叠加，可得成桥状态的总恒载内力。

8.2　活载内力计算

本节主要介绍连续梁桥荷载横向分布计算的等代简支梁法、荷载增大系数的概念及连续梁桥活载内力计算公式。

8.2.1　荷载横向分布计算的等代简支梁法

连续梁桥荷载横向分布计算，可采用等代简支梁法，基本原理如下（图 8 - 3、图 8 - 4）。

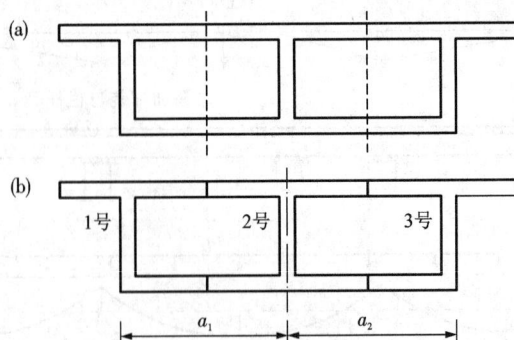

图 8 - 3　箱梁截面的划分

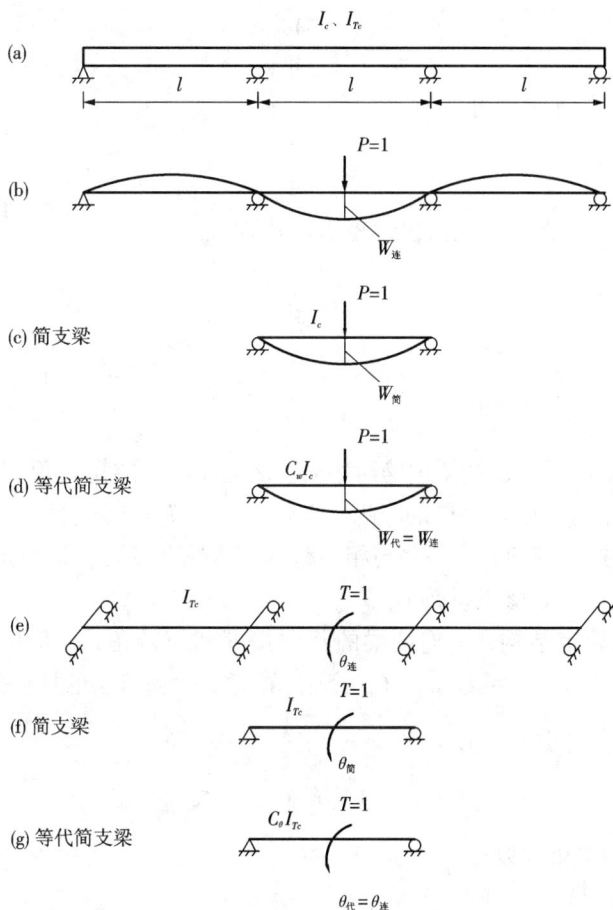

图 8 - 4 等代简支梁法原理示意图

(1)将多室箱梁假想地从各室顶、底板中点切开,成为由 n 片 T 梁(I 字梁)组成的桥跨结构;根据刚度等效原则,将连续梁化成等效简支梁,采用简支梁荷载横向分布计算的修正偏压法计算其荷载横向分布系数。

(2)按照同等集中荷载 $P=1$ 作用下跨中挠度相等的原理,反算等代简支梁的抗弯惯性矩修正系数 C_w;按照在集中扭矩 $T=1$ 作用下连续梁与等代简支梁跨中扭转角相等的条件,计算等代简支梁的抗扭惯性矩修正系数 C_θ。

如图 8 - 4 所示,设跨径布置为三跨等截面连续梁,整个箱梁截面的抗弯惯性矩和抗扭惯性矩分别为 I_c、I_{Tc}。设连续梁中跨的跨中作用荷载 $P=1$ 时,其跨中挠度为 $W_连$;对于跨径 l 的简支梁,跨中荷载 $P=1$ 作用下跨中挠度 $W_简$ 为

$$W_简 = \frac{Pl^3}{48EI_c} \tag{8-1}$$

对于跨径 l,抗弯刚度 C_wEI_c 的等代简支梁,则在 $P=1$ 作用下跨中挠度 $W_代$ 为

$$W_代 = \frac{Pl^3}{48C_wEI_c} \tag{8-2}$$

比较式(8 - 1)及式(8 - 2)可知

$$C_w = \frac{W_\text{简}}{W_\text{代}} \qquad\qquad (8-3)$$

再由 $W_\text{代} = W_\text{连}$，式（8-3）可写为：

$$C_w = \frac{W_\text{简}}{W_\text{连}} \qquad\qquad (8-4)$$

同理，可求得等代简支梁的抗扭惯性矩修正系数 C_θ

$$C_\theta = \frac{\theta_\text{简}}{\theta_\text{连}} \qquad\qquad (8-5)$$

其中：$\theta_\text{简} = \dfrac{Tl}{4GI_{Tc}}$；

G——剪切模量；

$\theta_\text{连}$——当 $T=1$ 作用在连续梁中跨跨中时，该截面产生的扭转角。

对于边跨 C_w、C_θ 的求法是一样的，此时需将 $P=1$、$T=1$ 分别作用在连续梁边跨跨中，求得边跨跨中的竖向挠度和扭转角，并与相同跨的简支梁相比较，即可求得边跨等代简支梁的抗弯惯性矩和抗扭惯性矩修正系数 C_w、C_θ。

由于连续梁属超静定结构，求连续梁的竖向挠度和扭转角，一般应采用计算机程序求解，手算比较麻烦。求得修正系数 C_w、C_θ 后，计算简支梁偏压法的抗扭修正系数 β 为

$$\beta = \frac{1}{1 + \dfrac{nl^2}{12}\dfrac{G}{E}\dfrac{C_\theta}{C_w}\dfrac{I_{Tc}}{I_c}\dfrac{1}{\sum a_i^2}} \qquad\qquad (8-6)$$

式中：n——划分后的主梁片数；

l——跨径（m）；

G、E——分别为材料的剪切模量和弹性模量（kN/m^2）；

C_θ、C_w——分别为抗扭惯性矩和抗弯惯性矩修正系数；

I_{Tc}、I_c——整个箱梁截面的抗扭惯性矩和抗弯惯性矩；

a_i—— i 片梁距截面中心的距离（m）。

8.2.2　荷载增大系数 η

对于箱形截面梁，将其假想地划分为开口的多片主梁（T 或 I 字梁），计算每片主梁的荷载横向分布系数 m_i，一般情况下边主梁的荷载横向分布系数 m_i 大于中主梁，即边主梁的荷载横向分布系数为最大值 m_{max}。然而箱形截面为整体构造，若按分开求得的内力进行截面配筋设计既不十分合理，也较麻烦。因此，工程上为了计算的简化和安全起见，箱梁整体截面按荷载增大系数 η 来考虑荷载横向分布的问题，即：

$$\eta = nm_{max} \qquad\qquad (8-7)$$

式中：n——腹板数（划分肋梁的根数）；

m_{max}——按 n 根肋梁计算的最大荷载横向分布系数（一般为边主梁）。

为了简单起见，一般可不考虑 η 沿桥梁纵向的变化，全桥可统一取相同的最大荷载增大系数 η。《桥规》计算桥梁结构整体内力时，按车道荷载（集中荷载加均布荷载）考虑，同时考虑纵向折减，则桥梁活载内力公式为

$$S = (1 + \mu)\xi_1\xi_2\eta(P_ky_k + q_kA_k) \tag{8-8}$$

式中：ξ_1、ξ_2——分别为车道荷载横向折减系数和纵向折减系数；

　　　η——荷载增大系数；

　　　P_k、q_k——分别为车道荷载的集中荷载标准值和均布荷载标准值；

　　　y_k——影响线中的最大竖标值；

　　　A_k——使结构产生最不利效应的同号影响线区域的面积；

　　　μ——汽车荷载冲击系数。

如图 8-5，若计算连续梁中跨跨中汽车荷载最大弯矩，其弯矩影响线，相应的 y_k 和 A_k 已示出。

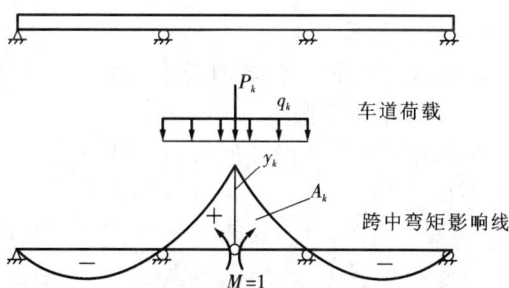

图 8-5　车道荷载加载示意图

8.3　预应力内力计算的等效荷载法

8.3.1　预应力内力的概念

预应力混凝土简支梁属于静定结构，在预加力作用下，只产生自由挠曲变形和预加力偏心力矩 M_0，亦称为初始力矩[图 8-6(a)]。

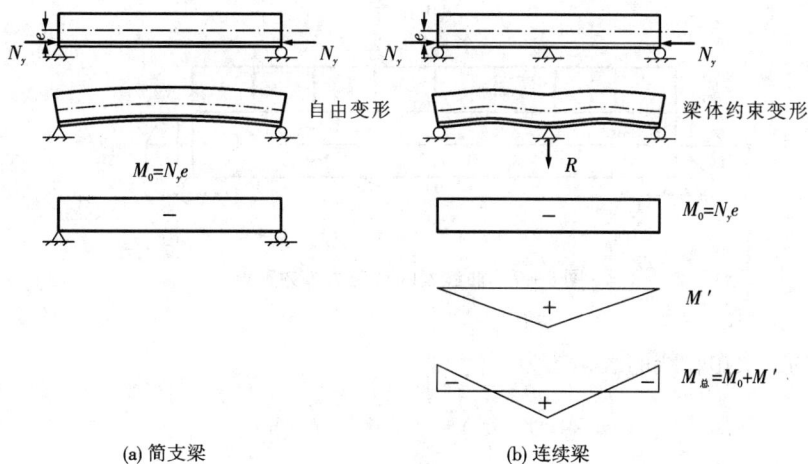

(a) 简支梁　　　　　　　　　　(b) 连续梁

图 8-6　预应力引起的变形和内力

对于连续梁等超静定结构,预应力作用下多余约束处产生附加反力,从而导致结构产生附加内力 M',统称为次内力或二次内力[图 8 -6(b)]。

因此,由预加力产生的总内力(弯矩)

$$M_{总} = M_0 + M' \qquad (8-9)$$

式中:M_0——初预矩,$M_0 = N_y e$,N_y、e 分别为预加力的值(kN)及其偏心距(m);

M'——由于多余约束的存在,预加力产生的次力矩。

M' 可采用力法或等效荷载法来求解,下面主要介绍等效荷载法的原理与应用。

8.3.2　等效荷载法的基本原理

下面以简支梁为例,说明预应力内力计算的等效荷载法的基本原理。

1. 计算等效荷载的原则及基本假定

根据内力等效原则,即预加力产生的结构内力与等效荷载产生的内力相等,来求预加力的等效荷载。为了简化分析,作如下基本假定:

(1)预应力筋的摩阻损失忽略不计,考虑预加力 N_y 为常量;

(2)预应力筋贯穿构件全长。

2. 曲线预应力索的等效荷载

如图 8 -7 所示,预应力混凝土简支梁配置曲线索,设左端锚头倾角及偏心距分别为 $-\theta_A$、e_A;右端锚头倾角及偏心距分别为 θ_B、e_B;索曲线跨中垂度为 f。符号规定为:索力偏心距 $e(x)$ 以向上为正,等效荷载 $q_效$ 以向上为正,反之为负。

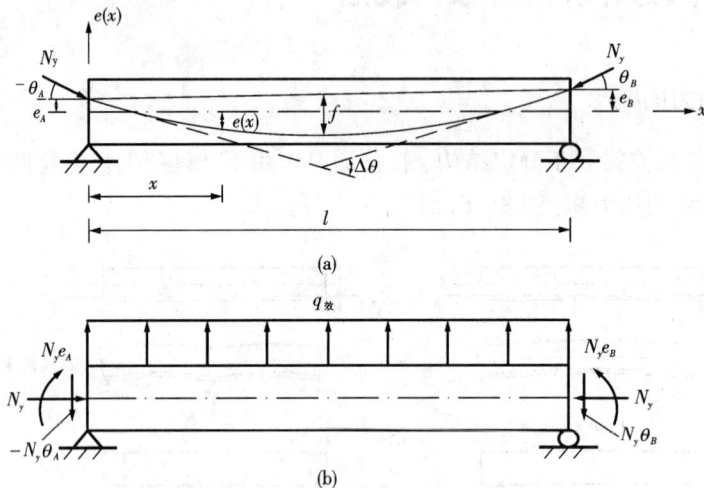

图 8 -7　曲线索的预应力等效荷载

索曲线的二次抛物线的表达式为

$$e(x) = \frac{4f}{l^2}x^2 + \frac{e_B - e_A - 4f}{l}x + e_A \qquad (8-10)$$

式中:x、$e(x)$——分别为距原点 O 的坐标 x 及索力距截面中心轴的偏心距。

预应力在 x 截面对中性轴产生的偏心力矩 $M(x)$ 为:

$$M(x) = N_y e(x) = N_y \left(\frac{4f}{l^2} x^2 + \frac{e_B - e_A - 4f}{l} x + e_A \right) \tag{8-11}$$

由《材料力学》中梁的弯矩与荷载的关系知：

$$q(x) = \frac{\mathrm{d}^2 M(x)}{\mathrm{d}x^2} = \frac{8f}{l^2} N_y = \text{常数} \tag{8-12}$$

由几何关系知：

$$\theta(x) = e'(x) = \frac{8f}{l^2} x + \frac{e_B - e_A - 4f}{l} \tag{8-13}$$

$$\theta_A = e'(0) = \frac{e_B - e_A - 4f}{l} \tag{8-14}$$

$$\theta_B = e'(l) = \frac{e_B - e_A + 4f}{l} \tag{8-15}$$

$$\therefore \ \theta_B - \theta_A = \frac{8f}{l} \tag{8-16}$$

比较式(8-12)和式(8-16)，可知：

$$q(x) = \frac{\theta_B - \theta_A}{l} N_y \tag{8-17}$$

令 $\Delta\theta = \theta_B - \theta_A$，则

$$q(x) = \frac{N_y \Delta\theta}{l} = q_{效} \tag{8-18}$$

$q(x)$ 就是所求的等效荷载 $q_{效}$，为一常数；$\Delta\theta$ 为索曲线倾角的改变量，均布荷载 $q_{效}$ 为正值，方向朝上，它沿全跨长的总荷载 $q_{效} l$ 与两端预加力的垂直向下分力之和 $N_y(\theta_B - \theta_A)$ 相平衡。

3. 折线形预应力索的等效荷载

折线形预应力索的等效荷载可由剪力等效求得。如图 8-8，配置折线形索的索力线方程为

$$AC \text{ 段} \quad e_1(x) = e_A - \left(\frac{e_A + d}{a} \right) x \ \left. \begin{array}{l} \\ \\ \end{array} \right\}$$

$$CB \text{ 段} \quad e_2(x) = -d + \left(\frac{d + e_B}{b} \right)(x - a) \tag{8-19}$$

由此得预应力产生的剪力：

$$AC \text{ 段：} Q_1(x) = M_1'(x) = N_y e_1'(x) = -N_y \left(\frac{e_A + d}{a} \right) = -N_y \theta_A \tag{8-20}$$

$$CB \text{ 段：} Q_2(x) = M_2'(x) = N_y \left(\frac{e_B + d}{b} \right) = N_y \theta_B \tag{8-21}$$

由式(8-20)、式(8-21)可绘出简支梁的剪力图[图 8-8(b)]，而此剪力图与在梁截面 C 处作用一个向上的集中荷载 $P_{效}$ 的结果相符合，此 $P_{效}$ 为：

$$P_{效} = N_y(\theta_B - \theta_A) \tag{8-22}$$

它就是折线形预加力的等效荷载。

由图 8-8(c)取左段平衡可验证其弯矩也是相等的。考察 C 截面弯矩：

$$M_c = N_y e_A - N_y \theta_A a = N_y (e_A - \theta_A a) = N_y (-d) = -N_y d = M_{预} \qquad (8-23)$$

$M_{预}$ 为预加力在 C 截面产生的弯矩，故得到验证。

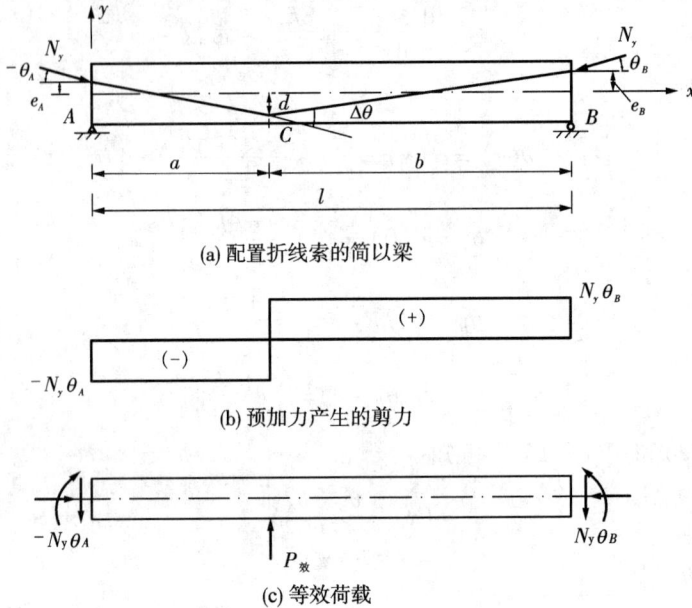

(a) 配置折线索的简以梁

(b) 预加力产生的剪力

(c) 等效荷载

图 8-8　配置折线索的等效荷载

4. 锚固截面的等效荷载

预加力对锚固截面作用的等效荷载，即为锚固点预加力对锚固截面中性轴的等效荷载（图 8-9）：

$$\begin{cases} X_A = N_y \cos\theta_A \\ Y_A = -N_y \sin\theta_A \\ M_A = N_y e_A \cos\theta_A \end{cases} \qquad (8-24)$$

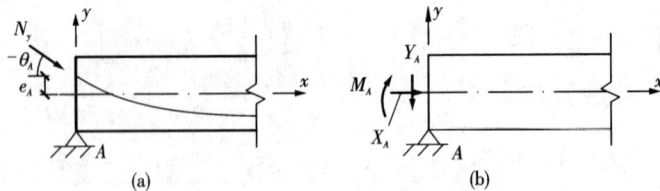

(a)　　　　　　　　　(b)

图 8-9　锚固截面的等效荷载

对于 θ 较小的情况，可取 $\sin\theta \approx \theta$，$\cos\theta \approx 1$，则式（8-24）成为：

$$\begin{cases} X_A = N_y \\ Y_A = -N_y \theta_A \\ M_A = N_y e_A \end{cases} \qquad (8-25)$$

8.3.3　等效荷载法的应用

1. 计算步骤

现以图 8 – 10 所示的两跨连续梁为例说明等效荷载法计算预应力内力的基本步骤。

(1)按预应力索曲线的偏心距 e_i 及预加力 N_y 绘出梁的初预距 $M_0 = N_y e_i$ 图,不考虑所有支座对梁体约束的影响[图 8 – 10(b)];

(2)根据索曲线形状分别按曲线形、折线形预应力索等效荷载公式(8 – 18)和式(8 – 22)计算等效荷载,且考虑锚固点等效荷载确定全部的预应力等效荷载;

(3)用力法或有限单元法程序求解连续梁在等效荷载下的截面内力,称为总内力,得出的弯矩称为总弯矩 $M_{总}$;

(4)用总弯矩减去初预矩得到次力矩。

$$M_{次} = M_{总} - M_0 \tag{8 – 26}$$

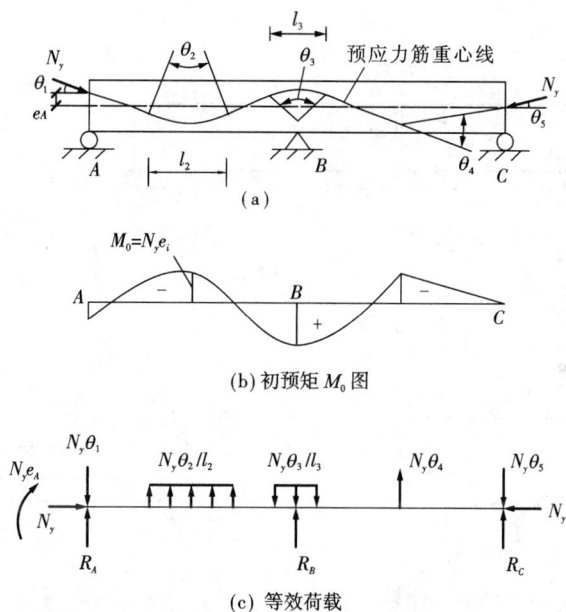

图 8 – 10　预应力筋对应的初预矩和等效荷载

2. 计算实例

【例 8.1】　两跨等截面连续梁,预加力 $N_y = 1158$ kN,试求支点 B 截面由预应力产生的总弯矩和次弯矩。索曲线的布置如图 8 – 11(a)所示,各段索曲线偏心距方程为:

a—d 段:$e_1(x) = 0.0079x^2 - 0.093x$,坐标原点为 a;

d—b 段:$e_2(x) = 0.18 + 0.12x - 0.03x^2$,坐标原点为 d。

解　由于结构及预应力筋布置均对称,可取一半结构进行分析,并视 B 截面为固定端。

(1)绘制预加力初预距图,即 $M_0(x) = N_y e_i(x)$,如图 8 – 11(b);

(2)计算预加力等效荷载

a—d 段的端转角:

$$e_1'(x) = 2 \times 0.0079x - 0.093$$

$$e_1'(0) = \theta_a = -0.093 (弧度)$$

$$e_1'(13.5) = \theta_d = 0.12 (弧度)$$

a—d 段的等效荷载：

$$q_1 = N_y \frac{\theta_d - \theta_a}{l_1} = 1158 \times \frac{0.12 - (-0.093)}{13.5} = 18.30 \text{ kN/m} (向上)$$

d—b 段端转角：

$$e_2'(x) = 0.12 - 0.06x$$

$$e_2'(0) = \theta_d = 0.12 (弧度)$$

$$e_2'(2) = \theta_b = 0 (弧度)$$

d—b 段等效荷载：

$$q_2 = N_y \frac{\theta_b - \theta_d}{l_2} = 1158 \times \frac{0 - 0.12}{2} = -69.48 \text{ kN/m} (向下)$$

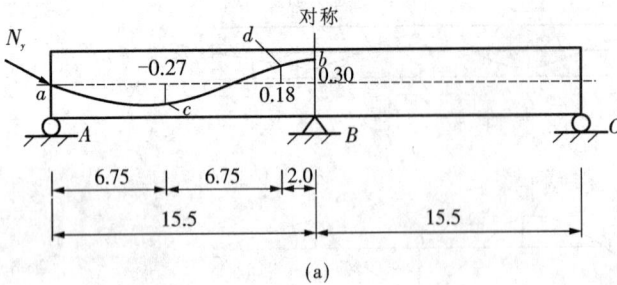

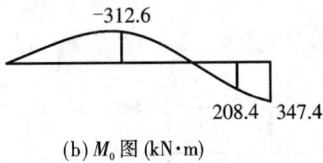

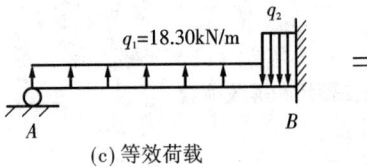

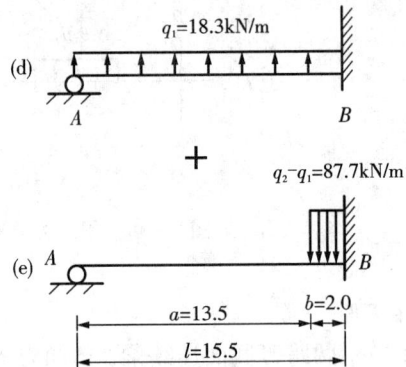

图 8 – 11　两跨连续梁预应力内力分析（尺寸单位：m）

（3）B 截面总弯距 $M_总$

计算图式见图 8 – 11（c），它可分解为图 8 – 11（d）和图 8 – 11（e）两种工况叠加。单跨梁的计算公式可参考《设计手册》或《结构力学》，注意荷载的正负号。

对于图 8 – 11(d)：$M'_B = -\dfrac{ql^2}{8} = -\dfrac{(-18.3) \times 15.5^2}{8} = 549.57(\text{kN} \cdot \text{m})$

对于图 8 – 11(e)：$M''_B = -\dfrac{qb^2}{8}(2 - \dfrac{b}{l})^2 = -\dfrac{87.78 \times 2^2}{8}(2 - \dfrac{2}{15.5})^2 = -153.64(\text{kN} \cdot \text{m})$

B 截面的总弯矩：$M_{总} = M'_B + M''_B = 549.57 - 153.64 = 395.93(\text{kN} \cdot \text{m})$

(4)B 截面次力矩：$M_{次} = M_{总} - M_0 = 395.93 - 347.7 = 48.53(\text{kN} \cdot \text{m})$

8.4　挠度、预拱度计算及施工控制

8.4.1　挠度计算

在前面"简支梁桥的计算"(本教材第 7 章)中已详细介绍了钢筋混凝土和预应力混凝土简支梁桥的挠度及预拱度计算。但连续梁桥属于超静定结构体系，一般为大跨或特大跨径桥，其挠度分析一般可采用有限单元法，特点如下：

(1)需根据不同的施工方法，按施工过程来计算结构恒载挠度，因为在施工过程中不同的施工阶段，结构体系及作用在结构上的荷载均可能发生变化。

(2)计算连续梁桥恒载挠度，一般需考虑的荷载因素有：①结构自重；②施工荷载；③预加力；④混凝土收缩与徐变作用。

(3)计算连续梁桥活载挠度，主要考虑汽车荷载与人群荷载。

8.4.2　预拱度计算

为了控制施工完成后成桥状态的几何线形，确保桥面标高平顺满足设计和规范要求，对于连续梁桥等大跨径桥梁，在施工过程中必须设置预拱度，以抵消施工中结构本身及挂篮或支架产生的变形。对于各种不同施工方法，梁段立模标高的计算式为：

$$H_{1i} = H_{0i} + f_{1i} + f_{2i} \tag{8 – 27}$$

式中：H_{1i} —— i 节段某具体位置的立模标高(对于悬臂施工法，一般为梁段前端位置)；

H_{0i} —— i 节段设计标高；

f_{1i} —— i 节段恒载挠度与 1/2 活载挠度的总和；

f_{2i} —— i 节段结构自重作用下的挂篮挠度或支架变形，由试验和分析确定。对于悬臂浇筑法施工时，表示挂篮挠度；对于逐孔支架现浇施工的桥梁，则为支架变形；对于顶推法施工，则为梁段预制台座的变形。

式(8 – 27)中的 f_{1i} 与 f_{2i} 两项之和称为大跨径桥梁的施工预拱度。

8.4.3　施工控制

由于大跨超静定结构受力及施工过程复杂，计算模型及参数难以准确模拟实际结构及其施工状态，使得理论计算结果与桥梁结构实际状态往往存在一定的差别。若差别过大，则将导致成桥状态的线形偏离设计目标，甚至影响到桥梁结构受力状况。因此，在大跨径桥梁施工过程中，有必要对主梁标高及结构应力实施有效的监测与控制。在实测过程中，如果发现主梁挠度与计算挠度相差较大，则需根据现场实测参数，重新进行结构分析，调整理论预拱度，控制主梁标高。

本章思考题

8-1　两跨等截面梁，预应力索采用折线形布置(如题 8-1 图)。预加力 $N_y = 1200$ kN，试求中支点 B 截面预加力产生的总弯矩和次弯矩。

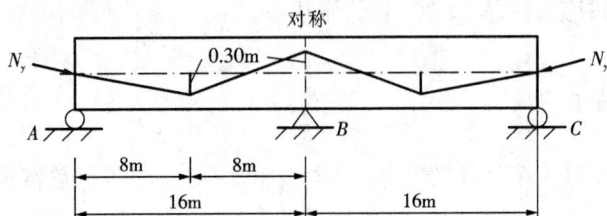

题 8-1 图

8-2　连续梁桥主要有整体法、逐孔法、简支 - 连续法、悬臂法及顶推法等施工方法。采用哪几种施工法时，可按照成桥状态一次建立结构计算图式，计算结构恒载内力? 采用哪几种施工法时，需按施工过程分阶段建立结构受力图式，计算自重内力?

8-3　简述荷载增大系数 η 的概念。

8-4　什么是预加力产生的初始力矩、次内力与总内力?

8-5　等效荷载法计算预应力内力的基本原理是什么?

8-6　对于大跨桥梁的施工，为什么要进行施工监控?

8-7　确定大跨桥梁施工预拱度，一般需考虑哪些因素?

第 9 章 梁桥的支座

支座设置在桥梁的上部结构与墩台之间，其主要作用是：

(1)将上部结构的支承反力(包括结构自重和可变作用引起的竖向力和水平力)传递到桥梁墩台。

(2)保证结构在汽车荷载、温度变化、混凝土收缩和徐变等因素作用下能自由变形，以使上、下部结构的实际受力情况符合结构的静力图式(图 9 – 1)。

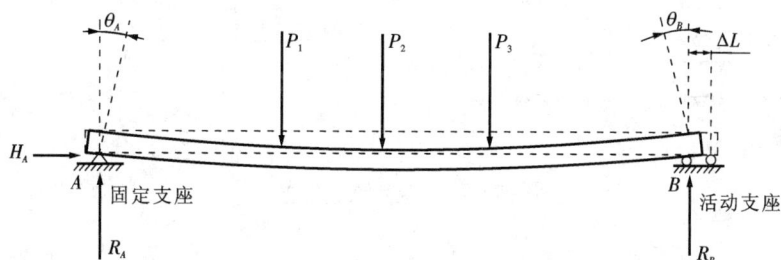

图 9 – 1 简支梁的静力图示

梁桥的支座一般分为固定支座和活动支座两种。固定支座既要固定主梁在墩台上的位置并传递竖向压力和水平力，又要保证主梁发生挠曲时在支撑处能自由转动，如图 9 – 1 左端所示。活动支座只传递竖向压力，但要保证主梁在支撑处既能自由转动又能水平移动，如图 9 – 1 右端所示。

9.1 常用支座的类型和构造

由于桥梁跨径、支座反力、支座允许转动与位移的不同，选用的支座材料的不同，支座是否满足防震、减震要求的不同，桥梁支座有许多类型。

9.1.1 橡胶支座

橡胶支座具有构造简单、加工方便、造价低、结构高度小、安装方便和使用性能良好的优点。此外，它能方便地适应任意方向的变形，故特别适应于宽桥、曲线桥和斜桥。橡胶的弹性还能削减上下部结构所受的动力作用，对于抗震十分有利。在当前，橡胶支座已经得到越来越广泛的使用。

橡胶支座一般可分为板式橡胶支座、四氟橡胶滑板支座、球冠圆板式橡胶支座和盆式橡胶支座四类。

1. 板式橡胶支座

板式橡胶支座由几层橡胶和薄钢片叠合而成,如图9-2所示。它的活动机理是:利用橡胶的不均匀弹性压缩实现转角 θ;利用其剪切变形实现微量水平位移 Δ。

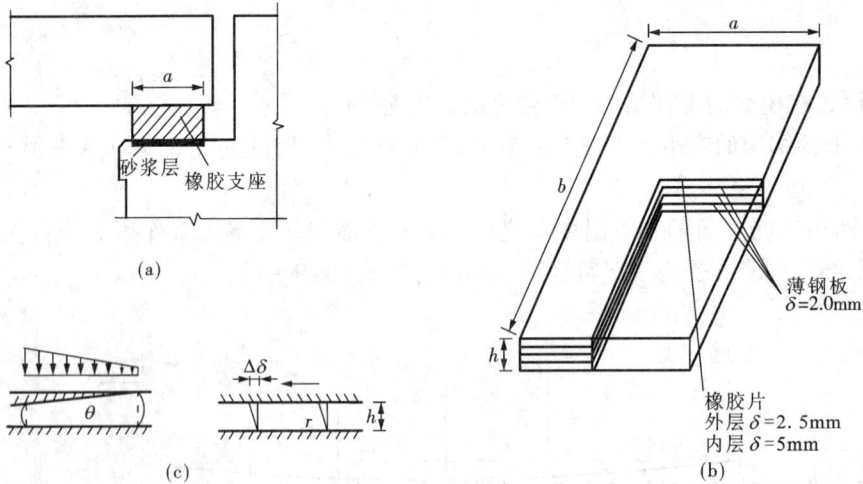

图 9-2   板式橡胶支座

我国《桥规》[3] 规定支座成品的物理力学性能应满足表9-1的要求。

表 9-1   桥梁支座成品的物理性能

项 目	指 标	项 目	指 标
极限抗压强度(MPa)	≥70	橡胶片容许剪切正切值	不计制动力≤0.5; 计制动力≤0.7
抗压弹性模量 E_e(MPa)	$5.4G_eS^2$	支座与混凝土摩擦系数 μ	≥0.3
常温下抗剪弹性模量 G_e(MPa)	1.0	支座与钢板摩擦系数 μ	≥0.2

注:表中形状系数 $S = \dfrac{a \times b}{2(a+b)\delta_1}$,其中 δ_1 为中间层橡胶片厚度,a 为支座短边尺寸(顺桥向),b 为支座长边尺寸(横桥向)。

板式橡胶支座一般不分固定支座和活动支座,这样能将水平力均匀地传递给各个支座且便于施工,如有必要设置固定支座可采用不同厚度的橡胶支座来实现。

目前我国生产的板式橡胶支座的竖向支承反力为 100~10000 kN,可选择氯丁胶、天然胶、三元乙丙胶三种胶种,最高适宜温度为 +60℃,最低达 -45℃(三元乙丙胶种)。

矩形板式橡胶支座的平面尺寸,目前常用的有 0.12 m×0.14 m、0.14 m×0.18 m、0.15 m×0.20 m 等。橡胶片的厚度为 5 mm,薄钢板厚度为 2 mm,支座厚度可根据橡胶支座的剪切位移而采用不同层数组合而成,一般从 14 mm(两层钢板)开始,以 7 mm 为一个台阶递增。

对于斜桥或圆形柱墩的桥梁可采用圆形板式橡胶支座。

安装橡胶支座时,支座中心尽可能对准上部结构的计算支点。为防止支座受力不均匀,应使上部结构底面及墩台顶面不仅保持表面清洁和粗糙，而且都能与支座接触面保持水平和紧密贴合，以增加接触面的摩阻力而避免相对滑动，必要时可先铺一薄层水灰比不大于 0.5 的 1:3 水泥砂浆垫层。

2. 聚四氟乙烯滑板式橡胶支座

聚四氟乙烯滑板式橡胶支座是按照支座平面尺寸大小，在普通板实橡胶支座上黏附一层聚四氟乙烯板(厚 2 ~ 4 mm)而成。它除具有普通板橡胶支座的优点外，还能利用聚四氟乙烯板与梁底不锈钢之间的低摩擦系数(通常 $\mu = 0.06$)，使得桥梁上部构造的水平位移不受限制(图 9 - 3)。

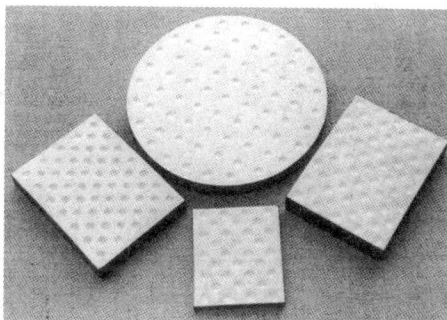

图 9 - 3　聚四氟乙烯滑板式橡胶支座

聚四氟乙烯滑板式橡胶支座适用于较大跨度的简支梁桥，桥面连续的梁桥和连续梁桥；此外，还可用作连续梁顶推施工的滑块。

3. 球冠圆板式橡胶支座

球冠圆板式橡胶支座是一种改进后的圆形板式支座，其中中间层橡胶和钢板布置与圆形板式橡胶支座完全相同，而在支座顶面用纯橡胶制成球行表面，球面中心橡胶最大厚度为 4 ~ 10 mm(图 9 - 4)。

球冠圆板橡胶支座的特点是在平面上各向同性，以球冠调节受力状况，可明显改善或避免支座底面产生偏压、脱空等不良现象，特别适应于纵横坡度较大(3% ~ 5%)的立交桥及高架桥。但公路桥涵在纵横坡度较大时，不宜使用带球冠或带坡形的板式橡胶支座。

4. 盆式橡胶支座

当竖向力较大时则应使用盆式橡胶支座(图 9 - 5)。它由不锈钢滑板、聚四氟乙烯板、盆环、氯丁橡胶块、钢密封圈、钢盆塞及橡胶防水圈等组成。它是利用设置在钢盆中的橡胶板达到对上部结构承压和转动的功能，

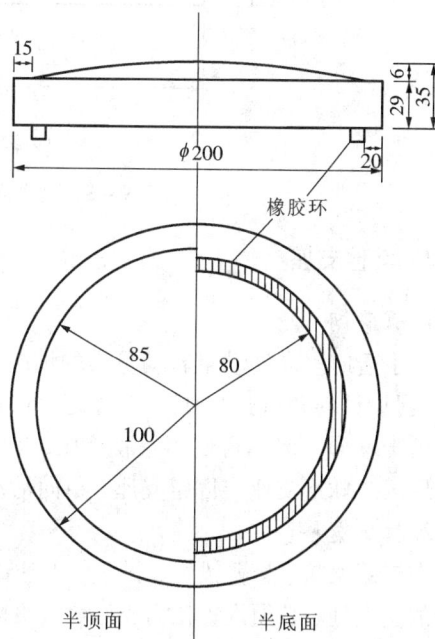

图 9 - 4　球冠圆板式橡胶支座(尺寸单位：mm)

利用聚四氟乙烯板和不锈钢板之间的平面滑动来适应桥梁的水平位移要求。

盆式橡胶支座按其工作特征可以分为固定支座、多向活动支座和单向活动支座三种。与板式橡胶支座相比，盆式橡胶支座具有承载能力大、水平位移量大、转动灵活等优点，因此特别适宜在大跨径桥梁上使用。

我国目前生产的盆式橡胶支座竖向承载力为 1000 kN 至 50000 kN，有效水平位移量从 ±40 mm 至 ±250 mm，支座的容许转角为 40′，设计摩擦系数为 0.05。可依据不同情况选购使用。

(a)盆式橡胶支座照片

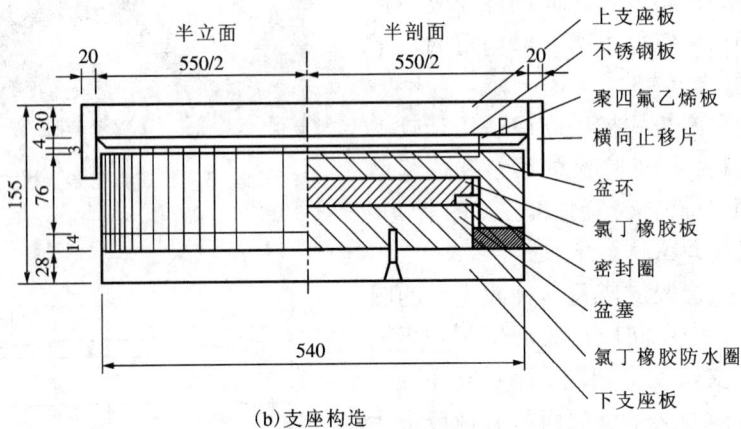

(b)支座构造

图 9-5　盆式橡胶支座(尺寸单位：mm)

9.1.2　其他支座

1. 球形钢支座

为了适应多向转动且转动量大的情况，还可选择使用球形钢支座。它具有受力均匀、转动量大(设计转角可达 0.05 rad 以上)且各向转动性能一致等优点，特别适用于曲线桥和宽桥。由于球形支座不再使用橡胶承压，不存在橡胶变硬或老化等不良影响，因此特别适用于低温地区。球形支座有固定支座、单向活动支座和多向活动支座之分。

2. 拉压支座

在连续梁桥、悬臂梁桥、斜桥、宽悬臂翼缘箱梁桥以及小半径曲线桥上，在某些会出现拉力的支点处，必须设置拉力支座，以便抗拉且承受相应的转动和水平位移。

球形支座、盆式和板式橡胶支座都能变更功能作为拉力支座。

3. 抗震支座

地震地区的桥梁应使用具有抗震和减震功能的支座。减、隔震支座的作用是尽可能地将结构或部件与可能引起破坏的地震地面运动分离开来，以大大减小传递到上部结构的地震力和能量。目前国内主要的减隔震支座、抗震支座的类型有抗震型球形支座、铅芯橡胶支座和高阻尼橡胶支座等。

9.2　支座的布置

支座的布置，应以有利于墩台传递纵向水平力、有利于梁体的自由变形为原则。根据梁桥的结构体系以及桥宽，支座在纵、横桥向的布置方式主要有以下几种：

(1)对于坡桥，宜将固定支座布置在标高低的墩台上。同时，为了避免整个桥跨下滑，影响车辆的行驶，当纵坡大于 1% 或横坡大于 2% 时，应使支座保持水平，通常在设置支座的梁底面，增设局部的楔形构造(图 9 - 6)。

(2)对于简支梁桥，每跨宜布置一个固定支座，一个活动支座；对于多跨简支梁，一般把固定支座布置在桥台上，每个桥墩上布置一个(组)活动支座与一个(组)固定支座。若个别桥墩较高，也可在高墩上布置两个(组)活动支座。

图 9 - 7(a)为地震区单跨简支梁常用布置，也称"浮动"支座布置；图 9 - 7(b)为整体简支板桥或箱梁桥常用支座布置。

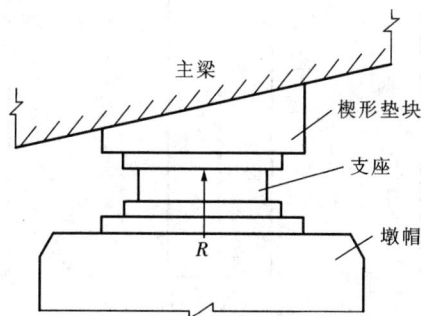

图 9 - 6　坡桥楔型垫块

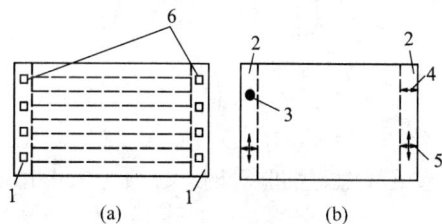

图 9 - 7　单跨简支梁桥支座布置

1、2—桥台；3—固定支座；4—单向活动支座；
5—多向活动支座；6—橡胶支座

(3)对于连续梁桥及桥面连续的简支梁桥，一般在每一联设置一个固定支座，并宜将固定支座设置在靠近温度中心，以使全梁的纵向变形分散在梁的两端，其余墩台上均设置活动支座，在设置固定支座的桥墩上，一般采用一个固定支座，其余为横桥向的单向活动支座；在设置活动支座的所有桥墩(台)上，一般沿设置固定支座的一侧，均布置顺桥向的单向活动支座，其余均为双向活动支座。图 9 - 8 为连续结构支座布置示意图。

(a) 双支座桥梁

(b) 多支座宽桥

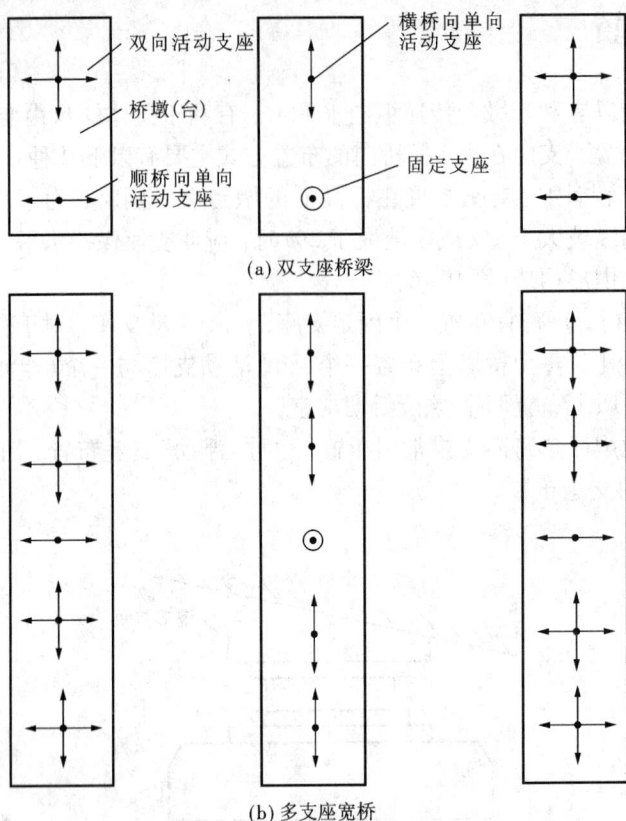

图 9 – 8　连续结构支座布置

9.3　支座的计算

9.3.1　支座反力的确定

在进行桥梁支座尺寸的选定和稳定性验算时，必须先求得每个支座上所承受的竖向力和水平力。

1）竖向力

支座上的竖向力有结构自重的反力、汽车荷载的支点反力及其影响力。在计算汽车荷载的支点反力时，应按照最不利的状态布置荷载计算，对于汽车荷载的作用，应计入冲击影响力；在可能出现拉力的支点，应分别计算支座的最大竖向力和最大上拔力；对于上部结构可能被风力掀离的桥梁，应计算其支座锚栓及有关部件的支撑力。

2）水平力

正交直线桥梁的支座，一般仅需计算纵向水平力。斜桥和弯桥，还需要计算由于汽车荷载的离心力或风力所产生的横向水平力。

支座上的纵向水平力，包括由于汽车荷载的制动力、风力、支座摩擦力或温度变化、支座变形等引起的水平力，以及桥梁纵坡等产生的水平力。

对于由支座来分担的汽车制动力，《公路桥涵设计通用规范》（JTG D60—2004）已有规定：①设有板式橡胶支座的简支梁、连续桥面简支梁或连续梁排架式柔性墩台，应根据支座与墩台的抗推刚度集成情况分配和传递制动力；②设有板式橡胶支座的简支梁刚性墩台，按单跨两端的板式橡胶支座的抗推刚度分配制动力；③设有固定支座、活动支座（滚动或摆动支座、聚四氟乙烯板支座）的刚性墩台传递的汽车制动力，根据梁体受力的不同、墩（台）位置的不同以及支座类型按不同规定采用，且规定每个活动支座传递的制动力不得大于其摩阻力，当大于摩阻力时，按摩阻力计算。

9.3.2 板式橡胶支座的设计计算

板式橡胶支座的设计与计算包括确定支座尺寸、验算支座受压偏转情况以及验算支座的抗滑稳定性。

1）确定支座的平面尺寸

橡胶支座的平面尺寸 $a \times b$ 要有橡胶板本身的抗压强度、梁部或墩台顶混凝土的局部强度等三个方面的因素全面考虑后确定。在一般情况下，尺寸 $a \times b$ 多由橡胶支座的强度来控制，即按式（9-1）计算。

对于橡胶板：
$$\sigma_c = \frac{R_{ck}}{A} = \frac{R_{ck}}{a \times b} \leq [\sigma_c] \qquad (9-1)$$

式中：σ_c——橡胶支座承受的平均压应力；

R_{ck}——支座压力标准值，汽车荷载应计入冲击系数；

$[\sigma_c]$——橡胶支座使用阶段的平均压应力限值，$[\sigma_c] = 10\ 000\ \text{kPa}$；$S$ 应在 $5 \leq S \leq 12$ 范围内取用，计算公式见表 9-1。

2）确定支座的厚度

板式橡胶支座的重要特点是：梁的水平位移要通过全部橡胶片的剪切变形来实现，见图 9-9。显然，橡胶片的总厚度 t_e 与梁体水平位移 Δ 之间应满足下列关系：

$$\tan\gamma = \frac{\Delta}{t_e} \leq [\tan\gamma] \qquad (9-2)$$

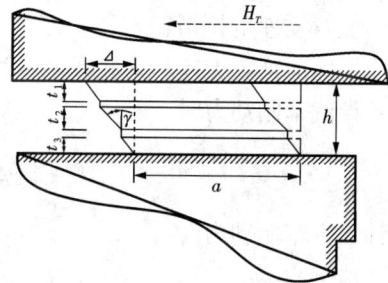

图 9-9 支座厚度的计算图示

式中：t_e——橡胶片的总厚度；

$[\tan\gamma]$——橡胶片的容许剪切角正切值，对于硬度为 $55° \sim 60°$ 的氯丁橡胶，《桥规》[3] 规定，当不计汽车荷载制动力作用时采用 0.5，计及汽车荷载制动力时可采用 0.7。

由此式（9-2）可写成：
$$t_e \geq 2\Delta_g \qquad (9-3)$$

以及
$$t_e \geq 1.43(\Delta_g + \Delta_p) \qquad (9-4)$$

$$\Delta_p = \frac{H_T t_e}{2G_e ab} \qquad (9-5)$$

式中：Δ_g——上部结构在结构自重作用下由温度变化等因素引起作用于一个支座上的水平

位移；

Δ_p——由汽车荷载制动力引起作用于一个支座上的水平位移；

H_T——作用于一个支座上的汽车荷载制动力；

G_e——橡胶的剪切模量，见表 9 – 1。

同时，考虑橡胶支座工作的稳定性，《公路钢筋混凝土及预应力混凝土桥涵设计规范》(JTG D62—2004)还规定 t_e 不应大于支座顺桥向边长的 0.2 倍。确定了橡胶片总厚度 t_e，再加上金属加劲薄板的总厚度，就可以得到所需要支座的总厚度 h。

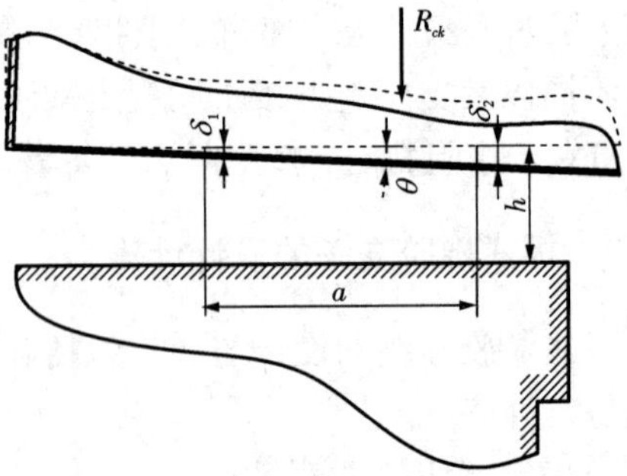

3）验算支座的偏转情况

主梁受荷发生挠曲变形时，梁端将引起转角 θ，如图 9 – 10 所示。此时支座伴随出现线性的

图 9 – 10　支座偏转图式

压缩变形，梁端一侧的压缩变形量为 δ_1，梁体一侧的为 δ_2。为了确保支座偏转时橡胶与梁底不发生脱空而出现局部承压的现象，则必须满足条件：

$$\delta_1 \geq 0 \qquad (9-6)$$

即：
$$\delta_{c,m} = \frac{R_{ck}t_e}{abE_e} + \frac{R_{ck}t_e}{abE_b} \geq \frac{a\theta}{2} \qquad (9-7)$$

式中：$\delta_{c,m}$——平均压缩变形(忽略薄钢板的变形)；

E_e——支座抗压弹性模量，见表 9 – 1；

E_b——橡胶弹性体体积模量，$E_b = 2\,000$ MPa；

θ——梁端转角。

此外，《桥规》还规定橡胶支座的竖向平均压缩变形 $\delta_{c,m}$ 应不超过 0.07 t_e。

4）验算支座的抗滑稳定性

为了保证橡胶支座与梁底或墩台顶面之间不发生相对滑动，则应满足以下条件：

不计汽车制动力时

$$\mu R_{Gk} \geq 1.4 G_e A_g \frac{\Delta_1}{t_e} \qquad (9-8)$$

计入汽车制动力时

$$\mu R_{Ck} \geq 1.4 G_e A_g \frac{\Delta_1}{t_e} + F_{bk} \qquad (9-9)$$

式中：R_{Gk}——由结构自重引起的支座反力标准值；

R_{Ck}——由结构自重标准值和 0.5 倍汽车荷载标准值(计入冲击系数)引起的支座反力；

μ——橡胶与混凝土间的摩擦系数采用 0.3，与钢板间的摩擦系数采用 0.2；

Δ_1——由上部结构温度变化、混凝土收缩徐变等作用标准值引起的剪切变形和纵向力标准值产生的支座剪切变形，但不包括汽车制动力引起的剪切变形；

F_{bk}——由汽车荷载引起的制动力标准值；

A_g——支座平面毛面积。

【例 9.1】 钢筋混凝土五片式 T 形梁桥全长为 19.96 m，计算跨径 $l = 19.5$ m(图 9 –

11）。主梁采用 C40 混凝土，支座处梁肋宽度为 30 cm。梁的两端采用等厚度的橡胶支座。

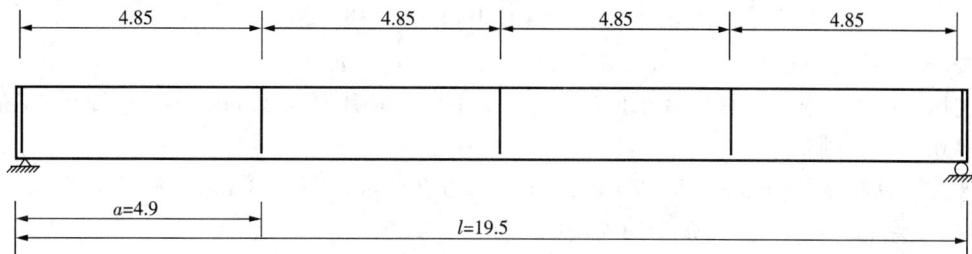

图 9 – 11　（尺寸单位：m）

已计算得支座压力标准值 $R_{Ck} = 354.12$ kN，其中结构自重引起的支座反力标准值为 $R_G = 162.7$ kN，公路 – Ⅱ级引起的支座反力标准值为 183.95 kN，人群荷载的标准值为 7.47 kN；公路 – Ⅱ级和人群荷载 $p_r = 3.0$ kN/m² 作用下产生的跨中挠度 $f = 1.96$ cm，根据当地的气象资料，主梁的计算温差 $\Delta t = 36℃$。试设计板式橡胶支座。

解　1）确定支座平面尺寸

选定支座的平面尺寸为 $a \times b = 18 \times 20 = 360$ cm²，采用中间层橡胶片厚度 $t = 0.5$ cm。

（1）计算支座的平面形状系数 S

$$S = \frac{ab}{2t(a+b)} = \frac{18 \times 20}{2 \times 0.5(18+20)} = 9.5 > 8$$

（2）计算橡胶支座的弹性模量

由表 9 – 1 中的公式：$E_e = 5.4 G_e S^2 = 5.4 \times 1.0 \times 9.5^2 = 487.35$ MPa

（3）验算橡胶支座的承压强度：

$$\sigma_c = \frac{R_{ck}}{a \times b} = \frac{354.12}{0.18 \times 0.20} = 9\,837 \text{ kPa} < [\sigma_c] = 10\,000 \text{ kPa（合格）}$$

2）确定支座的厚度

（1）主梁的计算温差为 $\Delta t = 36℃$，温度变形由两端的支座均摊，则每一支座承受的水平位移 Δ_g 为：

$$\Delta_g = \frac{1}{2} a \cdot \Delta t \cdot l' = \frac{1}{2} \times 10^{-5} \times 36 \times (1\,950 + 18) = 0.354 \text{ cm}$$

（2）为了计算汽车荷载制动力引起的水平位移 Δ_p，首先要确定作用在每一支座上的制动力 H_T：

对于 19.5 m 桥跨，一个设计车道上公路 – Ⅱ级车道荷载总重为：$7.875 \times 19.5 + 178.5 = 332.1$ kN，则其制动力标准值为 $332.1 \times 10\% = 33.2$ kN；但按《桥规》[1]，不得小于 90 kN。经比较，取总制动力为 90 kN 参与计算，5 根梁共 10 个支座，每个支座承受水平力 $F_{bk} = \frac{90}{10} = 9$ kN。

（3）确定需要的橡胶片总厚度 t_e：

不计汽车制动力　　　　$t_e \geq 2\Delta_g = 2 \times 0.354 = 0.708$ cm

计入汽车制动力

$$t_e \geqslant \frac{\Delta_g}{0.7 - \frac{F_{bk}}{2G_e ab}} = \frac{0.354}{0.7 - \frac{9}{2 \times 1.0 \times 10^{-1} \times 18 \times 20}} = 0.616 \text{ cm}$$

按《桥规》[3] 的规定　　　　$t_e \leqslant 0.2a = 0.2 \times 18 = 3.6 \text{ cm}$

选用 4 层钢板和 5 层橡胶片组成的支座,上下层橡胶片厚 0.25 cm,中间层厚 0.5 cm,薄钢板厚 0.2 cm,则:

橡胶片总厚度:$t_e = 3 \times 0.5 + 2 \times 0.25 = 2.0 > 0.708 \text{ cm}$,且 $< 3.6 \text{ cm}$(合格)

(4)支座总厚:　　　　$h = t_e + 4 \times 0.2 = 2.0 + 0.8 = 2.8 \text{ cm}$

3)验算支座的偏转情况

(1)由式(9-7)计算支座的平均压缩变形为:

$$\delta_{c,m} = \frac{R_{ck} t_e}{abE_e} + \frac{R_{ck} t_e}{abE_b} = \frac{354.12 \times 0.020}{0.18 \times 0.20 \times 487.350} + \frac{354.12 \times 0.020}{0.18 \times 0.20 \times 2\,000} = 0.050\,2 \text{ cm}$$

按《桥规》[3] 的规定,尚应满足 $\delta \leqslant 0.07t_e$,即

$$0.050\,2 \text{ cm} \leqslant 0.07 \times 2.0 = 0.140 \text{ cm}(合格)$$

(2)计算梁端转角 θ

由关系式 $f = \frac{5gl^4}{384EI}$ 和 $\theta = \frac{gl^3}{24EI}$ 可得:

$$\theta = \left(\frac{5l}{16} \cdot \frac{gl^3}{24EI} \right) \frac{16}{5l} = \frac{16f}{5l}$$

设结构自重作用下,主梁处于水平状态。已知公路 - Ⅱ 级荷载下的跨中挠度 $f = 1.96$ cm,代入上式得:

$$\theta = \frac{16 \times 1.96}{5 \times 1\,950} = 0.003\,22 \text{ rad}$$

(3)验算偏转情况:　　　　　　$\delta_{c,m} \geqslant \frac{a\theta}{2}$

即　　　　　　$0.050\,2 \text{ cm} > \frac{18 \times 0.003\,22}{2} = 0.029\,0 \text{ cm}$ (合格)

4)验算支座的抗滑稳定性

(1)计算温度变化引起的水平力:

$$H_t = abG_e \frac{\Delta_g}{t_e} = 0.18 \times 0.20 \times 1.0 \times 10^3 \times \frac{0.354}{0.2} = 6.372 \text{ kN}$$

(2)由式(9-8)和式(9-9)验算滑动稳定性:

$$\mu R_{ck} = 0.3 \left(162.7 + \frac{1}{2} \times 183.95 \right) = 76.4 \text{ kN}$$

$$1.4H_t + F_{bk} = 1.4 \times 6.372 + 9.0 = 17.92 \text{ kN}$$

则　　　　　　　　　　$76.4 > 17.92$ (合格)

以及　　　　$\mu N_G = 0.3 \times 162.7 = 48.81 \text{ kN} > 1.4 H_t = 8.92 \text{ kN}$(合格)

结果表明,支座不会发生相对滑动。

本章思考题

9 - 1　桥梁支座的主要作用是什么？桥梁支座主要有哪几种类型？

9 - 2　桥梁橡胶支座主要有哪几种？

9 - 3　阐述板式橡胶支座的组成及其活动机理。

9 - 4　为什么板式橡胶支座一般没有固定支座和活动支座之分？

9 - 5　与板式橡胶支座相比，盆式橡胶支座主要有哪些特点？

9 - 6　对于简支梁桥，一般怎样布置支座？

9 - 7　对于连续梁桥，一般怎样布置支座？

9 - 8　设计桥梁支座时，一般需验算哪些内容？

第 10 章　混凝土梁桥的施工

桥梁施工是体现设计思想、实现设计意图的一个过程，最终目的是将一定的建筑材料通过各种施工过程形成符合设计标准、满足运营要求的桥梁实体。本章主要介绍混凝土梁桥上部结构常用的施工方法。

10.1　现浇钢筋混凝土简支梁桥的施工

现浇施工法是一种传统的桥梁施工方法，它是在桥位处搭设支架作为工作平台，并在支架上安装模板，绑扎及安放钢筋骨架，现场浇筑混凝土以形成梁体结构的施工方法。

现浇施工法有以下特点：

(1) 无需专门的预制场地和大型起重、运输设备；

(2) 梁体结构中横桥向的主筋不中断，结构的整体性好；

(3) 支架、模板等周转材料用量大、周期长，施工工期长、费用高；

(4) 施工受季节影响大，质量不易控制，施工管理较复杂。

目前这种方法多用于中小跨径桥梁或交通不便的偏远地区，在一些结构复杂的异型桥、弯桥等混凝土桥中也经常采用。

图 10-1 示出了现浇钢筋混凝土简支梁桥的施工工艺流程。

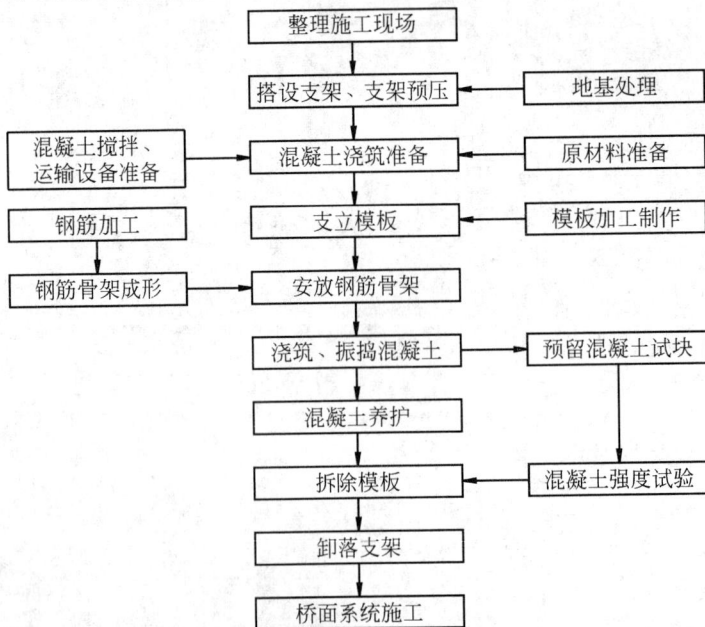

图 10-1　现浇钢筋混凝土简支梁桥的施工工艺流程

10.1.1　支架

支架是施工过程中的临时性结构，用以支撑模板、浇筑的混凝土梁体结构以及施工设备、人员等其他施工荷载。支架形式应根据桥孔跨径、桥位处地形和地质条件、水位高低及漂流物影响等因素合理选择。要求支架及其构件和连接具有足够的强度、刚度和稳定性，支架基础稳固，同时构造和制作力求简单，既要拆装方便又要尽可能减少构件的损伤，以提高装、拆、运的速度和增加周转使用的次数。

1) 常用的支架形式

支架按材料可分为木支架、钢支架、钢木混合支架和万能杆件拼装支架等。按其构造可分为立柱式、梁式和梁－柱式等几种主要形式。

图 10 - 2 为按构造分类的几种支架构造示意图。其中(a)、(b)为立柱式支架，适用于旱桥、不通航河道以及桥墩不高的小桥施工；(c)为梁式支架，承重梁可用万能杆件或贝雷桁架拼装，跨径小于 20 m 时可采用钢板梁；(d)为梁－柱式支架，适用于桥墩较高、跨径较大且支架下需要排洪的情况。

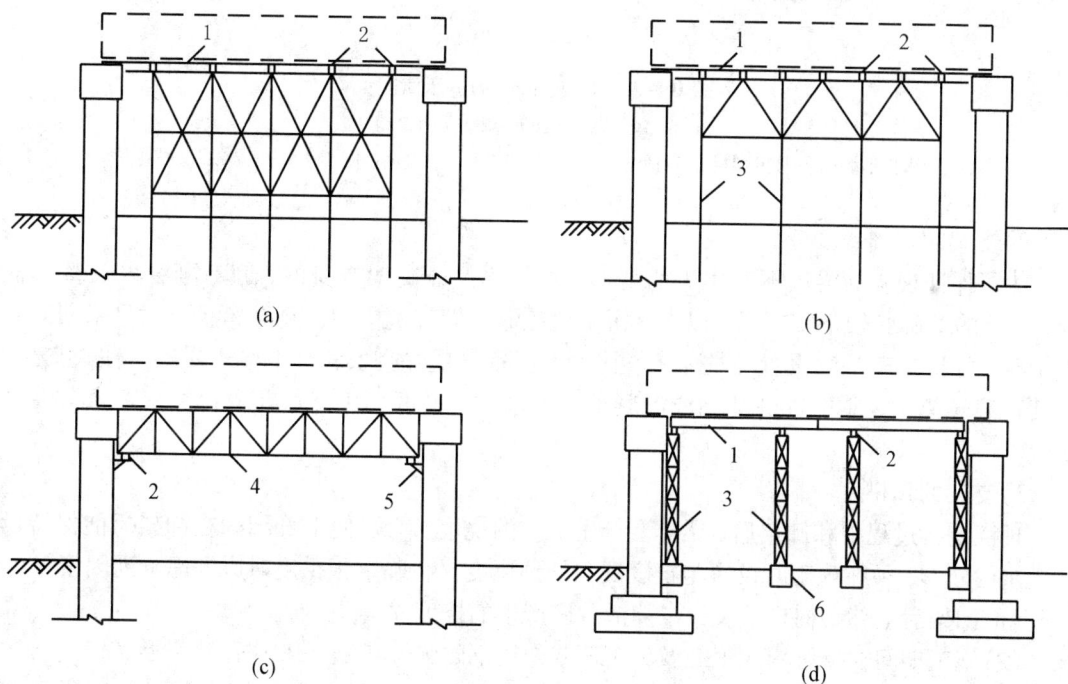

图 10 - 2　常用支架形式构造示意图

1—支架纵梁；2—卸架设备；3—立柱；4—承重梁；5—托架；6—支架基础

图 10 - 2 中卸架设备可采用木楔、砂筒及千斤顶等装置。木楔和砂筒的构造如图 10 - 3 所示。

木楔可分为简单木楔和组合木楔。简单木楔由两块 1:6～1:10 斜面的硬木楔形块组成 [图 10 - 3(a)]。落架时，用锤轻轻敲击木楔小头，将木楔取出，支架即下落。它的构造最简单，但缺点是敲击时震动较大，而易造成下落不均匀。因此一般可用于中、小跨径桥梁。组合木楔由三块楔形木和拉紧螺栓组成[图10-3(b)]。卸架时只需扭松螺栓,则木楔徐徐下降,它的下落较均匀。

　　跨径较大时,宜用砂筒作卸架设备。砂筒是由内装砂子的金属(木)筒及活塞(木制或混凝土制)组成[图10-3(c)]。卸落是靠砂子从筒下部的预留泄砂孔流出。要求筒里的砂子干燥、均匀、清洁。砂筒与活塞间用沥青填塞,以免砂子受潮而不易流出。通过砂子泄出量可控制支架卸落高度,这样就能由泄砂孔的开与关,分数次进行卸架,并能使支架均匀下降而不受震动。

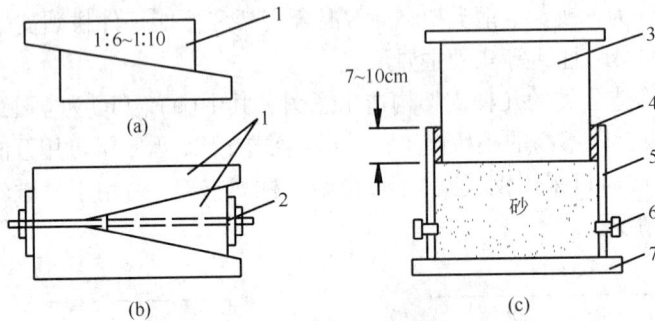

图10-3　木楔、砂筒构造示意图
(a)简易木楔;(b)组合木楔;(c)砂筒
1—硬木楔形块;2—拉紧螺栓;3—活塞;4——沥青填塞;5—金属(木)筒;6—泄砂孔;7—垫板

　　2)支架的基础

　　为了保证现浇的梁体不产生大的变形,除了要保证支架本身的强度、刚度以及整体性外,支架的基础必须坚实可靠,以将其沉陷值控制在容许范围内。桥孔跨径不大且采用满堂支架时,可将支架基脚设置在枕木上,枕木下设置垫层并夯实;对于梁式或梁-柱式支架,因其荷载较集中,应设置桩基础或混凝土扩大基础,也可直接支承在墩台身或其永久性基础上。

　　3)支架的预拱度

　　现浇施工过程中和卸架后,梁体要产生一定的挠度,为了使上部结构在卸架后能保持设计规定的外形,须在施工时设置与挠度反向的预拱度。在确定预拱度时应考虑下列因素:

　　(1)卸架后上部结构自重及一半静活载所产生的挠度d_1。

　　(2)施工期间支架结构在恒载及施工荷载作用下的弹性压缩d_2和非弹性变形d_3。

　　对于满布式支架,当其杆件长为L,压应力为S,杆件材料弹性模量为E时,弹性变形为:

$$d_2 = SL/E \tag{10-1}$$

　　当支架为桁架等形式时,应按具体情况计算其弹性变形。

　　支架在每一个接缝处的非弹性变形,一般情况下,顺纹木料为2 mm,横纹木料为3 mm,木料与金属或圬工的接缝为2 mm,顺纹与横纹木料接缝为2.5 mm,则:

$$d_3 = 2k_1 + 3k_2 + 2k_3 + 2.5k_4 \tag{10-2}$$

式中:k_1——顺纹木料接头数目;

k_2——横纹木料接头数目；

k_3——木料与金属或圬工接头数目；

k_4——顺纹与横纹木料接头数目。

（3）支架基底土在荷载作用下的非弹性沉陷 d_4。

支架基底的沉陷，可通过试验确定或参考表 10-1 估算。

表 10-1　支架基底沉陷（单位：mm）

土壤　　　　　基础形式	枕梁	桩
砂土	5~10	5
黏土	15~20	10

（4）混凝土收缩及温度变化引起的挠度 d_5。

梁的挠度和支架变形之和就是简支梁预拱度的最大值，它应反向设在梁的跨中，而在两端支点处为零，其他各点的预拱度，可按直线或二次抛物线比例分配。

按抛物线分配时，

$$d_x = 4x(L-x)d/L^2 \tag{10-3}$$

式中：d_x——距左支点 x 距离处的预拱度值；

x——距左支点的距离；

L——跨长。

按直线进行分配时，

$$d_x = 2xd/L \tag{10-4}$$

式中符号同前，仅计算半跨，且右半跨与左半跨对称设置。

10.1.2　模板

模板的作用是使混凝土按照设计的形状、尺寸和位置成型，它不仅控制着梁体的尺寸和外观，也直接影响施工进度和混凝土浇筑质量。

1）模板的类型

模板按其面板所用材料可分为木模板、钢模板、钢木结合模板、钢丝网水泥模板、竹木模板、玻璃钢模板等。按模板的装拆方法分类，可分为拼装式、整体式等。

目前就地现浇桥梁的模板常用木模和钢模。

2）模板的安装

采用现浇法施工的桥梁，其横截面形式多为实心板或肋梁式截面，实心板的模板比较简单，这里着重介绍肋梁的模板。

跨径不大的肋梁模板，一般用木料制作，安装时，首先在支架纵梁上安装横木，横木上钉底板，然后在其上安装肋梁的侧模和桥面板底模[图 10-4(a)]。当梁肋的高度较高时，其模板一般采用框架式，梁肋的侧模及桥面板的底模，可用镶板钉在框架上[图 10-4(b)]。

模板的制作与安装，除了要满足强度、刚度、稳定性以及制作安装方便、安全等方面的

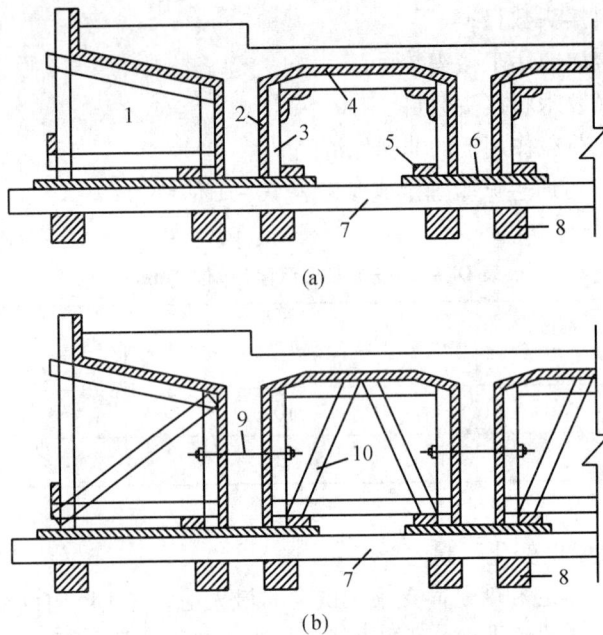

图 10 - 4 现浇肋梁模板系统示意图

1—小柱架；2—梁肋侧模；3—肋木；4—桥面板底模；5—压板；

6—底板；7—横木；8—支架纵梁；9—拉杆；10—模板框架

要求外，还应符合以下要求：

(1)保证工程构造物的设计形状、尺寸及各部分相互之间位置的正确性；

(2)模板板面平整，浇筑混凝土之前，在模板内表面涂刷石灰乳浆、肥皂水等隔离剂，以防止与混凝土粘连，保证混凝土外观质量；

(3)接缝严密，确保混凝土在浇筑、振捣过程中不致漏浆。

10.1.3 钢筋工程

钢筋工程包括钢筋整直、切断、除锈、弯制、焊接或绑扎成型等工序。混凝土梁中钢筋的规格和型号尺寸比较多，而且钢筋的加工、布置在混凝土浇筑之后再也无法检查，属于隐蔽工程，因此必须严格控制钢筋工程的施工质量。

1)钢筋加工的准备工作

首先应对进场的钢筋进行抽样检验，质量合格方可使用。抽样检验主要作抗拉、冷弯和可焊性试验。

钢筋的整直可根据钢筋直径的大小采用不同的方法。直径 10 mm 以上的钢筋一般用锤打整直，直径小于 10 mm 的常用手摇或电动绞车通过冷拉整直(伸长率不大于 1%)，冷拉还可以提高钢筋的屈服强度并清除铁锈。

整直后的钢筋用钢丝刷或喷砂枪喷砂除锈去污后，即可按设计图纸要求进行划线下料工作。为了保证下料精度，应计算图纸上所注明的折线尺寸与弯折处实际弧线尺寸之差值，同时还应计入钢筋在冷作弯折过程中的伸长量(通常可查阅现成的计算表格)。下料截断钢筋时，视钢筋直径的大小，可用手动剪切机和电动剪切机来进行。

2）钢筋的弯制和接头

下料后的钢筋可在工作平台上用手工或钢筋弯曲机按规定的弯曲半径弯制成型，钢筋的两端亦应按设计图纸或施工规范要求弯成所需的标准弯钩。对于需要接长的钢筋，宜先进行连接然后再弯制，这样较易控制尺寸。

钢筋的接头应采用焊接，并以闪光接触对焊为宜，这种接头的传力性能好，且节省钢材。当缺乏闪光对焊条件时，可采用电弧焊。钢筋接头采用搭接或帮条电弧焊时，宜采用双面焊缝，焊缝的长度不应小于 $5d$，双面焊缝困难时，可采用单面焊缝，焊缝长度不应小于 $10d$（d 为钢筋直径）。

采用搭接电弧焊时，两钢筋搭接端部应预先折向一侧，使两接合钢筋轴线一致。采用帮条电弧焊时，帮条应采用与主筋同级别的钢筋，其总截面面积不应小于被焊钢筋的截面积。

焊接时，对施焊场地应有适当的防风、雨、雪、严寒设施。气温低于 −20℃ 时不得施焊。

直径不大于 25 mm 的受力钢筋，也可采用绑扎搭接，受拉钢筋绑扎接头的搭接长度，应符合表 10 −2 的规定；受压钢筋绑扎接头的搭接长度，应取受拉钢筋绑扎接头搭接长度的0.7倍。

表 10 −2　受拉钢筋绑扎接头的搭接长度

钢筋类型 \ 混凝土强度等级	C20	C25	高于 C25
R235	35d	30d	25d
HRB335	45d	40d	35d
HRB400	55d	50d	45d

受力钢筋焊接或绑扎接头应设置在内力较小处，并错开布置，对于绑扎接头，两接头间距离不小于1.3倍搭接长度；对于焊接接头，在接头长度区段内，同一根钢筋不得有两个接头。配置在接头长度区段内的受力钢筋，其接头的截面面积占总截面面积的百分率应符合表 10 −3的规定。

表 10 −3　接头长度区段内受力钢筋接头面积的最大百分率

接头形式	接头面积最大百分率（%）	
	受拉区	受压区
主钢筋绑扎接头	25	50
主钢筋焊接接头	50	不限制

3）钢筋骨架成型和安装

钢筋多以骨架的形式存在于混凝土结构中。骨架成型是将加工好的钢筋按照设计要求进行焊接或绑扎形成钢筋网或钢筋骨架。钢筋骨架中包括纵向主筋、弯起筋或斜筋、箍筋、架立筋、分布钢筋等。

骨架的拼装时应考虑焊接变形和预留拱度。为了减少在支架上的钢筋安装工作，宜预先在工厂或工地制成平面或立体骨架，焊接或绑扎牢固，并采取必要的临时加固，以防运输和吊装过程中发生变形。当不能预先成型时，钢筋的接头应尽可能预先完成。

用焊接方式拼装骨架时，施焊顺序宜由中间对称地向两端进行，并应先焊下部后焊上部。相邻的焊缝采用分区对称跳焊，不得顺方向一次焊成。

绑扎或安放钢筋骨架时，应在钢筋与模板间设置垫块，以保证保护层厚度符合设计或规范要求。垫块可采用砂浆垫块、混凝土垫块、钢筋头垫块或三角 UPVC 垫块等。垫块应与钢筋扎紧，并互相错开，不得贯通全部断面。绑扎的铁丝头不得指向模板。

浇筑混凝土前，应对已安装好的钢筋的规格、数量、尺寸间距和保护层厚度以及预埋件（钢板、锚固钢筋等）进行检查。

10.1.4　混凝土工程

该施工过程包括混凝土拌制、运输、浇筑、振捣密实、混凝土养护等工序。水泥、集料、水等原材料应通过质量检验合格后方可使用。

1）混凝土拌制

混凝土一般应采用机械搅拌，人工搅拌只用于少量混凝土工程的塑性混凝土或半干硬性混凝土，有条件的情况下可使用商品混凝土。混凝土搅拌应严格控制配合比，并掌握好搅拌时间，使石子表面包满砂浆，拌和料混合均匀、颜色一致。

2）混凝土运输

混凝土应以最少的转运次数、最短的距离迅速从搅拌地点运往浇筑位置。运输道路要平整，防止混凝土因颠簸振动而发生离析、泌水和灰浆流失现象。

混凝土的运输能力应适应混凝土浇筑速度和凝结速度的需要，使浇筑工作不间断并使混凝土运到浇筑地点时仍保持均匀性和规定的坍落度。从加水搅拌至入模的时间不宜超过表10-4的规定。

表10-4　混凝土拌和物运输时间限制

气温（℃）	无搅拌设施运输（min）	有搅拌设施运输（min）
20~30	30	60
10~19	45	75
5~9	60	90

采用泵送混凝土应符合下列规定：

（1）混凝土的供应必须保证混凝土输送泵能连续工作。

（2）输送管线宜直，转弯宜缓，接头应严密，如管道向下倾斜，应防止混入空气，产生阻塞。

（3）泵送前应先用适量的、与混凝土内成分相同的水泥浆润滑输送管内壁。混凝土出现离析现象时，应立即用压力水或其他方法冲洗管内残留的混凝土，泵送间歇时间不宜超过15 min。

(4)在泵送过程中,受料斗内应具有足够的混凝土,以防止吸入空气产生阻塞。

3)混凝土浇筑

模板、钢筋以及预埋件等经检查无误后,即可浇筑混凝土。

跨径不大的梁桥,可将梁肋与桥面板沿跨长用水平分层法浇筑[图10-5(a)],或者用斜层法从梁的两端对称地向跨中浇筑,在跨中合拢。

较大跨径的梁桥,可用水平分层法或用斜层法先浇筑纵横梁,然后沿桥的全宽浇筑桥面板混凝土,此时桥面板与纵横梁之间应设置工作缝,如图10-5(b)中的虚线所示。

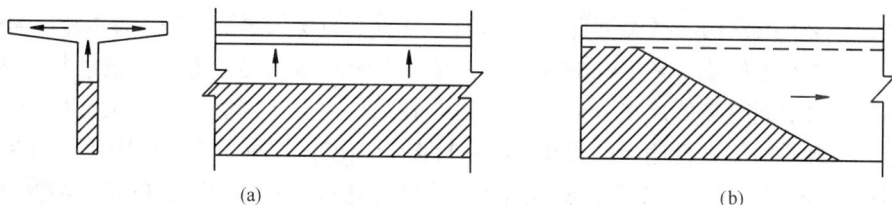

图 10-5　分层法浇筑混凝土

(a)水平分层浇筑;(b)斜层浇筑

分层浇筑时,必须在前一层混凝土开始凝结之前,将次一层混凝土浇筑完毕,当气温在30℃以上时,前后两层浇筑间隔时间不宜超过1 h,当气温在30℃以下时,不宜超过1.5 h,或由试验资料来确定容许的间隔时间。当无法满足上述间隔时间时,就必须预先确定施工缝预留的位置,一般选择在受剪力和弯矩较小且便于施工的部位,并应按下列要求进行处理:

(1)在浇筑接缝混凝土之前,先凿除老混凝土表层的水泥浆和较弱层,并将混凝土表面凿毛,用水洗干净;

(2)浇筑次层混凝土之前,对垂直施工缝宜刷一层净水泥浆,对于水平缝宜铺一层厚为10~20 mm 的1:2的水泥砂浆;

(3)斜面施工缝应凿成台阶状再进行浇筑;

(4)接缝处于重要部位或者结构物位于地震区时,浇筑之前应增设锚固钢筋,以防开裂。

4)混凝土振捣

混凝土振捣是借助拌和料受振时产生暂时流动的特性,使粗骨料靠重力向下沉落并互相滑动挤紧,骨料间的空隙被流动性大的水泥砂浆所充满,而空气则形成小气泡浮到混凝土表面被排出。这样会增加混凝土的密实度,从而大大地提高混凝土的强度和耐久性,并使之达到内实外光的要求。

混凝土的振捣可分人工振捣和机械振捣两种。人工用铁钎振捣适用于坍落度大、混凝土数量少或钢筋过密部位的场合。大规模的混凝土浇筑,必须使用机械振捣。

混凝土振捣设备有插入式振捣器、附着式振捣器、平板式振捣和振动台等。

平板式振捣器用于大面积混凝土施工,如桥面、基础等;附着式振捣器是挂在模板外部振捣,借振动模板来振捣混凝土,对模板要求较高,但振动的效果不是太好,常用于薄壁混凝土构件,如梁肋部分等;插入式振捣器,常用的是软管式的,只要构件断面有足够的地位插入振捣器,而钢筋又不太密时采用,其振捣效果较好。

选用振捣器时,对于石料粒径较大的混凝土,选用频率较低、振幅较大的振捣器效率较好，反之则宜选用频率高、振幅小的，因为振幅太大容易使较小集料作无规则的翻动，造成混凝土的离析。

严禁利用钢筋振动进行振捣，振捣的时间要很好掌握，不宜过短或过长，一般以混凝土不再下沉、无显著汽泡上升、混凝土表面出现薄层水泥浆并达到平整为适度。采用附着式振捣器时因振捣效率较差，一般约需 2 min；采用插入式振捣器时，一般只要 15～30s；采用平板式振捣器时，在每个位置上的振捣时间为 25～40s。

5）混凝土养护

混凝土中水泥的水化反应过程，就是混凝土凝固、硬化和强度发育的过程，它与周围环境的温度、湿度关系密切。当温度低于 15℃ 时，混凝土的硬化速度减慢，而当温度降至 −2℃ 以下时，硬化基本上停止。在干燥的气候下，混凝土中的水分迅速蒸发，使混凝土表面剧烈收缩而导致裂缝，同时当游离水分全部蒸发后，水泥水化反应停止，混凝土即停止硬化。因此，混凝土浇筑后即需进行适当的养护，以保持混凝土硬化发育所需要的温度和湿度。

目前在现浇桥梁施工中采用最多的是在自然气温条件下（5℃ 以上）的自然养护方法。此法是在混凝土表面收浆后，在构件上覆盖草袋、麻袋、稻草或沙子，经常洒水，以保持构件处于湿润状态。

自然养护的时间与水泥品种以及是否掺用塑化剂有关。一般情况下，用普通硅酸盐水泥的混凝土为 7 昼夜以上，用矿渣水泥、火山灰质水泥或掺用塑化剂的为 14 昼夜以上。每天浇水的次数，以能使混凝土保持充分潮湿为度。

覆盖时不得损伤或污染混凝土表面。养护期间应防止雨淋、日晒、受冻及受荷载的振动、冲击。

10.1.5　模板拆除及支架卸落

非承重侧模板在混凝土强度能保证其表面及棱角不致因拆模而受损坏时方可拆除，一般应在混凝土抗压强度达到 2.5 MPa 时方可拆除侧模板。承重模板、支架，应在混凝土强度能承受其自重力及其他可能的叠加荷载时，方可拆除，当构件跨度不大于 4 m 时，在混凝土强度达到设计强度标准值的 50% 后方可拆除；当构件跨度大于 4 m 时，在混凝土强度达到设计强度标准值的 75% 后方可拆除。

支架的卸落应从梁体挠度最大处的支架节点开始，逐步卸落相邻两侧的节点，并要求对称、均匀、有序地进行。各节点应分多次进行卸落，以使梁的沉落曲线逐步加大搁梁的挠度曲线。简支梁和连续梁桥可从跨中向两端进行。

10.2　预制混凝土简支梁桥的施工

预制装配法是目前中小跨径桥梁常用的施工方法，它是在桥梁工地附近的预制场或专门的构件预制厂内生产梁体构件，待桥梁墩台施工完成后，将预制梁运到桥位处起吊安装并联结成整体上部结构的施工方法。这种方法有以下特点：

（1）桥梁上、下部结构可以平行施工，加快施工进度，缩短工期；

（2）预制构件便于工厂化批量生产，质量容易控制，成本相对较低；

（3）需要专门的预制场地和大型的起重、运输设备；

（4）构件之间存在拼装接缝，结构整体性相对较差。

10.2.1　预制钢筋混凝土简支梁的制作工艺

　　预制的钢筋混凝土简支梁多为中小跨径的空心板和 T 形梁等形式，目前多采用标准跨径的定型设计。

　　预制梁的模板常采用钢模板和钢木组合模板（图 10 -6）以及充气橡胶芯模。木模板常用于没有定型设计的构件或小跨径预制梁，有时为了节约钢材和木材，也可因地制宜利用土模或砖模来制梁。

　　一般情况下，预制梁的模板有底模、侧模、端模，空心板和箱形梁还需有内模。底模支承在预制场地的台座上，常用 12～16 mm 厚钢板制成。预制过程中，底模不必拆除，只需在下次周转使用前进行整平和校正。底模在构造上应设置与侧模、端模以及底模接长的联结构件，

图 10 – 6　钢木组合模板

1—角钢框架；2—木模板；
3—铁皮镶面；4—紧固螺栓；5—振动木

此外底模与台座之间应设置减震胶垫。侧模沿梁长置于梁体两侧，由侧板、水平加劲肋、竖向加劲肋、斜撑等构件组成，模板常选用 4～8 mm 钢板。侧模可采用整体式模板或大模板拼装，考虑起吊重量和简化构造，单元长度取 4～5 m，可在横隔梁处分隔。侧模板在构造上应考虑安置侧模振捣器，同时加强联结构造并设置拆卸模板的装置。端模设置在梁的两端，与底模、侧模联结，用于形成两端形状，常用 4～8 mm 钢板加工而成。

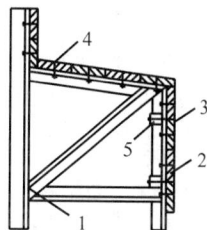

　　空心板预制应考虑内模的立模和拆装方便、不易损坏，可重复利用。内模亦可采用木模或钢模，但其构造较为复杂。目前多使用充气橡胶芯模，具有施工方便、容易拆除的优点，其缺点是芯模容易上浮和偏位，甚至漏气。橡胶芯模所充气压的大小与芯模直径、新浇混凝土压力、气温等因素有关。浇筑混凝土时，为防止芯模上浮和偏位，应用定位箍筋、压块等加以固定，浇筑过程中经常观察芯模是否漏气，发现问题及时采取补救措施。芯模放气时间与气温有关，应根据施工经验或通过试验确定。

　　此外，内模还可以采用不抽拔的芯模，如混凝土管、纸管、钢丝网管等。

　　预制钢筋混凝土梁的钢筋工程、混凝土工程以及模板拆除等施工过程与上节所述的现浇法施工基本相同，不再赘述。

10.2.2　先张法预应力混凝土简支梁的制作工艺

　　先张法制梁工艺是在浇筑混凝土之前先进行预应力筋的张拉，并将其临时锚固在张拉台座上，然后立模浇筑混凝土，待混凝土达到规定强度（不得低于设计强度的 70%）时，逐渐将预应力筋放松，利用预应力筋的弹性回缩及其与混凝土之间的粘结作用，使构件获得预应力。一般用于直线布筋的中小型构件。

　　先张法生产可采用台座法或流水机组法。采用流水机组法时，构件在移动式的钢模中生产，按流水方式通过张拉、浇筑、养护等各个固定机组完成每道工序。流水机组法可加快生产速度，但需要大量钢模和较高的机械化程度，且需配合蒸汽养护，适用于工厂内预制定型构件。采用台座法时，构件施工的各道工序全部在固定台座上进行，因其不需复杂机械设备，施工适用性强，故应用较广。这里仅对台座法进行介绍。

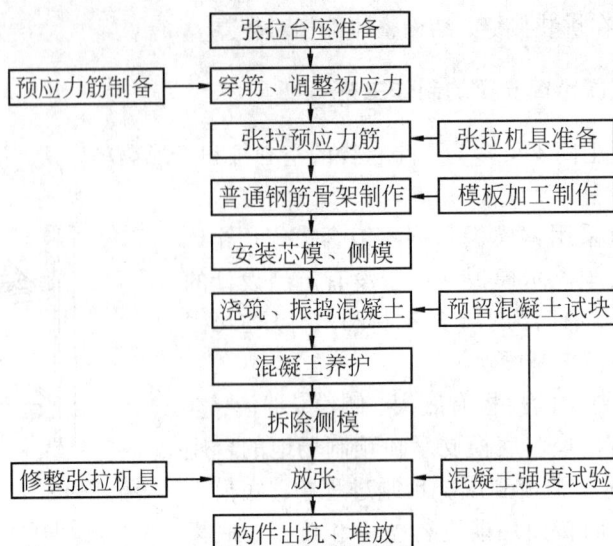

图 10 - 7　先张法工艺流程

1)台座

台座是先张法生产中的主要设备之一,要求有足够的强度和稳定性。按构造形式不同,台座可分为墩式和槽式两类。

(1)墩式台座

亦称重力式台座,是靠自重和土压力来平衡张拉力所产生的倾覆力矩,并靠土壤的反力和摩擦力抵抗水平位移。台座由台面、承力架、横梁和定位钢板等组成(图 10 - 8)。

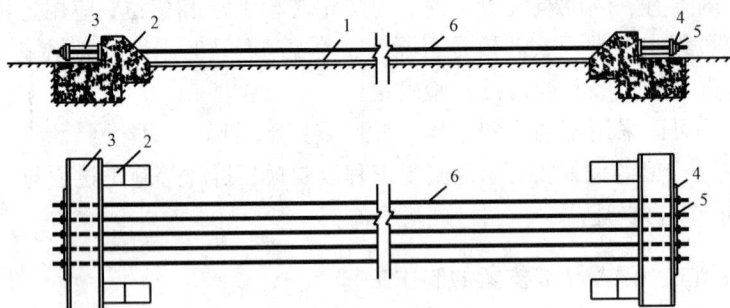

图 10 - 8　墩式台座构造示意图

1—台面;2—承力架;3—横梁;4—定位板;5—夹具;6—预应力筋

台面有整体式混凝土台面和装配式两种,它是制梁的底模。承力架要承受全部的张拉力,须保证足够的强度、刚度,操作安全、方便。横梁将预应力筋张拉力传给承力架,常用型钢制成。定位钢板用来固定预应力筋的位置,其厚度必须保证承受张拉力后具有足够的刚度。定位板的圆孔位置按梁体预应力筋的设计位置确定,孔径比预应力筋大 2 ~ 5 mm,以便穿筋。

(2)槽式台座

当现场地质条件较差,台座长度不大时,可采用槽式台座(图 10 - 9)。槽式台座由台面、

传力柱、横梁、横系梁等组成。传力柱和横系梁一般采用钢筋混凝土结构，其他部分与墩式
台座相同。

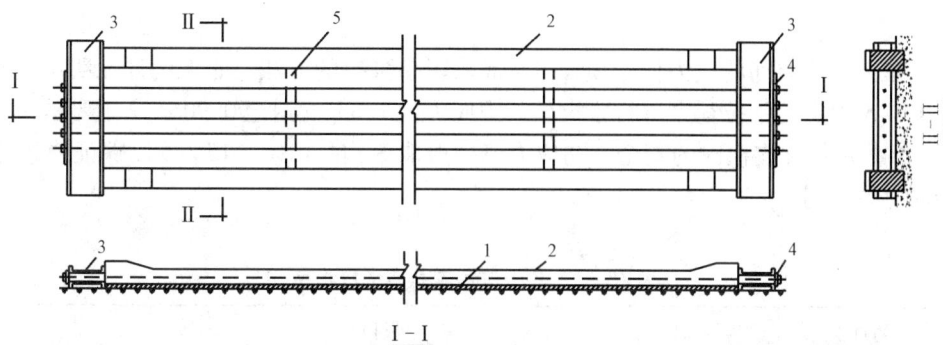

图 10 – 9　槽式台座构造示意图
1—台面；2—传力柱；3—横梁；4—定位板；5—横系梁

2）预应力筋的张拉

先张法预应力筋可采用钢绞线、高强钢丝、精轧螺纹钢筋等。预应力筋的下料长度应根
据预应力筋种类的不同通过计算确定，计算时应考虑台座长度、夹具厚度、千斤顶长度、焊
接接头或镦头预留量、冷拉伸长值、弹性回缩值、张拉伸长值和外露长度等因素。

（1）张拉前的准备工作

先在端横梁上安装预应力筋的定位钢板，检查其孔位和孔径是否符合设计要求，同时要
保证最下层和最外侧预应力筋的混凝土保护层厚度。

检查无误后在台座上安装预应力筋，将其穿过端横梁和定位板后用夹具固定，穿筋时应
注意不要碰掉台面上的隔离剂和沾污预应力筋。

采用长线法同时预制多片梁时，梁与梁间的预应力筋可用连接器临时串联。

预应力筋的控制张拉力是张拉前需要确定的一个重要数据。它由预应力筋的张拉控制应
力 S_{con} 与截面积 A_P 的乘积来确定，规范规定，最大控制应力对钢丝、钢绞线不应超过 $0.75f_{pk}$，
对冷拉粗钢筋不应超过 $0.90 f_{pk}$。f_{pk} 为预应力筋的标准强度。因此，预应力筋的最大控制张
拉力为：

$$N_{con} = S_{con} \cdot A_P \tag{10 – 5}$$

为便于张拉时操作控制，还要将张拉力换算成液压张拉千斤顶上油压表的读数。油压表
上的读数表示千斤顶油缸内单位面积的油压。千斤顶的张拉力 N，在理论上可将油压表读数
C 乘以千斤顶油缸内活塞面积 A，即 $N = C \cdot A$，但由于油缸与活塞之间存在摩阻损失，实有
的张拉力要小于理论值。另外，油压表本身也有示值误差。因此，要事先用标准压力计（如
压力环或传感器等）和标准油压表对所用千斤顶进行标定，得到千斤顶的校正系数 K_1 和油压
表的校正系数 K_2，则需要达到张拉力值为 N_{con} 时，换算的油压表读数应为：

$$C' = K_1 K_2 N_{con}/A \tag{10 – 6}$$

式中，K_1 为所用千斤顶理论计算吨位与标准压力计实测吨位之比，它随拉力值的不同而变
化，一般为 $1.02 \sim 1.05$，如大于 1.05，则应检修活塞与垫圈；K_2 为所用油压表读数与标准油

压表读数之比,它不应有 ±0.5% 以上的偏差,过大时宜换新油压表。

对于张拉设备的各个部件在张拉前均应仔细检查,只有在一切无误的情况下才能开始张拉。

(2)张拉工艺

为了减少预应力筋的应力松弛损失,通常采用超张拉的方法,如果设计无明确要求,可按照表 10-5 规定的张拉程序进行张拉。其中应力由 $1.05S_{con}$ 退至 $0.90S_{con}$,主要是为了设置预埋件、绑扎钢筋和支模时的安全。初应力值一般取 S_{con} 的 10% ~ 15%,以保证成组张拉时每根钢筋应力均匀。

表 10-5　先张法预应力筋张拉程序

预应力筋种类	张拉程序
钢　筋	0→初应力→$1.05S_{con}$(持荷 2 min)→$0.9S_{con}$→S_{con}(锚固)
钢丝、钢绞线	0→初应力→$1.05S_{con}$(持荷 2 min)→0→S_{con}(锚固)
	对于夹片式等具有自锚性能的锚具: 普通松弛力筋 0→初应力→$1.03S_{con}$(锚固) 低松弛力筋 0→初应力→S_{con}(持荷 2 min,锚固)

为了避免台座承受过大的偏心力,应先张拉靠近台座截面重心处的预应力筋。

图 10-10 示出多根预应力筋成批张拉的平面布置。为了使每根力筋受力均匀,必须使它们的初始长度保持一致。为此,可在钢筋的一端选用螺纹锚具,另一端选用镦头夹具与张拉千斤顶连接。这样就可以利用螺丝端杆上的螺帽来调整各根钢筋的初始长度。对于直径较小的钢筋,在保证精确下料长度的情况下,两端都可采用镦头夹具。

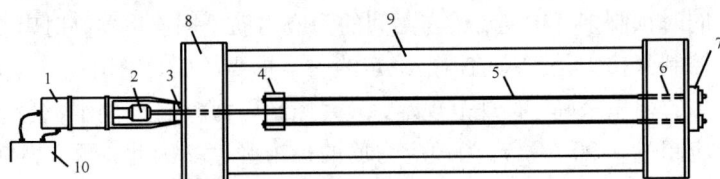

图 10-10　多根预应力筋成批张拉图式

1—拉杆式千斤顶;2—连接器;3—固定螺帽;4—镦头夹具;5—预应力筋;
6—螺丝杆端锚具;7—定位板;8—横梁;9—传力柱;10—高压油泵

张拉时,台座两端不得站人,操作人员要站在台座侧面的油泵外侧进行工作,以保安全。达到张拉力后,要静停 2 ~ 3 min,待稳定后再锚固。

3)预应力筋的放松

预应力筋张拉并安放普通钢筋骨架、支立侧模后,即可进行混凝土浇筑工作。预应力混凝土梁的混凝土工程,除了因强度等级较高而在拌制、浇筑、振捣和养护等方面更应严格要求外,基本操作与钢筋混凝土结构相仿。此外,在台座内每条生产线上的构件,其混凝土必须一次连续浇筑完成,振捣时,应避免碰击预应力筋。

混凝土经养护达到设计规定的强度，设计未明确规定时，应达到设计强度等级值的 75%以上，方可放松预应力筋(称为"放张")。放松过早会造成较多的预应力损失(主要是收缩、徐变损失)，或因混凝土与钢筋的粘结力不足而造成预应力筋弹性收缩滑动和在构件端部出现水平裂缝的质量事故；放松过迟，则影响台座和模板的周转。放松操作时应缓慢、均匀。只有待放张结束后，才能切割每个构件端部的预应力筋。

放张的方法有多种，这里仅介绍两种常用的方法。

(1)千斤顶放松：首先要在台座上重新安装千斤顶，先将力筋稍张拉至能够逐步扭松端部固定螺帽的程度，然后逐渐放松千斤顶，让钢筋慢慢回缩完毕为止。

(2)砂筒放松：在张拉预应力之前，在承力架和横梁之间放置灌满干燥细砂的砂筒，张拉时筒内砂子被压实。当需要放张时，将出砂口打开，砂子慢慢流出，活塞徐徐顶入，直至张拉力全部放松。放张用的砂筒与图 10 - 3(c)所示类似。这种方法易于控制放松速度，故应用较广。

10.2.3　后张法预应力混凝土简支梁的制作工艺

后张法制梁工艺是先制作留有预应力筋孔道的梁体，待其混凝土达到规定强度后，再在孔道内穿入预应力筋，并进行张拉和锚固，最后进行孔道压浆并浇筑梁端封头混凝土。后张法工艺较复杂，除与钢筋混凝土梁相同的工序外，还要增加预留孔道、预应力筋下料、穿筋、张拉锚固、压浆、封锚等工序，而且需要专用锚具和埋设件，增加了制作成本。但后张法不需要强大的张拉台座，便于在现场施工，适用于配置曲线形预应力筋的大型和重型构件，因此目前在桥梁工程中得到广泛应用。

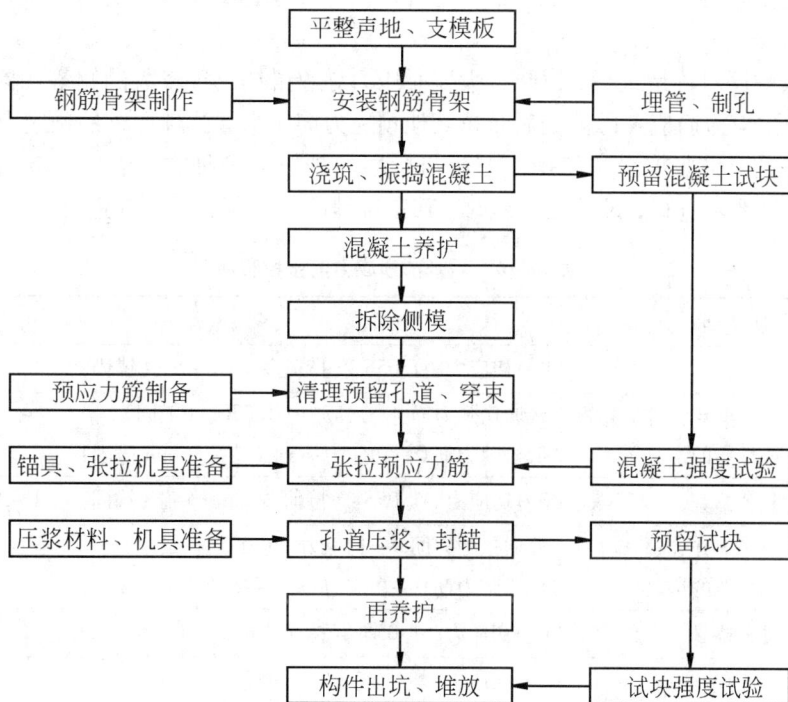

图 10 - 11　后张法工艺流程

1）预应力孔道的成型

预应力孔道是通过在浇筑混凝土前，按梁内预应力筋的设计位置安放制孔器形成的。制孔器可分为埋置式和抽拔式两大类。

埋置式制孔器可采用铁皮管、铝合金波纹管等，浇筑混凝土前预埋在预应力筋的设计位置，梁体制成后留在梁内，形成孔道壁，使用方便，但加工成本高，不能重复使用。铁皮管用薄铁皮制作，安装时分段连接，由于加工困难，接缝和接头处易漏浆，影响以后穿束和张拉，目前已较少采用。铝合金波纹管用制管机卷制而成，横向刚度大，不易变形和漏浆，纵向也便于弯成各种线形，与混凝土的粘结较好，目前应用较广。近年来，塑料波纹管也逐渐得到了较多的应用。

抽拔式制孔器常用的有橡胶抽拔管、金属伸缩抽拔管和钢管等。在浇筑混凝土前，安放在预应力筋的设计位置上，待混凝土浇筑完成并终凝后将其拔出，即在梁体内形成孔道。这种方法的最大优点是能够周转重复使用，经济省料，以前使用较广，目前由于波纹管的普及，已较少采用。

2）预应力筋的穿束

预应力筋可在浇筑混凝土之前或之后穿入管道，称为“穿束”。对钢绞线，可将一根钢束中的全部钢绞线编束后整体装入管道中，也可逐根将钢绞线穿入管道。穿束前，可用空压机吹风等方法清理孔道内的污物和积水，以确保孔道畅通。一般可采用人工穿束，也可借助卷扬机牵引进行。

3）预应力筋的张拉

预应力筋张拉时，构件的混凝土强度应符合设计要求，设计未规定时，不应低于设计强度等级值的75%。

张拉应按顺序对称地进行，以防过大偏心压力导致梁体出现较大的侧弯现象。分批张拉时，先张拉的预应力筋应考虑因嗣后张拉其他预应力筋所引起弹性压缩的预应力损失。

预应力筋的具体张拉程序和操作方法与所用的预应力筋种类、锚具类型和张拉机具有关，应按照设计要求进行，设计无规定时，其张拉程序可参照表10-6进行。

表 10-6　后张法预应力筋张拉程序

预 应 力 筋		张 拉 程 序
钢筋、钢筋束		$0 \rightarrow$初应力$\rightarrow 1.05S_{con}$（持荷2 min）$\rightarrow S_{con}$（锚固）
钢绞线束	对于夹片式等具有自锚性能的锚具	普通松弛力筋 $0 \rightarrow$初应力$\rightarrow 1.03S_{con}$（锚固） 低松弛力筋 $0 \rightarrow$初应力$\rightarrow S_{con}$（持荷2 min锚固）
	其他锚具	$0 \rightarrow$初应力$\rightarrow 1.05S_{con}$（持荷2 min）$\rightarrow S_{con}$（锚固）
钢丝束	对于夹片式等具有自锚性能的锚具	普通松弛力筋 $0 \rightarrow$初应力$\rightarrow 1.03S_{con}$（锚固） 低松弛力筋 $0 \rightarrow$初应力$\rightarrow S_{con}$（持荷2 min锚固）
	其他锚具	$0 \rightarrow$初应力$\rightarrow 1.05S_{con}$（持荷2 min）$\rightarrow 0 \rightarrow S_{con}$（锚固）
精轧螺纹钢筋	直线配筋时	$0 \rightarrow$初应力$\rightarrow S_{con}$（持荷2 min锚固）
	曲线配筋时	$0 \rightarrow S_{con}$（持荷2 min）$\rightarrow 0$（上述程序可反复几次）$\rightarrow$初应力$\rightarrow S_{con}$（持荷2 min锚固）

在张拉工序中需特别注意安全,尤其在张拉或退楔时千斤顶后方不得站人,以防预应力筋拉断或锚具、楔块弹出伤人。高压油泵在有压情况下,不得随意拧动油泵或千斤顶各部位的螺丝。油管接头处应加防护套,以防喷油伤人。已张拉完而尚未压浆的梁,严禁剧烈震动,以防预应力筋裂断而酿成重大事故。

4)孔道压浆与封锚

孔道压浆是为了保护预应力筋不致锈蚀,并使力筋与混凝土粘结成整体,从而减轻锚具的受力,提高梁的承载能力、抗裂性能和耐久性。孔道压浆用专门的压浆泵进行,压浆时要求密实、饱满,并应在张拉后尽早完成。

(1)准备工作:压浆前切断锚外钢丝时,应采取降温措施,以免锚具和预应力筋因过热而产生滑丝。用环氧砂浆或棉花和水泥浆填塞锚塞周围的钢丝间隙。用压力水冲洗孔道,排除孔内粉渣杂物,确保孔道畅通,并吹去孔内积水。

(2)水泥浆的制备

宜采用硅酸盐水泥或普通水泥。水泥的强度等级不宜低于 42.5。水泥不得含有任何团块。火山灰质水泥与矿渣水泥由于凝固慢、泌水率高,均不宜使用。水泥浆强度应符合设计规定,设计无具体规定时,应不低于 30 MPa。

水泥浆的水灰比应为 0.4 ~ 0.45。为了防止腐蚀预应力筋,掺加外加剂时需验明其中不含氯盐,不得掺用加气剂,可掺入适量的塑化剂以增强水泥浆的流动性,也可掺加铝粉(膨胀剂),但其自由膨胀率应小于 10%。当孔道直径较大而预应力筋的直径较小时,可掺适量细砂以减少水泥用量、减小水泥浆体积收缩并提高强度。

水泥浆自拌制至压入孔道的延续时间,视气温情况而定,一般在 30 ~ 45 min 范围内。水泥浆在使用前和压注过程中应连续搅拌。对于因延迟使用而导致流动度降低的水泥浆,不得通过加水来增加其流动度。

(3)压浆程序和操作方法

压浆工艺有"一次压注法"和"二次压注法"两种,前者用于长度不大的直线形孔道,后者用于较长的孔道或曲线形孔道。

压浆压力以 0.5 ~ 0.7 MPa 为宜,如压力过大,易胀裂孔壁。压浆顺序应先下孔道后上孔道,以免上孔道漏浆把下孔道堵塞。直线孔道压浆时,应从构件的一端压到另一端,曲线孔道压浆时,应从孔道最低处开始向两端进行。

二次压浆时,第一次从甲端压入直至乙端流出浓浆时将乙端的阀门关闭,待灰浆压力达到要求且各部再无漏水现象时再将甲端的阀门关闭。待第一次压浆后 30 min,打开甲、乙端的阀门,自乙端再进行第二次压浆,重复上述步骤,待第二次压浆完成经 30 min 后,卸除压浆管,压浆工作便告完成。

(4)封锚

为了避免锚头锈蚀,并防止其在运营过程中松动,应将锚固端用混凝土封固。

孔道压浆后应立即将梁端水泥浆冲洗干净,并将端面混凝土凿毛。在绑扎端部钢筋网和安装封端模板时,要妥善固定,以免在浇筑混凝土时因模板变位而影响梁长。封端混凝土的强度应不低于梁体的强度。混凝土浇筑完成后,应进行养护。

10.2.4　装配式简支梁的运输与安装

为了将构件预制厂或桥梁施工现场预制的梁板构件安放到桥孔设计位置，还需要完成两个重要的施工过程，即构件的水平运输和垂直安装。

1）预制构件的运输

从工地预制场至桥头的运输，称场内运输，通常需铺设钢轨便道，由预制场的龙门吊车或木扒杆将梁装上平车后用绞车牵引运抵桥头。对于小跨径梁或规模不大的工程，也可设置木板便道，利用钢管或硬圆木作滚子，使梁靠两端支承在几根滚子上用绞车拖曳，边前进边换滚子运至桥头。为使构件平稳前进以确保安全，通常在用牵引绞车徐徐向前拖拉的同时，后面的制动索应跟着慢慢放松，以控制前进的速度。

从构件预制厂至施工现场的运输称场外运输，当预制工厂距桥梁工地较远时，通常可用大型平板拖车、火车或驳船将梁运至工地存放，或直接运至桥头或桥孔下进行架设。

当采用水上浮吊架梁而需要使预制梁上船时，运梁便道应延伸至河边，并修筑临时栈桥（码头）。

运输过程中，构件的放置要符合受力方向，一般应竖立放置，为了防止构件发生倾侧、滑动或跳动等现象，需要在构件两侧采用斜撑和木楔等临时固定。

构件运运之前，首先要将其从预制底模上移出来，称为"出坑"或"出槽"，然后在预制场地内合适的位置堆放待运。出坑的方法视构件重量、外形尺寸和设备条件而定，通常可采用龙门吊、汽车吊、扒杆等起吊设备，或横向滚移出坑。梁在起吊和堆放时，应按设计规定的位置布置吊点或支承点。

2）预制构件的安装

预制梁的安装是装配式桥梁施工中的关键工序。应结合施工现场条件、工程规模、桥梁跨径、工期条件、设备能力等具体情况，以安全、可靠、经济、适用、快速为原则，合理选择架梁的方法。

简支式梁、板构件的安装，一般包括起吊、纵移、横移、落梁就位等工序。从架梁的工艺类别来分，有陆地架设、浮吊架设和高空架设等，每一类架设工艺中，按起重、吊装等机具的不同，又可分成各种独具特色的架设方法。随着土木建筑领域工业化和机械化程度的不断提高，新的架桥工艺、设备不断涌现，推动桥梁施工技术的不断进步。

必须强调指出，桥梁构件安装属于高空作业，需要使用较复杂的机具设备，施工过程中必须确保施工人员的安全和杜绝工程事故，这是工程技术和管理人员的重要职责。因此，在施工前应研究制订周到而妥善的安装方案，详细分析和计算承力设备的受力情况，采取周密的安全措施。在施工中加强安全教育，严格执行操作规程和加强施工管理工作。

这里简要介绍几种常用架梁方法的工艺特点。

（1）自行式吊车架梁

对于中小跨径桥梁，可采用自行式吊车（汽车吊或履带式吊车）安装构件。如果是岸上的引桥或者桥墩不高时，可以视吊装质量的不同，用一台或两台（抬吊）吊车直接在桥下进行吊装［图 10 - 12(a)］；如果桥下是河道或桥墩较高时则将吊车直接开到桥上，利用吊机的伸臂边架梁、边前进［图 11 - 12(b)］，此时，对于已经架设好的主梁，当横向尚未联成整体时，必须验算主梁是否能够承受吊车、吊装构件、机具以及施工人员的重力。前者属于陆地架设法,后者属于高空架设法。

自行式吊车架梁的特点是机动性好,不需要其他动力设备,不需要准备作业,架梁速度快,因此应用较为广泛。

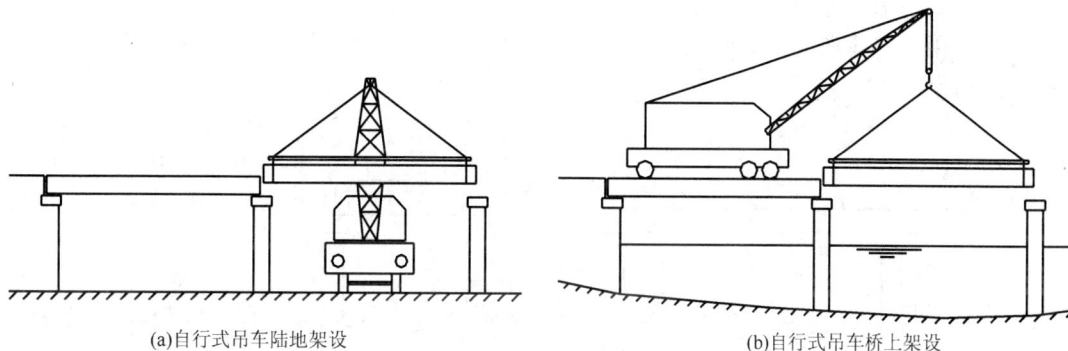

(a)自行式吊车陆地架设　　　　　　　　(b)自行式吊车桥上架设

图 10 – 12　自行式吊车架梁示意图

(2)跨墩龙门吊架梁

对于桥梁高度不大,孔数较多,沿桥墩两侧铺设轨道不困难的情况,可以采用跨墩龙门吊车来架梁(图 10 – 13)。除了吊车行走轨道外,在其内侧尚应铺设运梁轨道,或者设便道用拖车运梁。梁运到后,用龙门吊起吊、横移,并安装在预定位置。一孔架设完成后,吊车前移,再架设下一孔。

河滩上如有浅水,可在水中填筑临时路堤,水较深时可修建临时便桥,在临时路堤或便桥上铺设轨道,供龙门吊行走。此时应与其他方法进行技术经济比较。

本法属于陆地架设法,其优点是架设安装速度较快,不需要特别复杂的技术工艺,作业人员较少,河滩无水时也较经济。但龙门吊机的设备费用较高,尤其是桥墩较高的情况。

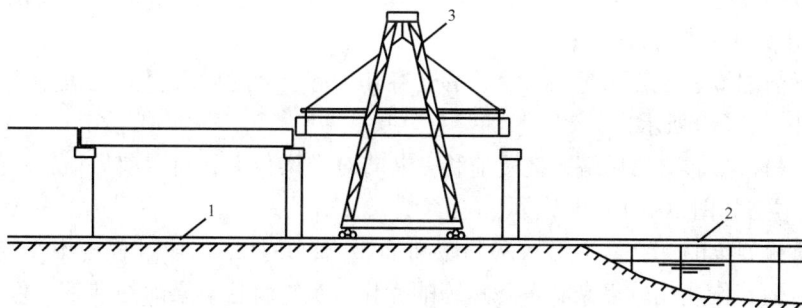

图 10 – 13　跨墩龙门吊架梁示意图

1—轨道;2—便桥;3—龙门吊

(3)浮运架梁

浮运架梁法是将预制构件移装到浮船上,浮运到架设桥孔后用吊装设备将梁安装就位。运用浮运架梁法的条件:需有适当的水深,一般宜大于 2 m;水位平稳或涨落有规律;流速及风力不大;河岸能修建适宜的构件装卸码头;具有坚固适用的船只和起吊设备。

浮运架梁可采用以下几种方法：

①预制梁装船浮运至架设孔，用船载吊机吊装就位；

②若装载预制梁的船本身无起吊设备，可用另外的浮吊吊装就位(图10－14)；

③用装设在墩顶的起吊设备吊装就位。

本法适用于修建海上和深水大河桥梁，施工比较安全，工效较高，可用一套浮运设备架设安装多跨桥梁。

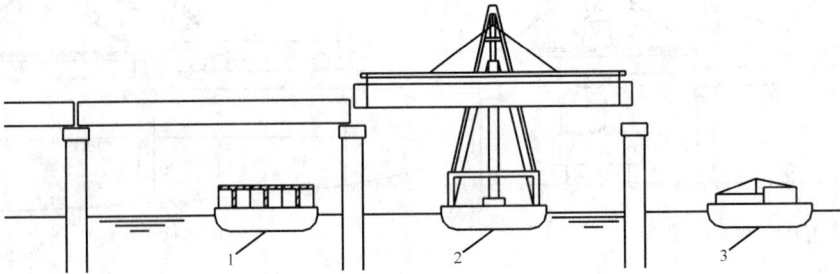

图 10－14　浮吊架梁示意图
1—装梁船；2—浮吊；3—牵引船

(4)架桥机架梁

随着建筑机械化程度的提高，架桥机的应用越来越广泛，成为高空架梁法中的主要方式。目前有多种型式和规格的架桥机可供选用，可采用各种制式架桥机，对于中小跨径桥梁，也可在工地现场用万能杆件或贝雷桁架拼装架桥机。按照型式的不同，架桥机可分为单导梁式、双导梁式、斜拉式和悬吊式等类型。

图10－15所示的宽穿巷式架桥机为双导梁式，其施工流程如下：

①一孔架设完成后，前后横梁移至尾部作平衡重，架桥机整体前移，如图10－15(a)所示；

②架桥机整体向前移动了一孔位置，将前支腿支承在墩顶上；待架梁装载在运梁平车上向前移动，如图10－15(b)所示；

③待架梁前端接近吊装孔时，前横梁吊机将其吊起，梁的后端仍放在运梁平车上，继续前移，如图10－15(c)所示；

④后横梁吊机吊起梁的后端，缓慢前移，纵向对准梁位后，固定前后横梁，吊机沿横梁横移，落梁就位，如图10－15(d)所示。

采用架桥机架梁的优点是不受水深和墩高的影响，并且在作业过程中不影响桥下泄洪、通航或通车。但其作业比较复杂，需要熟练的操作人员，而且架梁前的准备工作和架梁后的拆除工作比较费时，因此，用于孔数较多的桥梁比较经济。

10.3　连续梁桥的施工

连续梁桥的构造和受力特点与简支梁桥有很大的区别，由于其主梁的长度和重量大，除采用整体支架现浇的方法外，一般很难能像简支梁那样将整根梁一次浇筑或架设完成。连续梁桥目前常用的施工方法主要有：逐孔施工法、悬臂施工法和顶推施工法等，这几种方法也

(a)

(b)

(c)

(d)

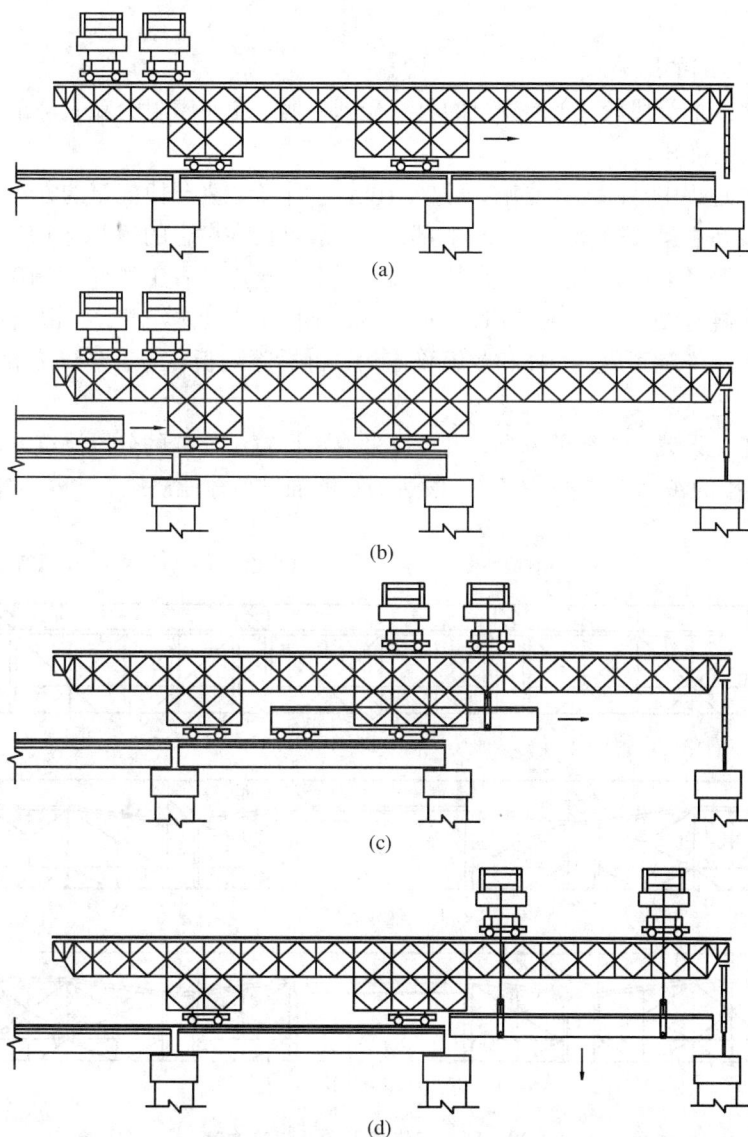

图 10 – 15　宽穿巷式架桥机的构造及施工流程示意图

可统称为"节段施工法"。本节主要介绍逐孔施工法，且简要介绍悬臂施工法和顶推施工法。

10.3.1　逐孔施工法

1）支架施工

在支架上浇筑连续梁时，其支架、模板、钢筋工程、混凝土工程等各主要施工过程与本章第 1 节关于简支梁桥的现浇施工法基本相同。所不同的是连续梁在中墩支点处结构连续，为超静定结构，所以必须重视以下因素的影响：

（1）不均匀沉降的影响

墩、台的刚度比临时支架的刚度大得多，支架及其基础的不均匀沉降往往导致主梁在支点截面处开裂。

（2）混凝土收缩的影响。

由于每次浇筑的梁段较长，混凝土的收缩受到桥墩、支座摩阻力和先浇部分混凝土的约束，也容易引起主梁开裂。

为了在施工过程中消除上述影响，可采用设置工作缝或者分段浇筑的方法。

工作缝应设在主梁弯矩和剪力较小的部位，一般可设在墩台的顶部[图10-16(a)]。若支架采用了较大跨径的梁式构件，则在其两端支点上方也应设置工作缝[图10-16(b)]。

梁段间工作缝宽度一般为0.8~1.0 m，两端用木板与梁体隔开，并留出钢筋通过的孔洞。待梁体混凝土浇筑完成，沉降和收缩稳定后，再拆除隔板，凿毛并清洗端面，然后浇筑接缝混凝土。

有时为了避免设置工作缝的麻烦，也可以采取不设宽工作缝的分段浇筑方法，如图10-16(c)所示。其中的4、5段需待1、2、3段达到足够强度后才能浇筑。

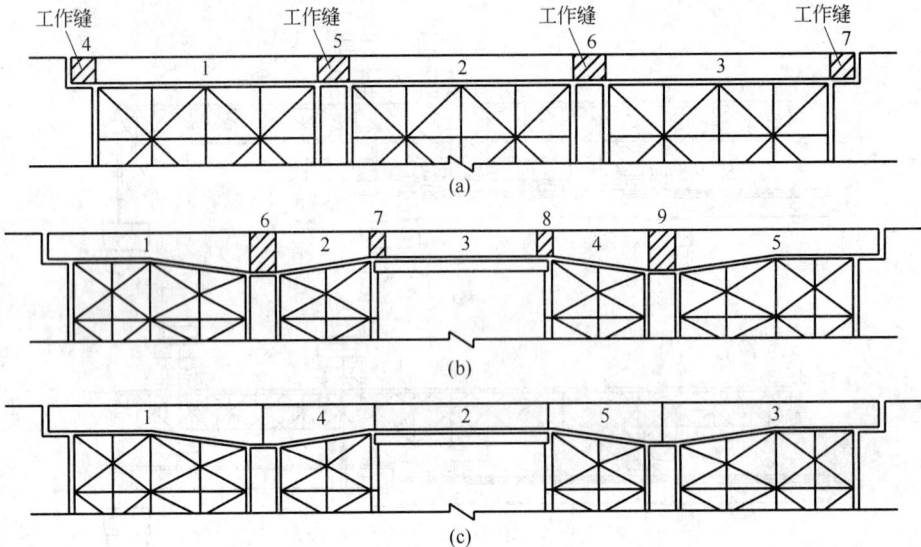

图10-16　工作缝设置及浇筑次序

每个分段应根据实际情况采用水平分层或斜层法浇筑混凝土。当桥面较宽、混凝土数量较大时，可将梁分成若干纵向单元分别浇筑。

2）移动模架施工

移动模架施工法是利用机械化支架和装配式模板逐跨移动，现浇混凝土施工。它像一座设在桥孔上的活动预制场，随着模架的不断移动实现连续浇筑施工。常用的移动模架可分为支承式模架和悬吊式模架两大类。

图10-17示出了支承式移动模架的构造简图。它由承重梁、导梁、台车、桥墩托架和模架等构件组成。在桥墩两侧各设置一根承重梁，用来支承模架和承受施工重力。承重梁的长度要大于桥梁跨径，浇筑混凝土时承重梁支承在桥墩托架上。导梁主要用于运送承重梁和模架，因此，其长度应大于两倍桥梁跨径。前端台车在导梁上行走，后端台车在已建成的梁上

行走。其施工流程为：

(1)浇筑混凝土，混凝土达到规定强度后施加预应力；

(2)脱模卸架，由台车将承重梁和模架运送至下一桥孔；

(3)承重梁就位后，再将导梁向前移动，准备下一循环的浇筑工作。

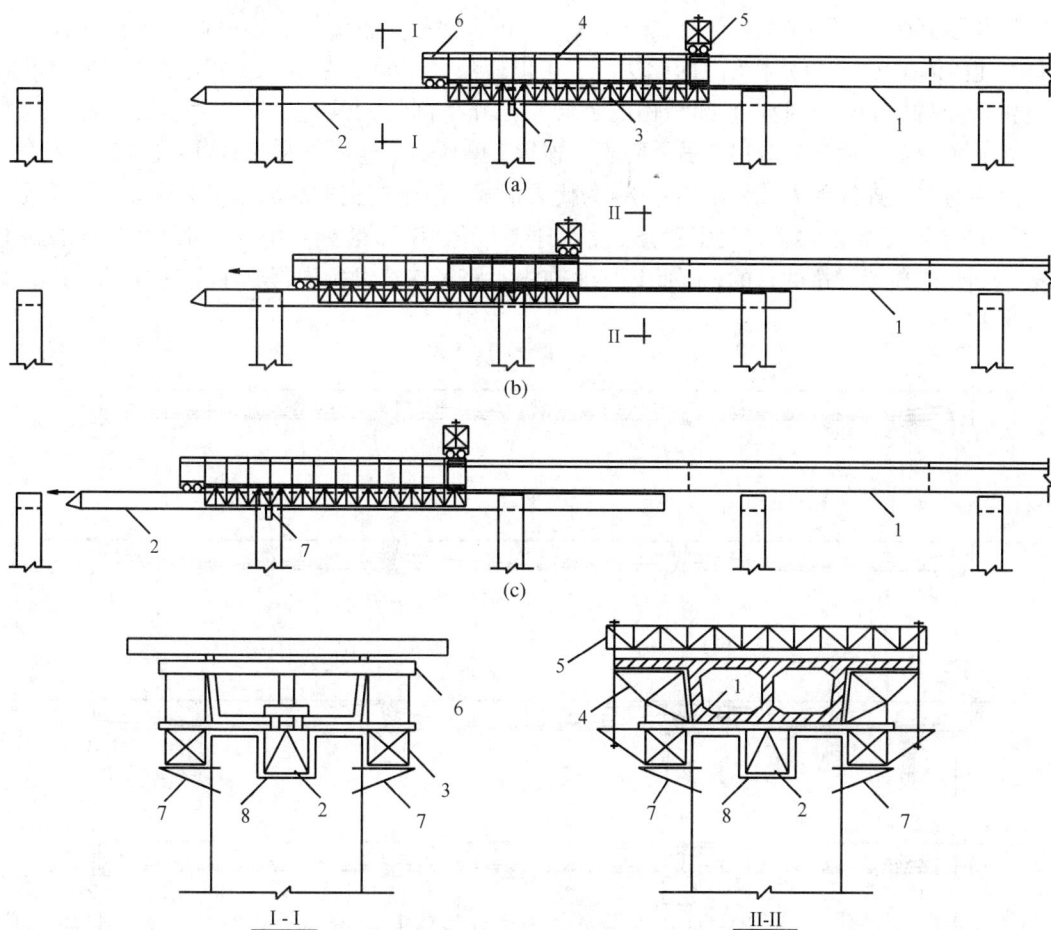

(a)

(b)

(c)

I - I

II-II

图 10 – 17　移动模架构造及施工流程示意图

1—已浇筑的梁；2—导梁；3—承重梁；4—模架；

5—后端横梁和悬吊台车；6—前端横梁和支承台车；7—桥墩支成托架；8—墩台留槽

施工时，连续梁分段时的接头部位应放在弯矩最小的部位，应通过计算确定，若无详细计算资料，可以取离桥墩1/5处。预应力筋锚固在浇筑缝处，浇筑下一孔梁段前再用连接器将预应力筋接长。

移动模架法适用于20~50 m跨径的等截面连续梁桥，也可以用来修建多跨简支梁桥。此法有以下特点：

(1)不需要设置地面支架，施工不受河流、道路、桥下净空和地基等条件的影响；

(2)机械化程度高，劳动力少，质量好，施工速度快，安全可靠；

(3)只要下部结构稍提前施工，之后上下部结构可同时平行施工，缩短工期；而且施工

从一端推进,梁建成后就可用作运输便道;

(4)整套设备投资较大,准备工作较复杂,要求施工人员具有较熟练的操作技术,用于长度较大、孔数较多的桥梁较经济。

3)装配－整体施工

装配－整体施工法的基本构思是:将整根连续梁按吊装能力先分段预制,然后用各种安装方法将预制构件安装至墩、台或临时支架上,再现浇接头混凝土,最后通过张拉部分预应力筋,使梁体集整成连续体系。用此法施工可以避免采用满堂支架,最大限度地减少在桥上现浇混凝土的数量,并能使上部结构的预制工作和下部结构的施工同时进行,显著缩短工期。在施工中可采用三种分段方式:简支－连续,单悬臂－连续以及双悬臂－连续。

其中简支－连续的方式(图 10 – 18)为代表形式,由于施工方法简单,质量可靠,可适应空心板、T 形梁、箱形梁等多种截面形式,便于工厂化生产、装配式施工,可用简支梁的施工工艺达到建造连续梁桥的目的,因此近年来在中小跨径连续梁桥中得到了广泛应用。其施工过程通常为:

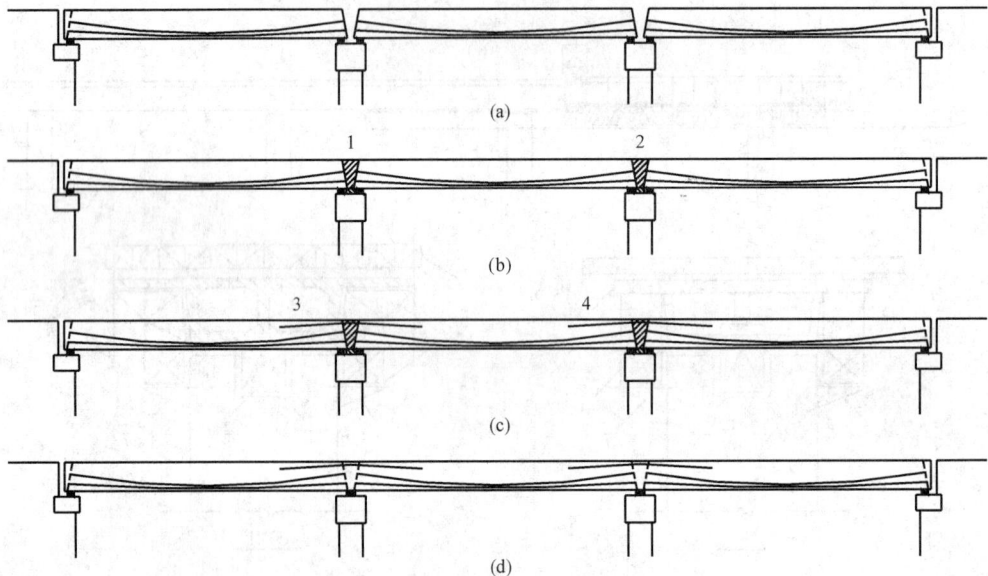

图 10 – 18　简支转连续施工示意图

(a)简支状态;(b)现浇接缝混凝土;(c)张拉上缘预应力筋;(d)拆除临时支座,形成连续梁

(1)按简支梁预制梁体构件,并张拉正弯矩预应力筋;预制时应预留顶板负弯矩预应力孔道,并预设齿板,预留工作人孔;

(2)根据施工条件用各种方法将梁体安装就位,支承在墩顶两侧的临时支座上;为使临时支座拆除方便,目前应用较多的是硫磺砂浆,内部盘有电热丝;硫磺砂浆的配比应严格控制,既要保证强度,又能在需要拆除时通电融化;

(3)在墩顶设计位置安放永久支座,布置模板,按设计要求连接相邻梁端预留钢筋,在顶部布设与相邻梁体对应的负弯矩预应力筋孔道,浇筑接缝混凝土;

(4)接缝混凝土养护达到规定强度后,拆除模板,穿束张拉承受墩顶负弯矩的预应力筋

并锚固，拆除临时支座，使结构转换成连续体系。

接缝大样见图 10 – 19。

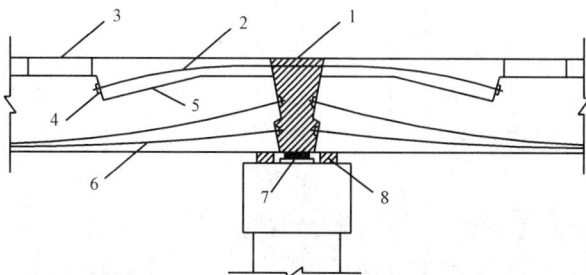

图 10 – 19　简支转连续接缝大样

1—现浇钢筋混凝土(普通钢筋未示出)；2—上缘预应力筋；3—人孔；4—锚具；
5—齿板；6—下缘预应力筋；7—永久支座及垫石；8—临时支座

10.3.2　悬臂施工法

悬臂施工法是以桥墩为中心，向两岸对称地、逐节悬臂接长的施工方法。现代的悬臂施工法最早主要用来修建预应力混凝土 T 形刚构桥。由于其独特的优越性，后来又被推广应用于建造预应力混凝土连续梁桥、连续刚构桥、斜拉桥和拱桥等。

按照悬臂接长的方式不同，悬臂施工法可分为悬臂浇筑法和悬臂拼装法两大类。

1)悬臂浇筑法

悬臂浇筑是以桥墩为中心，在悬吊模架（挂篮）上向两岸对称平衡地浇筑梁端混凝土，待每段混凝土养护并达到规定强度后，张拉预应力筋并锚固，再将挂篮前移，以供浇筑下一节段之用。图 10 – 20 示出了悬臂浇筑法施工概貌。

悬臂浇筑的每个节段长度一般 3 ~ 4 m，特大桥也不宜超过 6 m。节段太长，将增加混凝土自重与挂篮结构的重量，同时还要相应增加平衡重或挂篮后锚固设施；节段过短，影响施工进度。因此应根据设备条件、受力情况以及工期等因素，选择合适的节段长度。

挂篮是悬臂浇筑的主要施工设备，它是一个能够沿轨道行走的活动模架，悬挂在已经张拉锚固的梁段上。在挂篮上可进行下一节段的模板、钢筋的安装，预留孔道，混凝土浇筑和预应力张拉、压浆等工作。完成一个循环后，挂篮即可前移一个节段，再固定在新的节段位置上，如此循环直至悬臂梁浇筑完成。

2)悬臂拼装法

悬臂拼装法施工是在工厂或桥位附近将梁体沿轴线划分成适当长度的节段进行预制，然后将预制节段运至架设地点，用悬拼吊机起吊后向桥墩两侧对称均衡地拼装就位，张拉预应力筋。重复这些工序直至拼装完全部节段为止。

悬拼施工适用于预制场地及吊运条件好，工程量大和工期较短的连续梁、刚构桥的施工。其主要优点是：梁体块件的预制和下部结构的施工可同时进行，拼装成桥的速度较现浇的快，可显著缩短工期；块件在预制场内集中制作，质量较易保证；混凝土收缩、徐变的影响小，可减少预应力损失；施工不受气候影响。缺点是：需要占地较大的预制场地；为了移运和安装需要大型的机械设备，如不用湿接缝，则块件安装的位置不易调整。

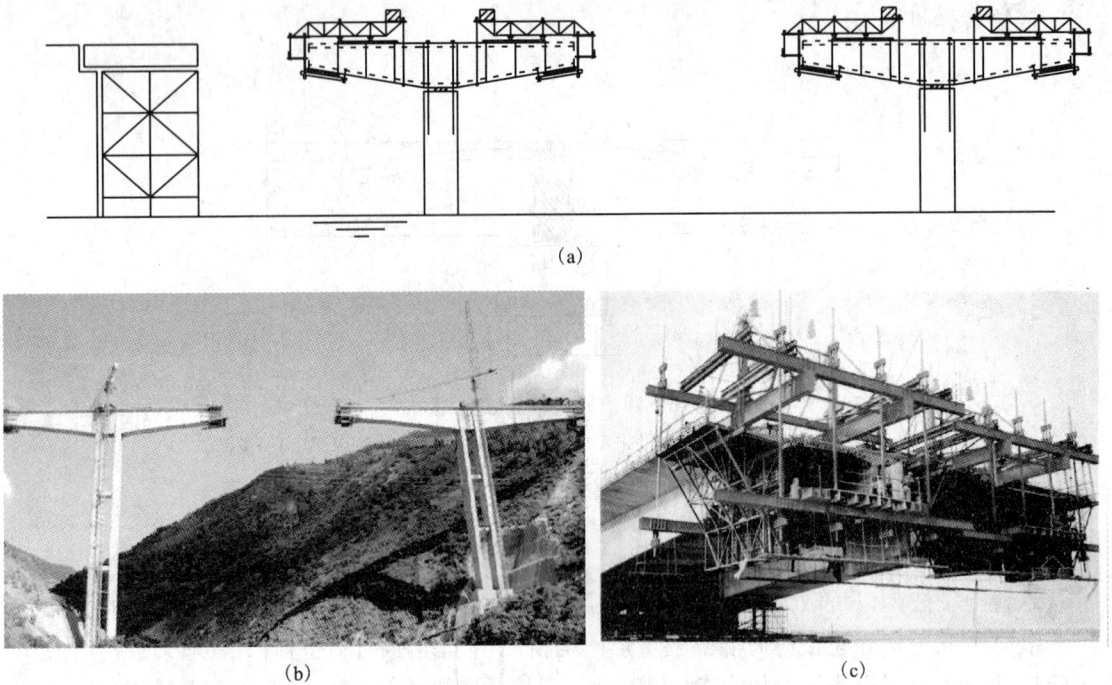

(a)

(b)

(c)

图 10 – 20　悬臂浇筑法

(a)施工概貌；(b)施工中的照片；(c)挂篮

悬拼施工工序主要包括梁体节段的预制、移位、堆放、运输；节段起吊和拼装；合拢段施工以及结构体系转换。

10.3.3　顶推施工法

顶推施工是在沿桥纵轴方向的台后设置预制场地，分节段预制梁体，并用纵向预应力筋将预制节段与施工完成的梁体联成整体，然后通过水平千斤顶力，将梁体向前顶推出预制场地，之后继续在预制场进行下一节段梁的预制，循环操作直至施工完成。图 10 – 21 示出了连续梁桥采用顶推法施工的主要工序。

由于不需要大型起重设备，梁体预制节段的长度可适当增加，一般可取 10 ~ 20 m。在顶推过程中为了减少悬臂负弯矩，一般要在梁的前端安装一节长度为顶推跨径 0.6 ~ 0.7 倍的钢导梁，导梁应自重轻而刚度大。当跨径较大时，可能需要在桥墩间设置临时支墩。顶推装置和滑道是顶推法中重要的施工设备。

顶推法施工按照顶推设备的布置方式可分单点顶推和多点顶推。按照顶推的方向又可分单向顶推和双向顶推。

1）单点顶推

单点顶推多采用推头式顶推设备，并集中布置在主梁预制场附近的桥台或桥墩上，前方墩各支点上设置滑道支承。单点顶推又可分为单向单点顶推和双向单点顶推两种方式。只在一岸桥台处设置预制场地和顶推设备的称单向单点顶推；为了加快施工进度，也可在河两岸

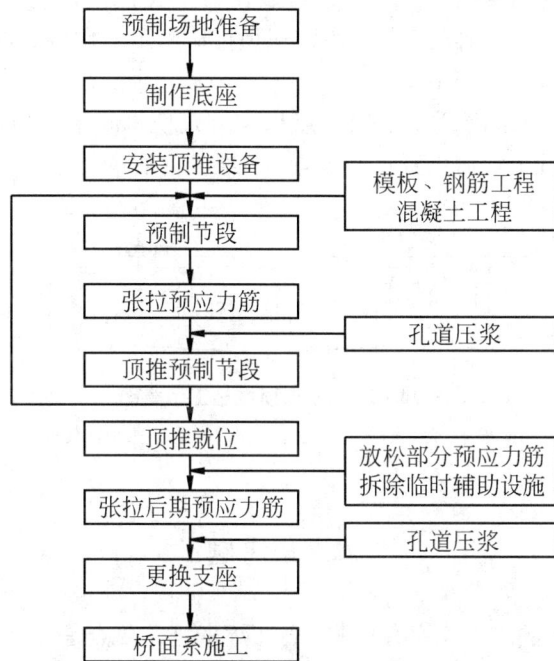

图 10 – 21　顶推施工工艺流程图

的桥台处设置预制场地和顶推设备,从两岸向河中顶推,这样的方法称为双向单点顶推。

图 10 – 22(a)为单向单点顶推施工的示意图。图 10 – 22(b)示出三跨不等跨连续梁采用双向顶推施工的图式。用此法可以不设临时墩而修建中跨跨径较大的连续梁桥。

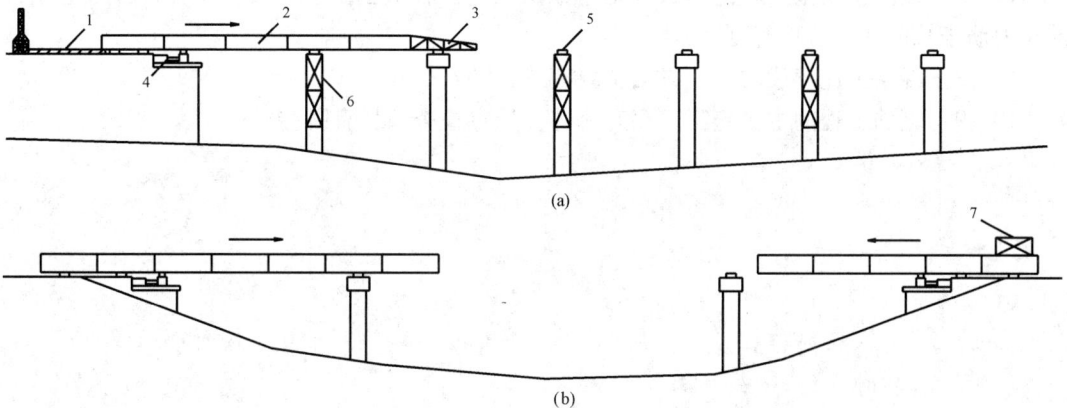

图 10 – 22　单点顶推施工示意图

1—制梁场;2—梁段;3—导梁;4—顶推装置;5—滑道支承;6—临时墩;7—平衡重

2)多点顶推

多点顶推是在每个墩台上设置一对小吨位的水平千斤顶,将集中的顶推力分散到各墩上。由于利用水平千斤顶传给墩台的反力来平衡梁体滑移时在桥墩上产生的摩阻力,从而使桥墩在顶推过程中承受较小的水平力，因此可以在柔性墩上采用多点顶推施工。同时，多点顶推所需的顶推设备吨位小，容易获得，因此在顶推法施工的预应力混凝土连续梁桥中应用较多。顶推装置一般多采用拉杆式。

图 10-23 示出了多联多跨桥梁采用多点顶推方式使每联单独顶推就位的施工示意图。在此情况下，在每个墩顶上均需设置顶推装置，且梁的前后端都应安装导梁。

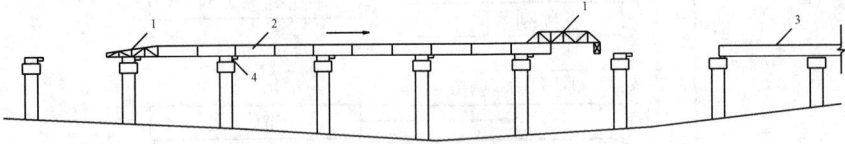

图 10-23　多点顶推施工示意图
1—导梁；2—梁段；3—已施工完成的梁；4—顶推装置

本章思考题

10-1　混凝土工程的施工工序有哪些，各工序的施工要点是什么？

10-2　有支架施工时，为什么要对支架设置预拱度，应考虑哪些因素？

10-3　模板的制作安装有什么基本要求？拆除模板时应注意哪些问题？

10-4　混凝土简支梁桥的施工方法有哪几种，各自的特点和适用条件是什么？

10-5　混凝土振捣的目的是什么，常用的振捣设备有哪几种，各自适用于哪些部位？

10-6　混凝土梁施工过程中，在什么情况下需要设置施工缝、工作缝，各应设在什么位置，为什么？接缝处理应采取哪些措施？设置工作缝的目的是什么？

10-7　预应力筋张拉时为什么采用超张拉工艺？后张法孔道压浆、封锚的目的是什么？预应力筋张拉的注意事项有哪些？

11-8　混凝土连续梁的施工方法主要有哪几种？

10-9　钢筋工程的主要施工工序有哪些？质量检查项目有哪些？

第 11 章　梁桥实例

11.1　连续梁桥实例

　　沪溪沅水大桥位于湖南长沙至吉首高速公路上，主桥为 68 m + 3 × 110 m + 68 m 预应力混凝土连续梁桥（图 11 – 1）。本桥设有 0.5% 的纵坡和竖曲线，有部分平曲线进入大桥，横桥向设 2% 双向横坡。设计荷载：汽车—超 20 级，挂—120，人群荷载 3.5 kN/m²；桥面宽度：1.5 m（人行道）+ 0.5 m（防撞墙）+ 10.75 m（行车道）+ 2 m（分隔带）+ 10.75 m（行车道）+ 0.5 m（防撞墙）+ 1.5 m（人行道），桥面总宽 27.5 m（图 11 –1）。

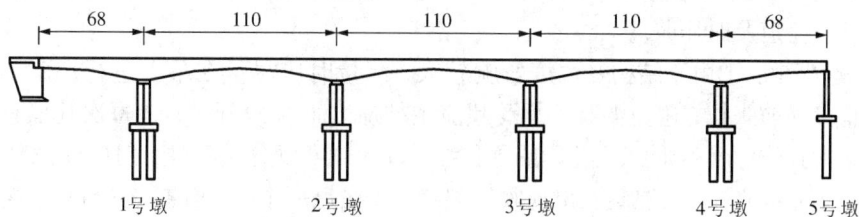

图 11 – 1　桥梁总体布置立面图（尺寸单位：m）

　　1. 上部结构

　　主桥设计为分离式单箱单室截面，箱梁根部高（箱梁中心线）6.2 m，跨中梁高（箱梁中心线）为 3.2 m，箱梁高度及底板厚度均按二次抛物线变化。箱梁顶板全宽 13.5 m，顶板厚 28 cm，设有 2% 的横坡；箱梁底板宽 7.5 m，底板跨中板厚 26 cm，根部厚 80 cm；腹板厚度从跨中至根部分别为 40 cm、55 cm、70 cm；箱梁在 1 ~ 4 号桥墩墩顶处设 40 cm 厚的横隔板。箱梁单"T"共分为 18 段悬臂浇筑，其中 0 号块长 5 m，1 ~ 18 号

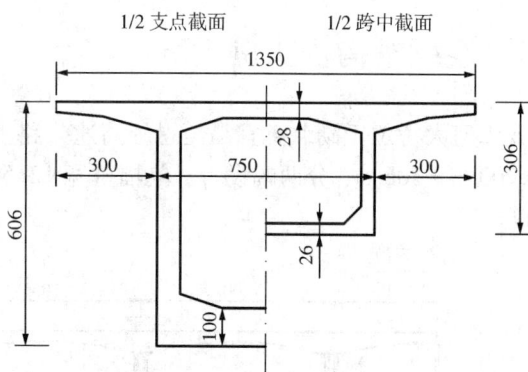

图 11 – 2　主梁横截面（尺寸单位：cm）

梁段分段长为 9 × 2.5 m + 7 × 3 m + 2 × 4 m，边跨及中跨合拢段长均为 2 m。边跨支架现浇段长度为 12 m；0 号、1 号块采用托架浇注，其余梁段均采用挂篮悬浇，悬浇梁段最大重量为 1140 kN。合拢顺序：先两个边跨合拢，然后两个次边跨合拢，最后中跨合拢。

　　箱梁采用三向预应力体系，纵、横向预应力采用高强低松弛钢绞线，配 OVM 型锚具，纵

向预应力筋采用两端张拉，箱梁顶板横向预应力采用单端交错张拉；箱梁腹板内设竖向预应力精轧螺纹钢筋，直径 ϕ32 mm，纵向间距 50 cm，配 YGM 锚具，单端张拉，上端为张拉端。

2. 下部结构

0 号桥台设计为重力式桥台，扩大基础；过渡墩（5 号墩）为双柱式墩，墩柱为 2 根 D200 cm 圆柱墩，墩顶设盖梁，该位置设悬梯，采用 2 根 D220 cm 钻孔灌注桩基础；主桥 1~4 号墩采用双柱式桥墩，墩柱为 2 根厚 3 m 六边形截面桥墩，墩顶设置横撑，承台厚 3.5 m，基础为 4 根 D250 cm 钻孔灌注桩。主桥采用 GPZ 系列盆式橡胶支座。

3. 悬浇箱梁施工要点

（1）连续箱梁悬浇施工顺序：①安装墩顶盆式橡胶支座，浇注临时固结块；②安装托架浇注 0、1 号梁段；③安装挂篮，悬浇 2~18 号梁段；④搭设支架浇筑边跨现浇段；⑤合拢两个边跨，拆除边跨的支架及 1、4 号墩顶临时固结；⑥合拢两个次边跨，拆除 2、3 号墩顶临时固结；⑦合拢中跨，全桥合拢。

（2）每段梁浇筑顺序：①安装挂篮就位，测标高；②立模、扎钢筋、浇注箱梁混凝土；③测标高；④待混凝土强度达到设计强度的 80% 后，张拉三向预应力束，张拉顺序：纵向预应力→横向预应力→竖向预应力；⑤测标高；⑥移动挂篮，进行下一梁段的施工；⑦对已张拉的三向预应力孔道及时压浆。

（3）注意事项：①由于结构受温度影响较大，测量时应尽量在早上进行；②竖向预应力必须在挂篮移动前张拉，避免混凝土承受超前主拉应力而导致开裂；在每次挂篮移动后，应采取措施消除其非弹性变形；③箱梁混凝土数量较大，可以分次浇注，但应注意新老混凝土结合紧密，及时养护，防止混凝土出现收缩裂缝；④在每一个"T"构悬浇过程中，应均衡对称施工，两端允许不均衡重为 200 kN，挂篮重（包括模板、机具及人员等）按 700 kN 控制设计；⑤各"T"构悬浇施工的工期应合理安排，最大悬臂阶段完成后，尽快合拢，防止悬臂端产生过大的收缩徐变挠度，使得合拢后的桥面标高不平顺。

11.2 连续刚构桥实例

龙潭河大桥位于湖北省宜昌至恩施高速公路上，主桥为五跨连续刚构，跨径布置 106 m +3×200 m +106 m，分两幅设计，单幅桥宽 12.5 m，桥面总宽 25 m；主墩最大高度 178 m（图 11-3）。

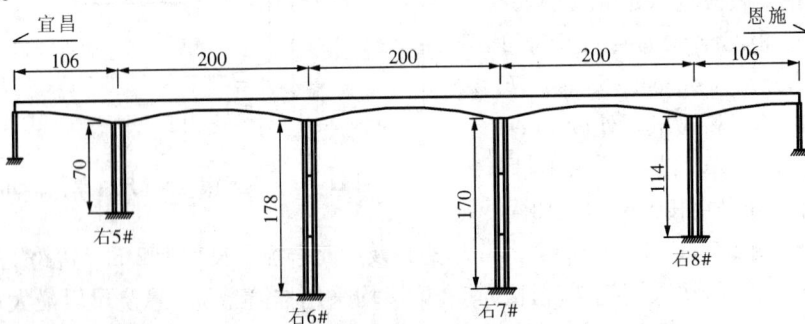

图 11-3　桥梁总体布置立面图（右线，尺寸单位：m）

1. 上部结构

上部结构采用预应力混凝土箱梁（图 11-4），箱梁根部梁高 12 m，跨中梁高 3.5 m，顶板厚 28 cm，底板厚从跨中至根部由 32 cm 变化至 110 cm，腹板从跨中至根部三段采用 40 cm、55 cm、70 cm 三种厚度，箱梁高度和底板厚度按 1.8 次抛物线变化。箱梁 0 号节段长 18 m（包括墩两侧各外伸 1 m），每个悬浇"T"纵向对称分为 22 个节段，梁段数及梁段长从根部至跨中分别为 7×3.5 m、4×4.0 m、11×4.5 m，节段悬浇总长 91 m。悬浇节段最大控制重量 2 409 kN，挂篮设计自重 1 040 kN。边、中跨合拢段长均为 2 m，边跨现浇段长 5 m。箱梁根部设置四道厚 0.7 m 的横隔板，

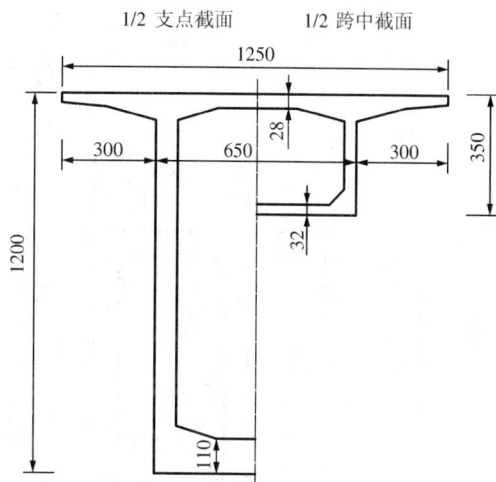

图 11-4　主梁横截面（尺寸单位：cm）

其位置与箱形薄壁墩的箱壁位置对齐，中跨跨中设一道厚 0.4 m 的横隔板，边跨梁端设一道厚 2 m 的横隔板，横隔板处均设置高 1.8 m、宽 1.0 m 的过人洞。

箱梁按全预应力混凝土设计，布置三向预应力，纵、横向及部分竖向预应力筋采用美国 ASTMA416—97A 标准 270 级高强度低松弛钢绞线（标准强度 1 860 MPa）。箱梁纵向钢束每股直径 15.24 mm，大墩位群锚体系；顶板横向钢束每股直径 12.7 mm，扁锚体系；竖向预应力在箱梁高度大于 6 m 时采用钢绞线，箱梁高度小于 6 m 时采用精轧螺纹钢筋。纵向预应力束管道采用预埋塑料波纹管成孔，真空辅助压浆工艺。箱梁混凝土采用 C55 号，桥面铺装为 11 cm 厚沥青混凝土。

2. 下部结构

下部结构为钢筋混凝土结构，主墩墩身采用双肢变截面矩形空心墩，壁厚 70 cm，肢间净距 9 m（图 11-5），纵向每墩双肢外侧均按 100:1、60:1 和 40:1 三种坡率，在墩的顶部和底部各设 2 m 厚的实心段。主墩承台厚 4 m，基础为 2.4 m 直径的钻孔灌注桩。每个墩 16 根桩，纵、横向均按 4 排布置；边墩（右 5 号、右 8 号）每个墩 12 根桩，纵向 4 排、横向 3 排布置；主、引桥间过渡墩墩身采用等截面矩形空心墩，承台厚 3 m，基础为双排 4 根直径 2.0 m 的钻孔灌注桩。墩身混凝土为 C50，承台和基础采用 C30 混凝土。

过渡墩处设 SSFB480 型伸缩缝，主桥箱梁下设 GPZ(Ⅱ)4DX 单向滑动盆式橡胶支座和 GPZ(Ⅱ)4SX 双向滑动盆式橡胶支座各 1 套。

3. 结构分析及施工要点

桥墩最高 178 m，居国内梁桥高墩之最，高墩带来整体屈曲稳定性和薄壁局部屈曲稳定性问题，以及高墩低频风振对施工、运营阶段安全性影响等问题。为此作了高墩稳定性专题研究，考虑几何与材料非线性，最低稳定性安全系数（施工阶段）为 3.7，表明结构安全。

箱梁 0 号块、首节墩身及承台属大体积混凝土，因水化热引起的混凝土内外温差及温度应力，容易导致结构开裂，特别是首节墩身，因受到承台的约束，在收缩及内外温差共同作用下，产生较大的横向拉应力，易导致竖向裂缝。因此在施工中需采取温控措施。

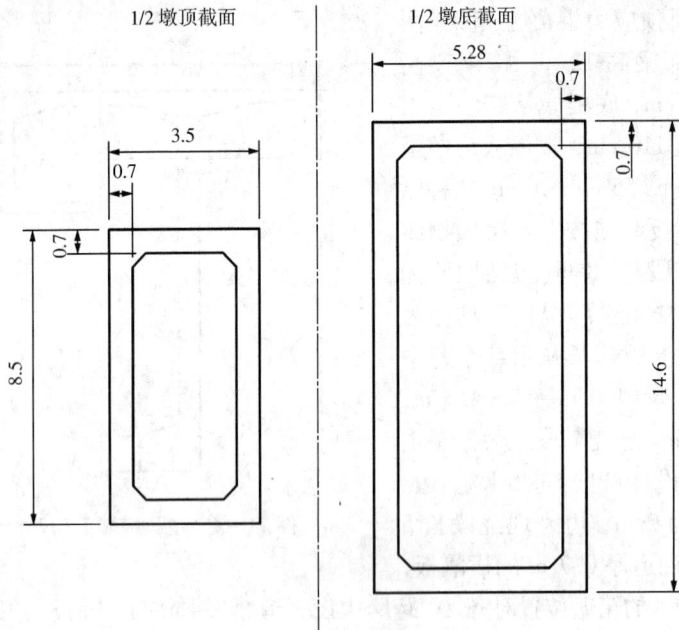

图 11 – 5　178 m 高墩横截面(尺寸单位: m)

　　本桥桥墩较高,采用爬模施工。桥墩施工时,顺桥向双壁间设置临时支撑,临时撑高度方向每 30 m 设置一道,宜布置在有内模隔的位置,临时撑可采用两根 $\phi800$ mm 的钢管。

　　主桥箱梁采用先中跨、后次中跨、最后边跨的合拢顺序,合拢段采用吊架施工,吊架重量按 50t 考虑。施工时首先安装平衡现浇段混凝土重量的压重(如水箱),安装内、外刚性支承并张拉临时钢束,浇筑混凝土并同步卸除压重,得混凝土强度达到设计强度的 85% 且龄期不少于 4 天后张拉合拢钢束,按先长束、后短束的顺序对称张拉。合拢温度应控制在15℃±5℃。

本章思考题

　　11 – 1　简述连续箱梁悬浇施工的顺序及注意要点。

　　11 – 2　连续梁桥的箱梁悬臂施工过程中,为什么要采取梁墩临时固结措施?临时固结措施一般在何时撤除?

　　11 – 3　高墩大跨混凝土连续刚构桥一般哪些部位属于大体积混凝土?施工中应采取什么措施控制大体积混凝土裂缝?

第 12 章　拱桥概述

12.1　拱桥的主要特点

拱桥是我国公路上使用广泛且历史悠久的一种桥梁结构形式，它的外形宏伟壮观且经久耐用。拱桥与梁桥不仅外形上不同，而且在受力性能上有着较大的区别。由力学知识可以知道，拱桥在竖向荷载作用下，两端支承处除有竖向反力外，还产生水平推力。正是这个水平推力，使拱内产生轴向压力，并大大减小了跨中弯矩，使之成为偏心受压构件，截面上的应力分布[图 12 -1(a)]与受弯梁的应力[图 12 -1(b)]相比，较为均匀。因而可以充分利用主拱截面的材料强度，使跨越能力增大。根据理论推算，混凝土拱桥的极限跨度可以达到 500 m 左右，钢拱桥的极限跨度可达 1200 m 左右。

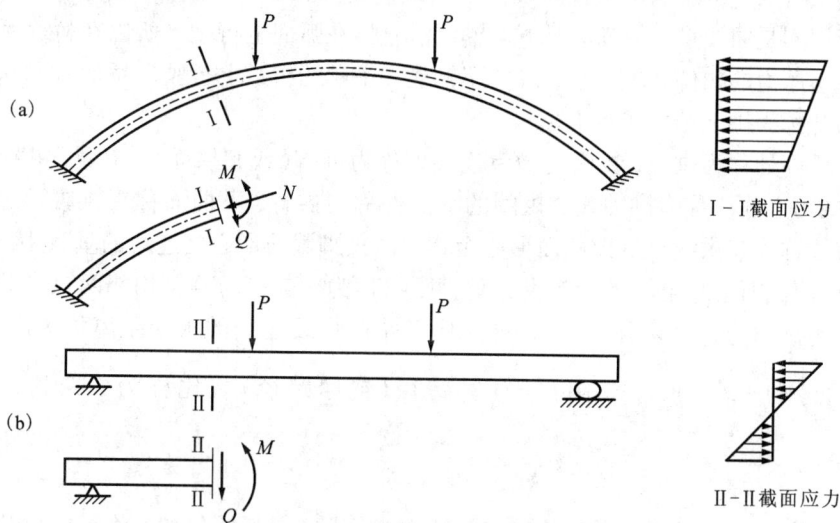

图 12 -1　拱和梁的应力分布

拱桥的主要优点：①能充分做到就地取材，与钢筋混凝土梁桥相比，可节省大量的钢材和水泥；②跨越能力较大；③构造较简单，尤其是圬工拱桥，技术容易被掌握，有利于广泛采用；④耐久性能好，维修、养护费用少；⑤外形美观。

拱桥的主要缺点是：①自重较大，相应的水平推力也较大，增加了下部结构的工程量，当采用无铰拱时，基础发生变位或沉降所产生的附加力是很大的，因此，对地基条件要求高；②多孔连孔的中间墩，其左右的水平推力是相互平衡的，一旦一孔出现问题，其他孔也会因水平力不平衡而相继毁坏；③与梁桥相比，上承式拱桥的建筑高度较高，当用于城市立交及平原区的桥梁时，因拱面标高提高，而使桥两头接线的工程量增大，或使桥面纵坡增大，既增加了造价又对行车不利；④混凝土拱施工需要劳动力较多，建桥时间较长等。

混凝土拱桥虽然存在这些缺点，但由于它的优点突出，在我国公路桥梁中得到了广泛的应用，而且，这些缺点也正在得到改善和克服。如在地质条件不好的地区修拱桥时，可从结构体系上、构造型式上采取措施，以及利用轻质材料来减轻结构自重，或采取措施提高地基承载能力。为了节约劳动力，加快施工进度，可采用预制装配及无支架施工。这些都有效地扩大了拱桥的适用范围，提高了跨越能力。

12.2　拱桥的组成及主要类型

12.2.1　拱桥的主要组成

拱桥和其他桥梁一样，也是由上部结构和下部结构组成。

拱桥上部结构的主要受力构件是拱圈，因此在设计时可根据地质情况、环境及桥头的接线的相对位置，将桥面系置于拱背之上（上承式）或吊于拱肋之下（下承式），也可以将桥面系一部分吊于拱肋之下，一部分支撑于拱背之上做成中承式。

上承式拱桥的上部结构由主拱圈和拱上建筑组成（图 12－2）。主拱圈是拱桥的主要承重结构。由于拱圈是曲线形，一般情况下车辆无法直接在弧面上行驶。所以在桥面系与拱圈之间需要有传递压力的构件和填充物，以使车辆能在平顺的桥道上行驶。桥面系和这些传力构件或填充物统称为拱上结构或拱上建筑。

拱圈的最高处称为拱顶，拱圈与墩台连接处称为拱脚（或起拱面）。拱圈各横向截面（或换算截面）的形心连线称为拱轴线。拱圈的上曲面称为拱背，下曲面称为拱腹。起拱面和拱腹相交的直线称为起拱线。拱顶截面形心至相邻两拱脚截面形心之连线的垂直距离称为计算矢高（f）。拱顶截面下缘至起拱线连线的垂直距离称为净矢高（f_0）。相邻两拱脚截面形心点之间的水平距离称为计算跨径（l）。每孔拱跨两个起拱线之间的水平距离称为净跨径（l_0）。拱圈（或拱肋）的矢高（或净矢高）与计算跨径（或净跨径）之比称为矢跨比，即 $D = \dfrac{f}{l}$ 或 $D_0 = \dfrac{f_0}{l_0}$。

拱桥的下部结构由桥墩、桥台及基础等组成，用以支承桥跨结构，将桥跨结构的荷载传至地基。桥台还起着与两岸路堤相连的作用，使路桥形成一个协调的整体。

12.2.2　拱桥的主要类型

拱桥的型式多种多样，构造各有差异。为了便于进行研究，可以按照不同的方式将拱桥分为各种类型。例如：

（1）按照建桥材料（主要是针对主拱圈使用的材料）可以分为圬工拱桥、钢筋混凝土拱桥、钢拱桥和钢－混凝土组合拱桥等；

（2）按照桥面的位置可以分为上承式拱、中承式拱和下承式拱（图 12－3）；

（3）按照结构体系可以分为简单体系拱桥、桁架拱桥、刚架拱桥和梁拱组合体系桥；

半立面　　　　　　　　　　　　　　半纵剖面

栏杆　人行道　伸缩缝　侧墙　　　　　　　防水层　拱腹填料　桥面铺装

拱背　　拱顶

主拱圈　f_0　f　拱轴线

拱脚　　拱腹

拱脚　l_0　　　1/2　起拱线

锥坡

桥台

盲沟

挡墙

基础

拱顶剖面　　拱脚剖面

拱腹填料　桥面铺装　人行道

防水层　　　　　　栏杆

侧墙

主拱圈

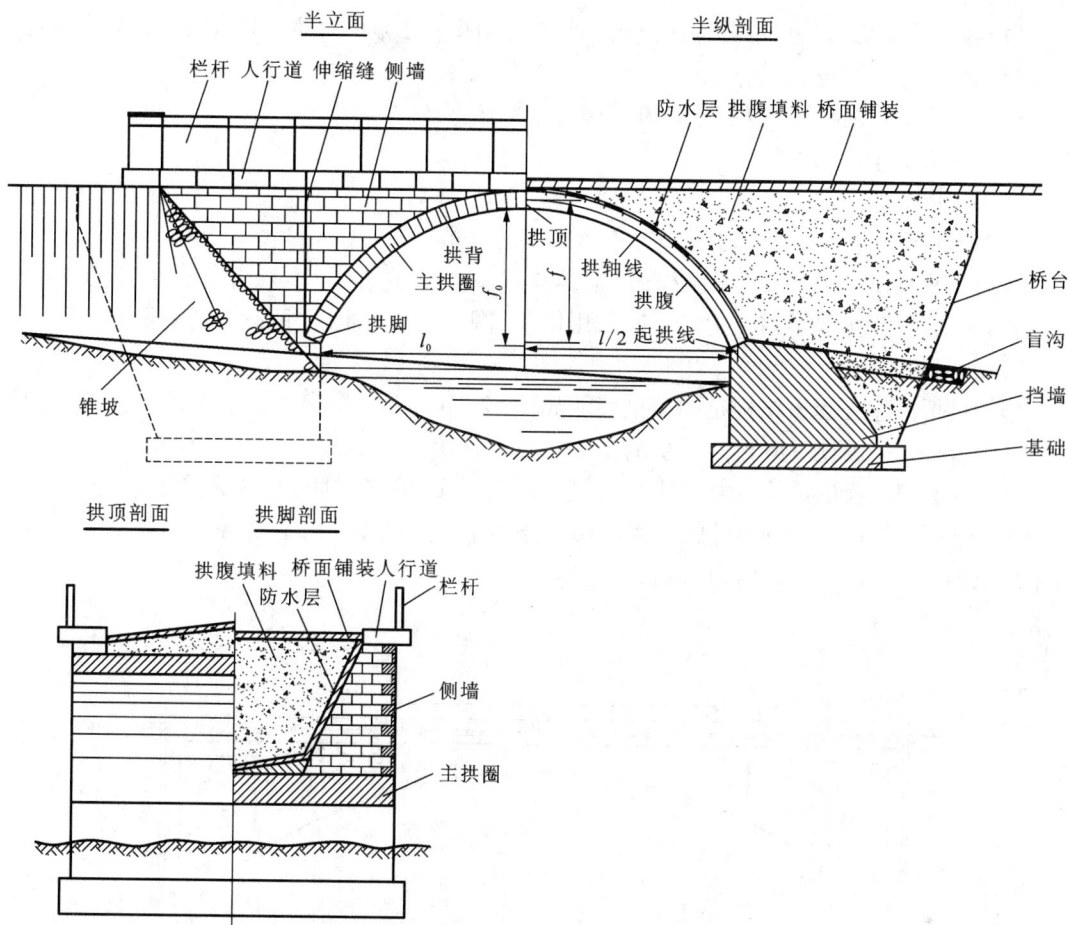

图 12-2　拱桥的主要组成部分

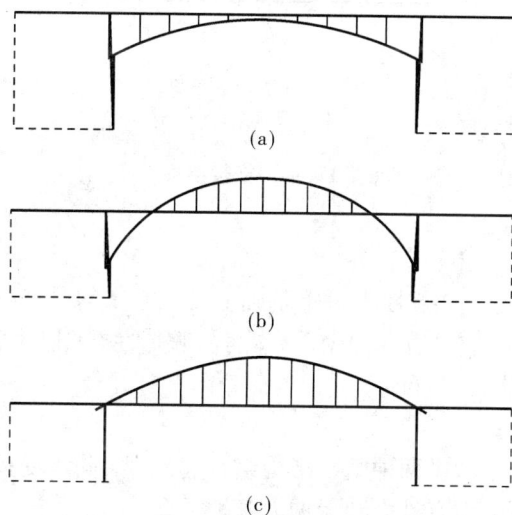

(a)

(b)

(c)

图 12-3　上承式、中承式与下承式拱

(a)上承式；(b)中承式；(c)下承式

（4）按照截面的型式可以分为板拱桥、混凝土肋拱桥、箱形拱桥、双曲拱桥、钢管混凝土拱桥和劲性混凝土拱桥。

下面仅按最后两种分类方式作一些介绍。

1. 按结构的体系分类

1）简单体系

简单体系的拱桥可以做成上承式、中承式、下承式。

在简单体系拱桥中，桥面系结构（拱上结构或拱下悬吊结构）不参与主拱肋（圈）一起受力，主拱肋（圈）为主要承重结构。一般采用拱肋（圈）与墩台固结，即无铰拱的形式。

2）桁架拱桥

桁架拱桥的主要承重结构是桁架拱片。如图 12 - 4 所示，桁架拱桥是由拱和桁架两种结构体系组合而成，因此具有桁架和拱的受力特点。即由于受推力的作用，跨间的弯矩得以大大减少；由于把一般拱桥的传力构件（拱上建筑）与承重结构（拱肋）联合成整体桁架，结构整体受力，能充分发挥各部分构件的作用。结构刚度大、自重小、用钢量省。桁架拱的拱脚一般采用铰结方式，以减少次内力影响。

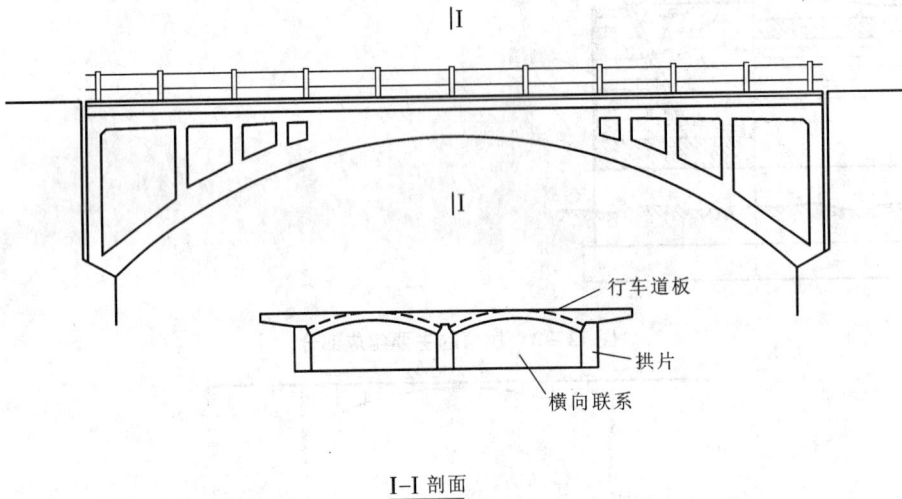

I–I 剖面

图 12 - 4　桁架拱桥

3）刚架拱桥

刚架拱桥是在桁架拱桥、斜腿刚架桥等基础上发展起来的另一种桥型，属于有推力的高次超静定结构（图 12 - 5）。它具有构件少、质量小、整体性好、刚度大、施工简便、造价低和造型美观等优点。

4）梁拱组合体系桥

梁拱组合体系桥是将梁和拱两种基本结构组合起来，共同承受荷载充分发挥梁受弯、拱受压的结构特性。一般可分为有推力和无推力两种类型。

（1）无推力的梁拱组合体系桥

拱的推力由系杆承受，墩台不承受水平力。根据拱肋和系杆的刚度大小及吊杆的布置型

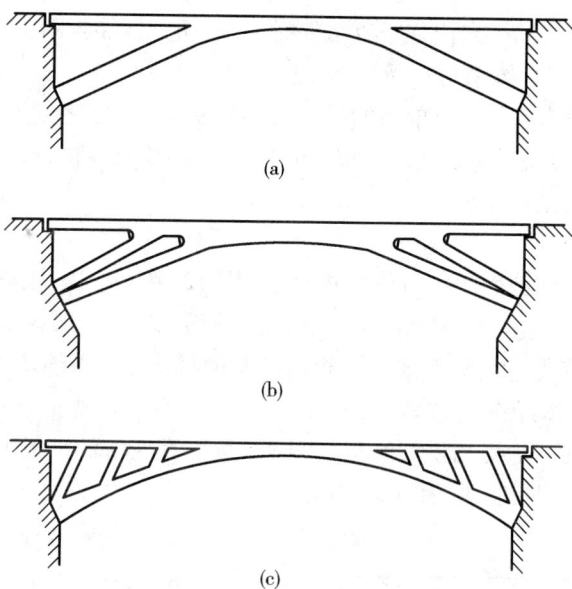

图 12 - 5　刚架拱

式可分为以下几种型式：

①具有竖直吊杆的柔性系杆刚性拱——称系杆拱[图 12 - 6(a)]；

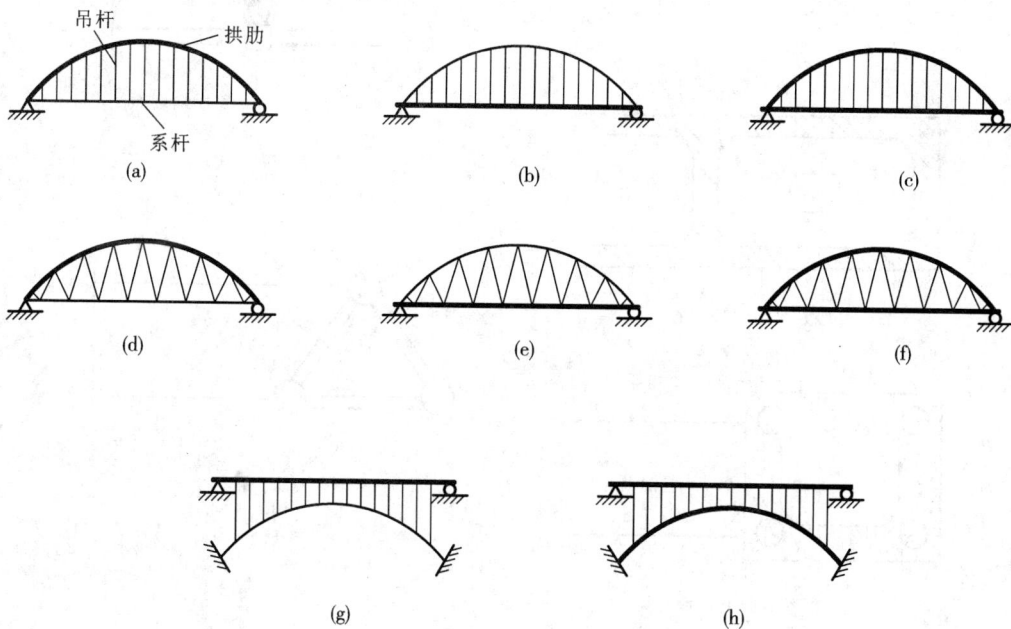

图 12 - 6　组合体系拱桥

②具有竖直吊杆的刚性系杆柔性拱——称蓝格尔拱[图 12 - 6(b)]；
③具有竖直吊杆的刚性系杆刚性拱——称络泽拱[图 12 - 6(c)]。

以上三种拱,当用斜吊杆来代替竖直吊杆时,称为尼尔森拱[图12-6(d)、(e)、(f)]。

(2)有推力的梁拱组合体系桥

此种组合体系拱没有系杆,由单独的梁和拱共同受力。拱的推力仍由墩台承受,图12-6(g)是刚性梁柔性拱(倒蓝格尔拱),图12-6(h)是刚性梁刚性拱(倒洛泽拱)。

2.按照主拱的截面型式分类

(1)板拱桥

主拱圈采用矩形实体截面的拱桥称为板拱桥[图12-7(a)],其宽度和与之相配的道路宽度相当。它的构造简单,施工方便。但在相同的截面条件下,实体矩形截面比其他型式的抵抗矩小。如果为了获得与其他型式截面相同的截面抵抗矩,必须增大截面尺寸,这就相应地增加了材料用量和结构自重,这是不经济的。所以通常只在地基条件较好的中、小跨径圬工拱桥中采用板拱形式。为提高拱圈的抗弯刚度,可以在较薄的拱板上增加几条纵向肋就构成板拱的另一种形式,即板肋拱[图12-7(b)]。

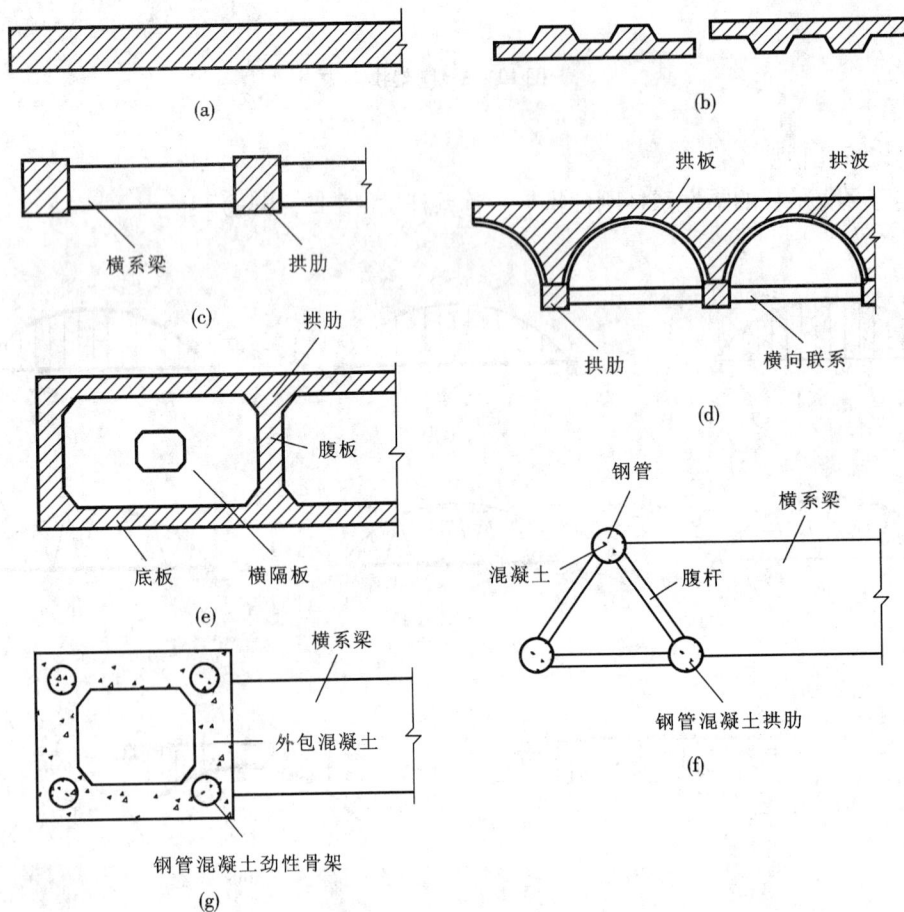

图12-7　主拱圈横截面形式图

(a)板拱;(b)板肋拱;(c)肋拱;(d)双曲拱;
(e)箱形拱;(f)钢管混凝土拱;(g)劲性骨架混凝土拱

(2)肋拱桥

肋拱桥[图 12-7(c)]通常是由两个(布置在桥面两侧)或三个(桥面两侧和中间分隔带各一个)相对较窄而高的截面组成,肋与肋之间由横系梁相联。其优点是用料不多,而抗弯刚度大大增加,从而减轻了拱桥的自重。因此多用于大、中跨径的拱桥。

(3)双曲拱桥

主拱圈的横截面是由数个横向小拱组成,使主拱圈在纵向及横向均是曲线形,故称之为双曲拱[图 12-7(d)]。这种截面抵抗矩较相同材料用量的板拱大,它的预制部件分得细,吊装质量轻,在公路桥梁上曾获得广泛的应用。但由于其截面组成划分过细,整体性能较差,建成后出现裂缝较多。目前较少采用。

(4)箱形拱

箱形截面拱圈的拱桥[图 12-7(e)],外形与板拱相似,由于截面的挖空,使箱形拱的抵抗矩较相同材料用量的板拱大很多,故节省材料较多,对于大跨径拱则效果更为显著。又由于它是闭口箱形截面,截面抗扭刚度大,横向整体性和结构稳定性均较双曲拱好,所以特别适用于无支架施工。因此,它是国内外大跨径钢筋混凝土拱桥主拱圈截面的基本型式。

(5)钢管混凝土拱桥

钢管混凝土拱[图 12-7(f)]属于钢-混凝土组合结构中的一种,主要用于以受压为主的结构,它一方面借助于内填混凝土增强钢管壁的稳定性。同时又利用钢管对其混凝土的套箍作用,使填充混凝土处于三向受压状态,从而使其具有更高的抗压强度和抗变形能力。

(6)劲性骨架混凝土拱桥

劲性混凝土拱桥是指以钢骨桁架作为受力筋,它既可以是型钢,也可以是钢管。采用钢管作为劲性骨架的混凝土拱又可称为内填外包型钢筋混凝土拱[图 12-7(g)],它主要解决大跨度拱桥施工的"自架设问题"。首先架设自重轻,强度、刚度均较大的钢管骨架,然后在空钢管内灌注混凝土形成钢管混凝土。再在钢管混凝土骨架外挂模板浇筑外包混凝土,形成钢筋混凝土结构。在这种结构中,钢管和随后形成的钢管混凝土主要是作为施工的劲性骨架来考虑的。成桥后,它可以参与受力,但其用量通常是由施工设计控制的。

本章思考题

12-1　拱桥的受力特点是什么?

12-2　拱桥的优缺点有哪些?

12-3　按截面型式分拱桥有哪些类型?

第 13 章　拱桥的设计与构造

13.1　上承式拱桥的设计与构造

13.1.1　拱桥的设计

1. 拱桥的整体布置

与其他桥式一样,拱桥的布置十分重要,这是一个建桥全局性问题,它牵涉地质条件,桥址环境及两岸接线等各方面因素。总体布置的优劣是整个桥梁设计好坏的基础。总体布置的主要内容包括:拟采用的拱桥结构形式及结构体系;确定桥梁的长度、跨径及孔数;拱的主要几何尺寸,例如矢跨比、宽度、高度等;桥梁的高度;墩台及其基础形式和埋置深度;桥上及桥头引道的纵坡等。

(1)确定桥梁长度及分孔

通过水文水力计算、泄洪总跨径的计算和技术经济等方面的比较,确定了两岸桥台边缘之间的总长度之后,并综合考虑纵、平、横三个方向桥梁与两端路线的衔接,即可确定桥台的位置和长度,桥梁的全长便被确定下来。

在桥全长确定后,可以进一步对拱桥分孔。拱桥分孔就是根据桥址处的地形、地质、水位及通航要求等情况,并结合选用的结构体系、结构型式和施工条件,确定选择单孔还是多孔。

如果跨越通航河流,应按通航孔和不通航孔两部分来考虑。分孔时,除应保证净孔径之和满足设计洪水通过的需要外,还应确定一孔或两孔作为通航孔。通航孔径和通航标高大小应满足航道等级要求,通航孔的位置通常布置在常水位时的河床最深处或航行最方便的地方。对航道可能变迁的河流,必须多设几个通航的桥跨,即使主河道位置变迁时,也能满足通航要求。对于不通航或非通航河段,桥孔的划分可按经济原则考虑,尽量使上、下部结构的总造价最低。

(2)确定桥梁的设计标高和矢跨比

拱桥的标高主要有四个:即桥面标高、拱顶面标高、起拱线标高和基础底面标高(图 13 –1)。

桥面标高代表着建桥高度,特别在平原区,在相同的纵坡情况下,桥高会使两端的引桥或道路工程显著增加,将提高桥梁的总造价。反之,如果桥修矮了,不但有遭受洪水冲毁的危险,而且往往影响桥下通航的正常运行,致使桥梁建成后带来难以挽救的缺陷。

建在山区河流上的拱桥,由于两岸公路路线的位置一般较高,桥面标高一般由两岸线路的纵面设计所控制。对于跨平原区河流的拱桥,其桥面的最小高度一般由桥下净空所控制。为了保证桥梁的安全,桥下必须留有足够的排泄设计洪水流量的净空。对于有淤积的河床,

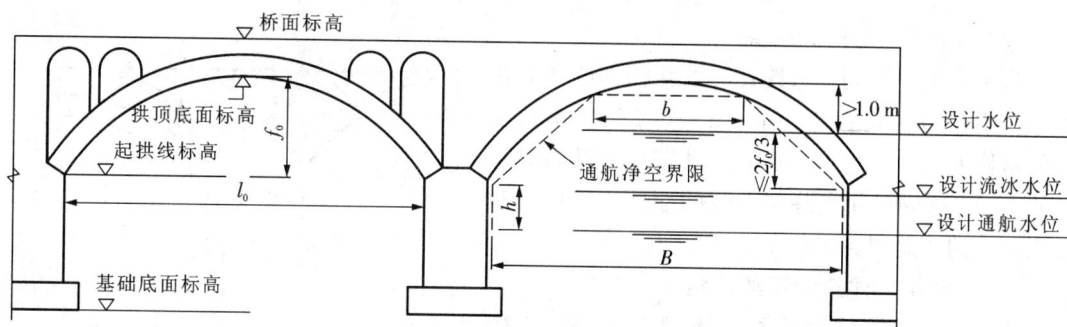

图 13－1　拱桥的主要标高示意图

桥下净空应适当加高。对于通航河流，通航孔的最小桥面高度，除满足以上要求外，还应满足对不同航通等级所规定的桥下净空界限的要求。设计通航水位，一般是按照一定的设计洪水频率进行计算，并与航运部门具体协商决定。

因此，拱桥的桥面标高一方面由两岸线路的纵断面设计来控制，另一方面要保证桥下净空能满足通航及泄洪要求。具体计算公式见本教材第 2 章。

当桥面标高确定之后，由桥面标高减去拱顶处的建筑高度（拱顶填料厚度和主拱圈厚度）就可以得到拱顶底面的标高。

起拱线标高由矢跨比要求确定。

基础底面的标高，主要根据河流的冲刷深度，基础位置处地质情况，地基承载能力等因素确定。

主拱圈的矢跨比是拱桥设计的主要参数之一，它不但影响主拱圈的内力，还影响拱桥的构造型式和施工方法的选择，应从通航、泄洪和上下部结构受力等综合因素确定矢跨比。

拱的水平推力与垂直反力之比值，随矢跨比的减少而增大。当矢跨比减小时，拱的推力增加，反之则推力减小。众所周知，推力大，相应地在主拱圈内产生的轴向力也大，对主拱圈本身是有利的，但对墩台基础不利。同时，矢跨比小，则弹性压缩，混凝土收缩和温度等附加内力均较大，对主拱圈又不利。另外，拱桥与周围环境是否协调，外形是否美观，也与矢跨比有很大的关系。因此，在设计时，矢跨比的大小应经过综合比较进行选择。通常，对于砖石、混凝土拱桥和双曲拱桥，矢跨比一般为 1/4～1/8，不宜超过 1/8；箱形拱桥的矢跨比一般为 1/6～1/10。但拱桥最小矢跨比不宜小于 1/12。一般将矢跨比大于或等于 1/5 的拱称为陡拱，矢跨比小于 1/5 的称为坦拱。

2. 不等跨连续拱的处理

一般情况下，多孔拱桥最好选用等跨分孔的方案。但有时受地形、地质、通航等条件的限制；或引桥很长，考虑与桥面纵坡协调一致时；或对桥梁美观有特殊要求时，可以考虑用不等跨分孔的办法处理。

不等跨拱桥，由于相邻两孔的恒载推力不相等，使桥墩和基础增加了恒载不平衡水平推力。为改善桥墩基础受力状况，可采取以下措施：

（1）采用不同的矢跨比

利用矢跨比与推力大小成反比的关系，在相邻两孔中，大跨径用较陡的拱（矢跨比较大），小跨径用较坦的拱（矢跨比较小），使相邻两孔在恒载作用下的水平推力大致相等。

（2）采用不同的拱脚标高

由于采用了不同的矢跨比，致使相邻两孔的拱脚标高不在同一水平线上（图 13 - 2），因大跨径孔的矢跨比大，拱脚降低，减小了拱脚水平推力对基底的力臂，这样可使大跨与小跨的恒载水平推力对基底产生的弯矩得到平衡。

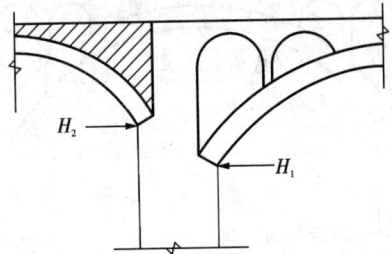

图 13 - 2　大跨与小跨拱脚的标高

（3）调整拱上建筑的恒载重量。

通常是大跨径用轻质的拱上填料或采用空腹式拱上建筑，小跨径用重质的拱上填料或采用实腹式拱上建筑。用增加小跨径拱的恒载重力来增大恒载的水平推力。

（4）采用不同类型的拱跨结构

常常是小跨径用板拱或厚壁箱拱结构，大跨径用分离式肋拱或薄壁箱拱结构，以减轻大跨径拱的恒载质量来减小恒载的水平推力。有时，为了进一步减小大跨径拱的恒载水平推力，可将大跨径部分做成中承式拱。

在具体设计时，也可以将以上几种措施同时采用。如果仍不能达到平衡推力的目的，可加大桥墩和基础的尺寸，或将其做成不对称的形式。

13.1.2　上承式拱桥主拱的构造与尺寸拟定

1. 板拱

按照主拱所用的建筑材料划分，板拱可分为石板拱、混凝土板拱和钢筋混凝土板拱等。

1）石板拱

用来砌筑石板拱主拱圈的石料主要有料石、块石和砖石等。用粗料石砌筑拱圈时，拱石需要随拱轴线和截面的形式不同而分别进行编号，以便于拱石的加工，等截面的圆弧拱的拱石，规格较少，编号比较简单（图 13 - 3）。变截面拱圈，由于截面发生变化，使拱石类型较多，编号复杂，给施工带来很大的困难（图 13 - 4）。因此，目前大多采用等截面拱桥。

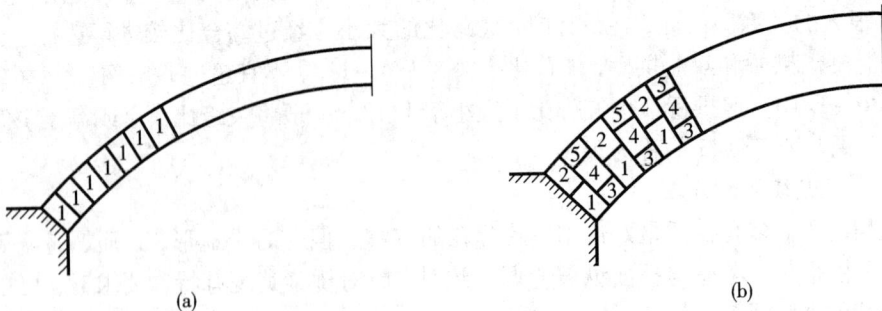

图 13 - 3　等截面圆弧拱的拱石编号

用于拱圈砌筑的石料应石质均匀，不易风化，石料的强度等级不应低于 MU50，砌筑拱石用的砂浆，对于大、中跨径拱桥不应低于 M10，对于小跨径拱桥不应低于 M7.5。

根据拱圈的受力（主要承受压力，其次是弯矩）特点和需要，拱圈砌筑应满足下列构造

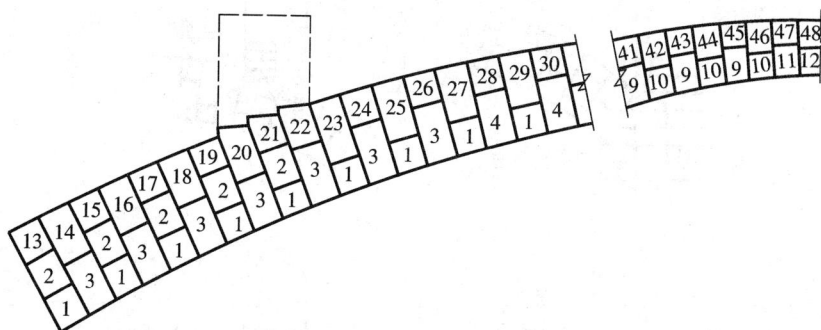

图 13 - 4　变截面拱圈的拱石编号

要求：

（1）错缝

对于料石拱，拱石受压面的砌缝应与拱轴线垂直，不必错缝，当拱圈厚度不大时，可采用单层砌筑［图 13 - 3（a）］，其横向砌缝必须错开且不小于 10 cm，当拱圈厚度较大时，采用多层砌筑［图 13 - 3（b），图 13 - 4］，但其垂直于受压面顺桥方向的砌缝［图 13 - 5（a）］、拱圈横截面内拱石竖向砌缝［图 13 - 5（b），（c）］以及各层横向砌缝必须错开且不小于 10 cm，这样，在纵向或横向剪力的作用下，可以避免剪力单纯由砌缝内的砂浆承担，从而可以增大砌体的抗剪强度和整体性，对于块石拱，应选择较大平面与拱轴线垂直，拱石大头在上，小头在下，砌缝错开不小于 8 cm。对于片石拱，拱石较大面与拱轴线垂直，大头在上，砌缝交错。

（2）限制砌缝宽度

因砂浆强度比拱石低得多，所以拱石砌缝宽度不能太大，缝太宽必将影响砌体强度和整体性。通常，对料石拱不大于 2 cm，对块石拱不大于 3 cm，对片石

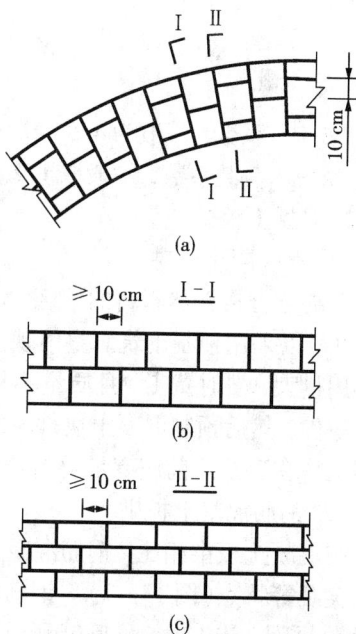

图 13 - 5　拱石的错缝要求

拱不大于 4 cm，采用小石子混凝土砌筑时，块石砌缝宽不大于 5 cm，片石砌缝宽为 4～7 cm。

（3）设五角石

拱圈与墩台以及拱圈与空腹式拱上建筑的腹孔墩连接处，应采用特别的五角石［图 13 - 6（a）］，以改善连接处的受力状况，五角石不得带锐角，以勉施工被压碎，目前为了简化施工，通常采用现浇混凝土拱座及腹孔墩底梁［图 13 - 6（b）］来代替石质五角石。

小跨径等截面石板拱的拱圈厚度可按式（13 - 1）估算：

$$h = \beta k \sqrt[3]{l_0} \qquad\qquad (13 - 1)$$

式中：h——拱圈厚度（cm）；

l_0——拱圈净跨径（cm）；

(a)

(b)

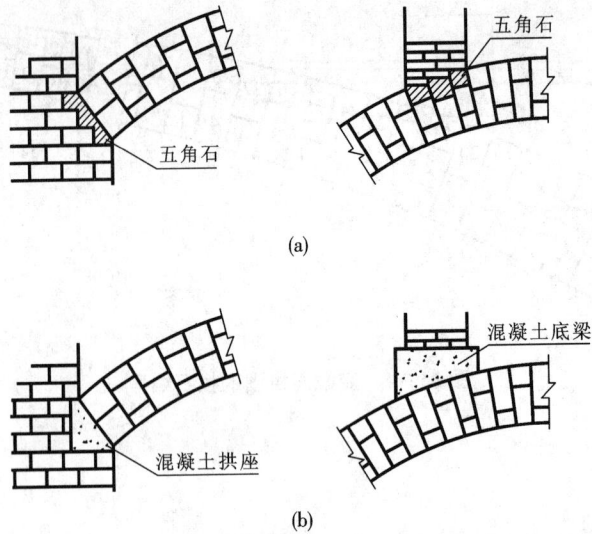

图 13 - 6　拱圈与墩台及腹孔墩连接

β——系数，一般为 4.5 ~ 6.0，取值随矢跨比的减小而增大；

k——荷载系数，一般取 1.2。

2）混凝土板拱

（1）素混凝土板拱

在缺乏合格天然石料的地区，可以用素混凝土来建造板拱，混凝土板拱可以采用整体现浇，也可以采用预制砌筑。整体现浇混凝土拱圈，拱内收缩应力大，受力不利，同时，拱架模板等用量大，费时费工，且质量不易控制，故较少采用。预制砌筑就是将混凝土板拱划分成若干块件，然后预制混凝土块件，最后，把块件砌筑成拱。为减少和消除混凝土的收缩影响，预制砌块在砌筑之前应有足够的养生期。

（2）钢筋混凝土板拱

与混凝土板拱相比，钢筋混凝土板拱具有构造简单，外表整齐，可以设计成最小的板厚，轻巧美观等特点（图 13 - 7）。钢筋混凝土板拱根据桥宽需要可做成单条整体拱圈或多条平行板（肋）拱圈，施工时，可反复利用一套较窄的拱架与模板来完成，大大节省材料。钢筋混凝土等截面板拱的拱圈高度可按跨径的 1/60 ~ 1/70 初拟，跨径大时取小者。

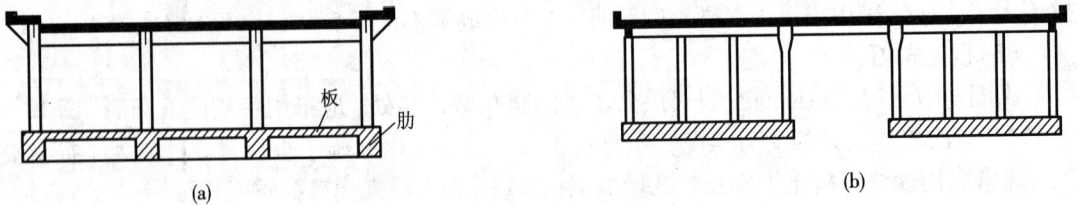

(a)   (b)

图 13 - 7　钢筋混凝土板拱的横断面

2. 肋拱

肋拱桥是由两条或多条分离的拱肋、横系梁、立柱和由横梁支承的行车道部分组成（图 13 - 8）。

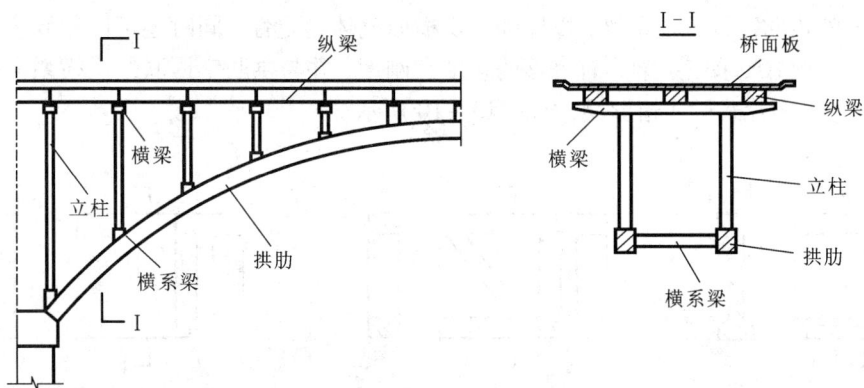

图 13 - 8　肋拱桥立面布置图

拱肋质量小，恒载内力减小，相应的活载内力的比重增大，可充分发挥钢筋等材料的性能，具有较好的经济性，现已在大中型拱桥中广泛使用，并逐渐取代板拱。

拱肋是拱桥的主要承重结构，可由混凝土、钢筋混凝土、劲性骨架混凝土组成。其肋数、间距以及截面型式主要根据桥梁宽度、主拱制作材料、施工方法和经济性等方面综合考虑决定。一般在吊装能力满足要求的情况下，为了简化构造，宜采用少肋型式。通常桥宽在 20 m 以内时，均可采用双肋式；当桥宽在 20 m 以上时，可采用分离的双幅双肋拱，以避免由于肋中距增大而使肋间横系梁、拱上结构横向跨度与尺寸增大太多。上下游拱肋最外缘的间距一般不宜小于跨径的 1/15，以保证肋拱的横向整体稳定性。

拱肋的截面型式分为实体矩形、工字形、箱形、管形和劲性骨架混凝土箱形等。矩形截面具有构造简单、施工方便等优点，在受弯矩作用时不能充分发挥材料的作用，经济性差，一般仅用于中小跨径的拱肋。肋高可取跨径的 1/40 ~ 1/60，肋宽可为肋高的 0.5 ~ 2.0 倍。工字形截面，由于截面核心距比矩形大，具有更大的抗弯能力，常用于大、中跨径的肋拱桥。肋高一般为跨径的 1/25 ~ 1/35，肋宽为肋高的 0.4 ~ 0.5 倍，腹板厚度常为 30 ~ 50 cm。管形肋拱是指采用钢管混凝土结构作为拱肋的拱桥，钢管混凝土肋拱断面中钢管的根数、布置型式和直径等应根据桥梁的跨径、桥宽及受力等具体情况确定。其截面型式一般有：单管型[图 13 - 9(a)]、双肢亚铃型[图 13 - 9(b)]、四肢格构型[图 13 - 9(c)，(d)]和三角格构型[图 13 - 9(e)]等。其肋高与跨径之比常在 1/45 ~ 1/65 之间，钢管混凝土具有质量小、强度高、塑性好等优点，已广泛使用在中、下承式拱桥中，在上承式肋拱上也已开始使用。箱形肋高一般为跨径的 1/50 ~ 1/70，或按式(13 - 2)估算，肋宽一般为肋高的 1.0 ~ 2.0 倍。

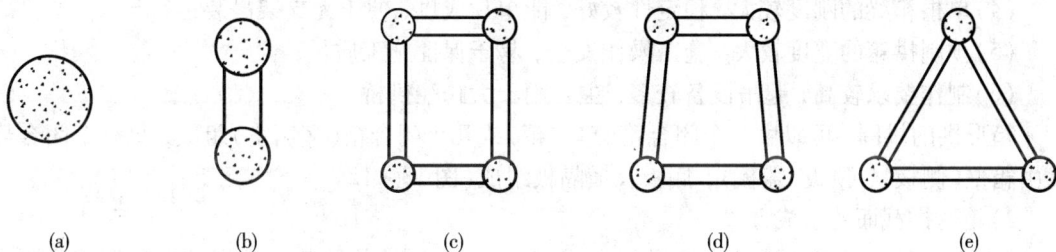

图 13 - 9　钢管混凝土拱肋截面型式

分离式的拱肋需设置横系梁，以增强肋拱横向整体稳定性，同时还可以起到横向分布荷载的作用。因此，要求横系梁具有足够的强度和刚度，并与拱肋牢固联结。横系梁一般可采用矩形、工形、桁片式梁或箱形梁，如图 13－10 所示。

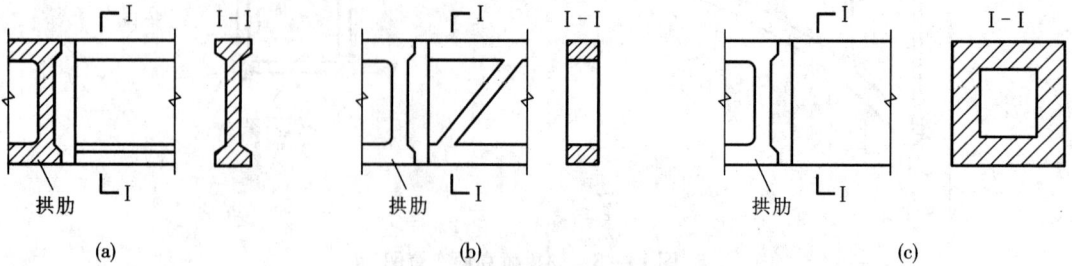

(a)　　　　　　　　　　　(b)　　　　　　　　　　　(c)

图 13－10　箱形拱横系梁

(a)工字形；(b)桁片；(c)箱形

3. 箱形拱

主拱圈截面由多室箱构成的拱称为箱形拱(图 13－11)，又由于箱形拱主拱截面外观同板拱，所以也称箱板拱。

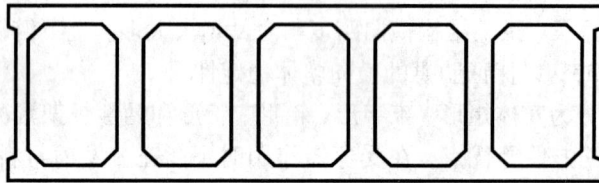

图 13－11　箱形拱拱圈断面示意图

1)箱形拱的主要特点

(1)截面挖空率大，挖空率可达全截面的 50%～60%，与板拱相比，可大量节省圬工体积，减轻质量；

(2)箱形截面的中性轴大致居中，对抵抗正负弯矩有几乎相等的能力，能较好地适应各截面正、负弯矩变化的情况；

(3)由于是闭合空心截面，抗弯、抗扭刚度大，拱圈的整体性好，应力分布比较均匀；

(4)单根箱梁的刚度较大，稳定性较好，能单片成拱，便于无支架吊装；

(5)预制拱箱的宽度较大，施工操作安全，易于保证施工质量；

(6)制作要求较高，起吊设备较多，主要用于大跨径拱桥。

箱形拱的拱圈，可以由一个闭合箱(单室箱)或几个闭合箱(多箱室)组成，每一个闭合箱又由箱壁(侧板)，顶板(盖板)，底板及横隔板组成(图 13－12)。

2)箱形拱截面的组成方式

(1)由多条 U 形肋组成的多箱形截面[图 13－13(a)]，此种截面是将底板和箱壁预制成 U 形拱肋(沿拱轴方向一定间距设置横隔板)，分段预制，吊装合拢后再安装 U 形断面的肋盖

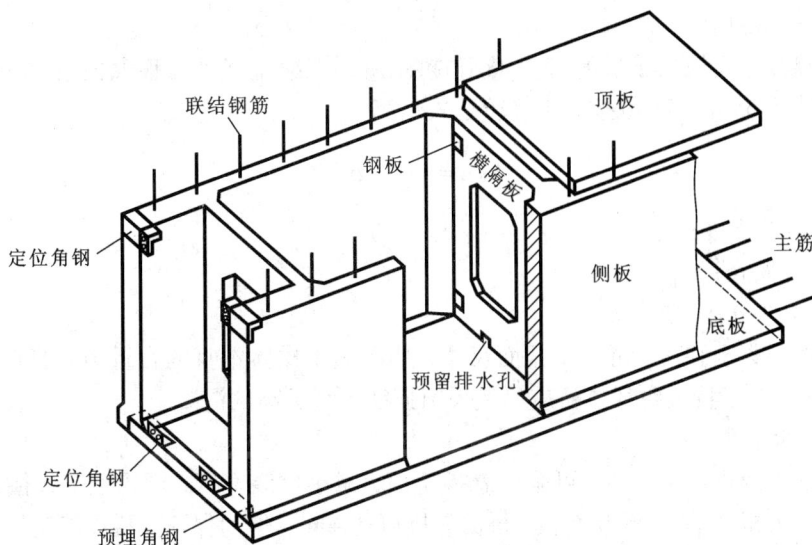

图 13－12　箱形拱闭合箱的构造

板(预制)，最后现浇顶板和填缝混凝土形成箱形截面。

(2)多条工字形组成的多室箱形截面[图 13－13(b)]。这种截面是在工字形预制拱肋段吊装合拢后，相邻工字形肋翼缘板直接对拼并焊好连接钢板。

(3)由多条闭合箱肋组成的多室箱形截面[图 13－13(c)]。首先预制箱肋的侧板，横隔板，其后在拱胎上安装箱底板侧模，组拼箱侧板和横隔板，然后，现浇箱底板，再浇箱底板及侧板与横隔板之接头，从而形成开口箱肋段。最后立模现浇箱顶板形成待吊装的闭合箱肋段。各闭合箱肋吊装成拱后，浇筑肋间填缝混凝土就形成了多室箱形拱肋。

(4)整体式单箱多室截面。此种截面外形为一箱，箱内具有多个室[图 13－13(d)]，它主要用于不能采用预制吊装的特大型拱桥。这种截面的形成与施工方法有关，当采用转体施工时，截面可在拱胎(支架)上组装或现浇形成；当采用悬臂施工时，可采用与悬臂浇筑梁桥类似的方法，在空中逐块浇注并合拢，也可采用预制拼装成拱。

箱形拱的构造与施工方法有密切的联系，修建箱形拱时，可以采用预制拱箱无支架吊装或有支架现场院浇筑等施工方法。采用无支架施工时，拱箱可分段预制，当吊装能力很大时，可采用封闭式拱箱，以增加拱箱在施工过程中的整体稳定性，减少施工步骤。

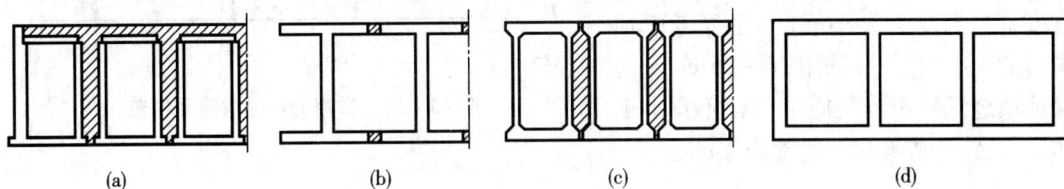

图 13－13　箱形截面组合方式

3)箱形拱截面尺寸的拟定

拟定箱形拱截面尺寸主要包括拱圈的高度、宽度、箱肋的宽度以及顶底板及腹板尺寸。

（1）拱圈的高度

拱圈的高度主要取决于拱的跨度，还与拱圈所用混凝土强度有很大关系，初拟拱圈的高度可取跨径的 1/55～1/75 或按如下经验公式估算：

$$h = \frac{l_0}{100} + \Delta \qquad\qquad (13-2)$$

式中：h——拱圈高度；

　　　l_0——净跨径；

　　　Δ——取为 0.6～0.8 m。

提高拱圈混凝土强度，可减小截面尺寸，从而减小拱体本身的自重力。目前，常用 C35～C40 混凝土，对于特大跨径拱桥应尽量采用强度等级更高的混凝土。

（2）拱圈的宽度

拟定箱形拱的拱圈宽度时，可采用悬挑桥面，减小拱圈宽度，即采用窄拱圈形式，拱圈的宽度一般可为桥宽的 1.0～0.6 倍，桥面悬挑可达 4 m。但为保证其横向稳定性，一般希望桥宽不小于跨径的 1/20。但特大跨径桥的拱圈宽度常难以满足该条件，只要横向稳定性能得到保证即可。

（3）箱肋的宽度

箱肋是组成预制吊装施工箱形拱桥的基本构件。拱圈宽度确定后，根据（缆索）吊装能力，在横向划分为几个箱肋，即可确定箱肋的宽度。

（4）顶底板及腹板尺寸拟定

对于常用由多条闭口箱肋组成的箱形拱（图 13-14）其顶底板及腹板各部分尺寸采用何值，与跨径及荷载大小有关。顶、底板厚度 t_d 一般为 15～22 cm，两外箱肋外腹板厚 t_{wf} 一般为 12～15 cm，内箱肋腹板厚 t_{nf} 常取 5～7 cm。以尽量减少吊装质量，但需注意的是拱圈顶、底、腹板太薄可能出现压溃，其原因除构造尺寸太小外，就是应力允许值用得太大（国际上对压板应力值限制很严），故应对其作必要的局部应力验算。填缝宽度 t_f 根据受力大小确定（主要考虑轴向力的大小），一般采用 20～35 cm。为保证填缝混凝土浇筑质量，Δ_1 不宜小于 15 cm，Δ_2 为安装缝，通常为 4 cm。

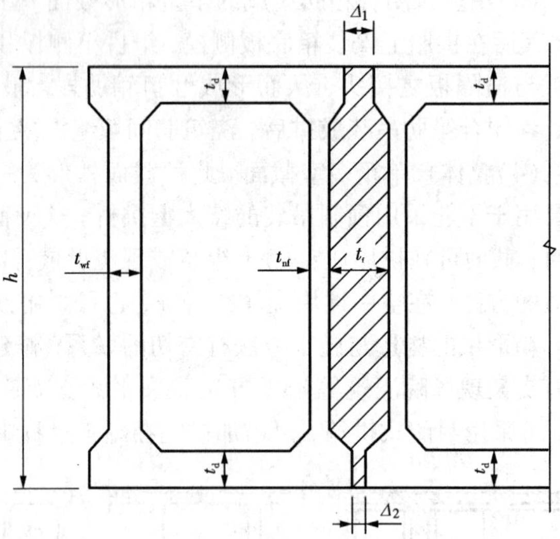

图 13-14　常用的箱形拱截面构造

13.1.3　拱上建筑构造

拱上建筑是拱桥的一部分。拱上建筑的型式，一般分为实腹式和空腹式两大类。

1. 实腹式拱上建筑

实腹式拱上建筑由侧墙、拱腹填料、护拱、变形缝、防水层、泄水管和桥面等部分组成

（图 13 - 15）。实腹式拱上建筑的特点是构造简单，施工方便，填料数量较多，恒载较重，因此，一般用于小跨径的拱桥。

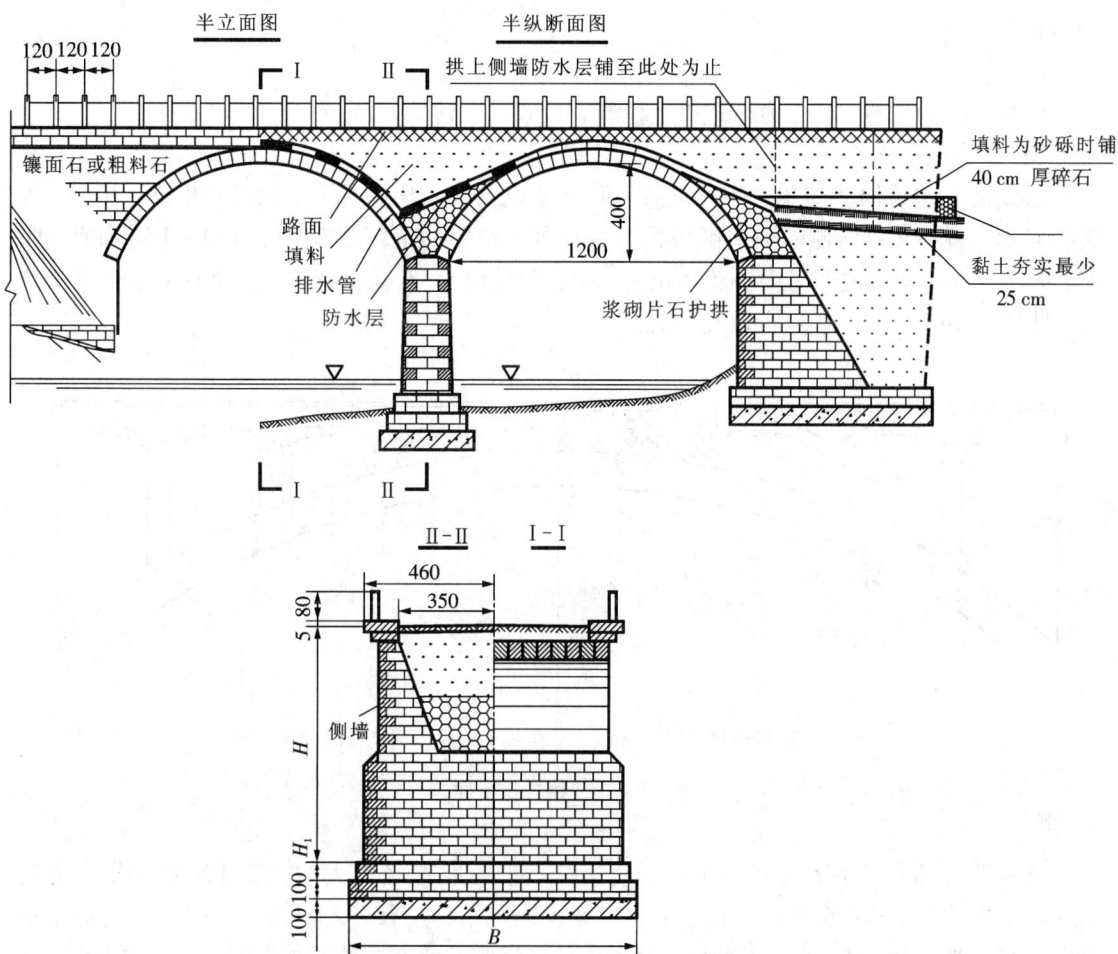

图 13 - 15　实腹式拱桥构造(尺寸单位：cm)

拱腹填料分为填充式和砌筑式两种，填充式拱腹填料应尽量做到就地取材，通常采用砾石、碎石、粗砂或卵石类黏土并加以夯实。在地质条件较差的地区，为了减轻拱上建筑的重量，可以采用其他轻质材料，如炉渣与黏土的混合物，陶粒混凝土等。砌筑式拱腹就是在散粒料不易取得时采用的一种干砌圬工方式。

侧墙的作用是围护拱腹上的散粒填料，设在拱圈两侧，一般用块石或片石砌筑，为了美观的需要，可以用料石镶面。侧墙一般要求承受拱腹填料及车辆荷载产生的侧压力，故按挡土墙进行设计。对浆砌圬工的侧墙，顶面厚度一般为 50 ~ 70 cm，向下逐渐增厚，墙脚的厚度可取侧墙高度的 0.4 倍。

护拱设于拱脚段，以便加强拱脚段的拱圈，同时便于在多孔拱桥上设置防水层和泄水管，通常采用浆砌块石或片石结构。

2. 空腹式拱桥

大、中跨径的拱桥,特别是当矢高较大时,实腹式拱上建筑的填料多,重量大,因而以采用空腹式拱上建筑为宜。空腹式拱上建筑除具有实腹式拱上建筑相同的构造外,还具有腹孔和腹孔墩。

1)腹孔

根据腹孔的构造,可分为拱式拱上建筑和梁式拱上建筑两种。

(1)拱式拱上建筑

拱式拱上建筑构造简单,外形美观,但质量较大,一般用于圬工拱桥[图13-16(a)]。腹孔对称布置在靠拱脚侧的一定区段内,一般在半跨内的范围以跨径的1/3~1/4为宜,此时,跨中存在一实腹段。对中小跨径拱桥,腹孔跨数以3~6孔为宜,目前也有采用全空腹型式[图13-16(b)],一般以奇数孔为宜。

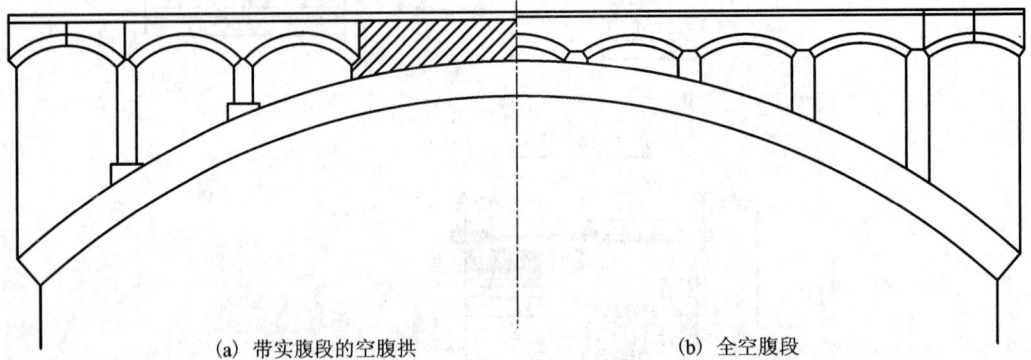

(a) 带实腹段的空腹拱　　　　　　　　(b) 全空腹段

图13-16　拱式拱上建筑

腹孔跨径的确定主要应考虑主拱的受力需要。腹孔跨径过大时,腹孔墩处的集中力就大,对主拱受力不利;腹孔跨径过小时,对减少拱上结构质量不利,构造也较复杂。对中小跨径拱桥一般选用2.5~5.5 m为宜,对大跨径拱桥则控制在主跨径的1/8~1/15之间,腹孔的构造宜统一,以便施工和有利腹孔墩的受力。

腹拱的拱圈,可以采用石砌、混凝土预制或现浇的圆弧形板拱,矢跨比一般为1/2~1/5,有时也采用矢跨比为1/10~1/12的微弯板或扁壳结构作为腹板拱跨结构。腹拱圈的厚度与它的构造形式有关,当跨径小于4 m时,石板拱为30 cm,混凝土板拱为15 cm,微弯板为14 cm(其中预制6 cm,现浇8 cm);当跨径大于4 m时,腹拱圈厚度则可按板拱厚度经验公式或参考已成桥的资料确定腹拱。拱腹填料与实腹拱相同。

紧靠桥墩(台)的第一个腹拱,目前较多的做法是将腹拱的拱脚直接支承在墩(台)上[图13-17(a)、(b)],或跨越桥墩、使桥墩两侧的腹拱圈相连[图13-17(c)]。由于拱圈受力后变形较大,而墩台变形较小,容易造成第一个腹拱因拱脚变位而开裂,因而靠近墩台的第一个腹拱应做成三铰拱,即腹拱顶及其两个拱脚均为铰结(静定体系)。

(2)梁式拱上建筑

采用梁式拱上建筑,可使桥梁造型轻巧美观,减轻拱上重量,降低拱轴系数(使拱上建筑的恒载分布接近于均布荷载),改善拱圈施工过程中的受力状况,获得更好的经济效果。梁

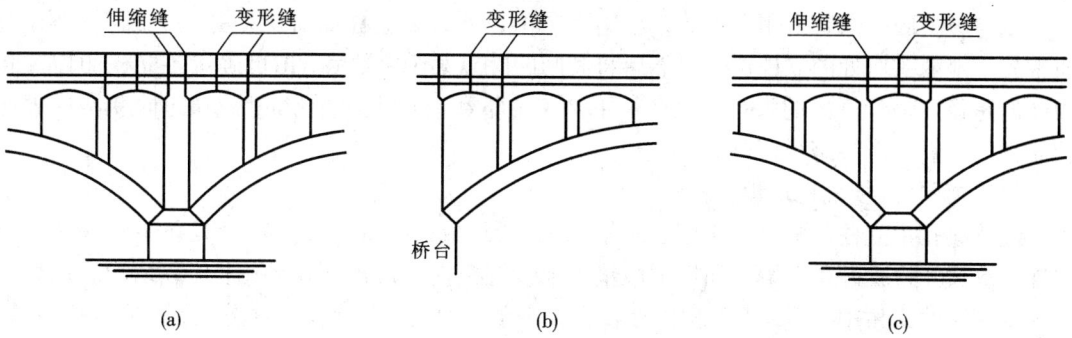

图 13 – 17　桥墩(台)上腹拱的布置方式

式腹孔结构有简支、连续和框架式等多种型式。

①简支腹孔(纵铺桥道板梁)

简支腹孔由底梁(座)、立柱、盖梁和纵向简支桥道板(梁)组成。由于桥道板(梁)简支在盖梁上,因此,基本上不存在拱与拱上结构的联合作用,受力明确,是大跨径拱桥拱上建筑采用的主要型式。

简支腹孔的布置有两种方法:一种是对称布置在每半跨自拱脚至拱顶 $l/3 \sim l/4$ 内[图 13 –18(a)], l 为主拱跨径;一种是全空腹式结构[图 13 –18(b)]。前者多用于板拱,后者多用于大跨径拱桥。

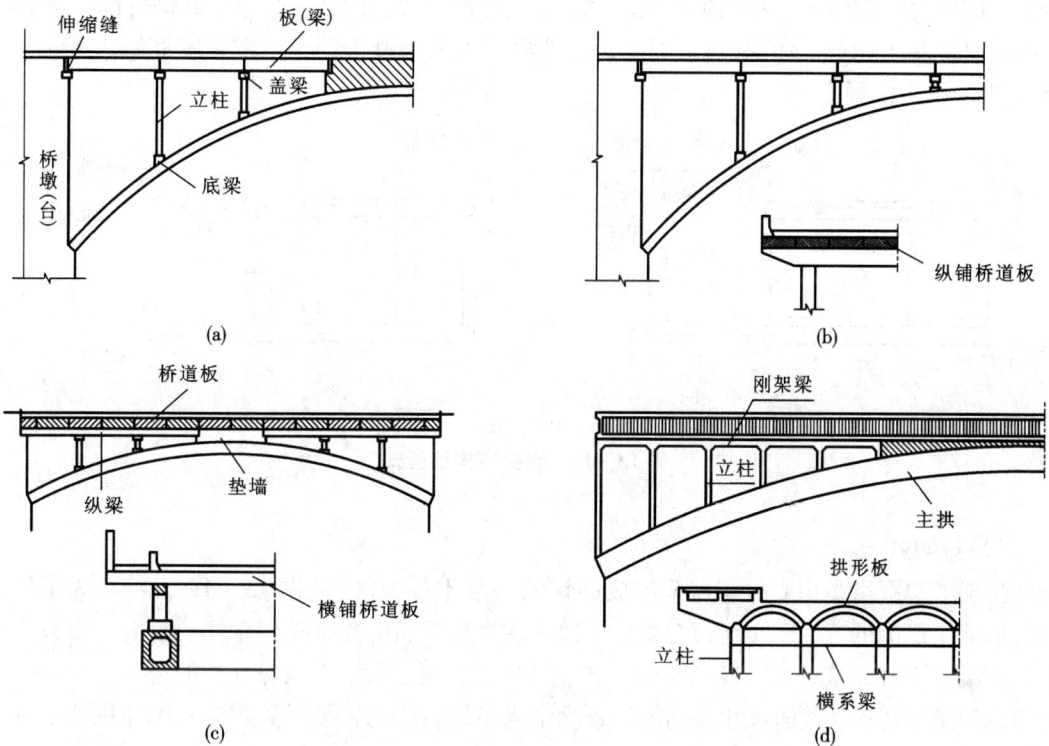

图 13 – 18　梁式空腹式拱上建筑

(a)带实腹段的简支腹孔;(b)全空腹式的简支腹孔;(c)连续腹孔;(d)框架式腹孔

全空腹式腹孔数宜采用奇数跨，避免因在拱顶处设置立柱而对拱顶受力造成不利影响，通常先确定两拱脚处的立柱位置。然后将其间距除以某个奇数后，即可确定各立柱的位置和腹孔的跨径。但计算出的腹孔跨径往往不是一个整数，可以调整孔数，或通过改变两拱脚处的立柱的位置来调整跨径值。

②连续腹孔(横铺桥道板梁)

连续腹孔由立柱、纵梁、实腹段垫墙及桥道板组成[图 13 – 18(c)]。先在拱上立柱上设置连续纵梁，然后再在纵梁上和拱顶段垫墙上设置横向桥道板，形成拱上传载结构。这种形式主要用于肋拱桥中，其特点是桥面板横置，拱顶上只有一个板厚(含垫墙)和桥面铺装厚。建筑高度很小，适合于建筑高度受限制的拱桥。

③框架腹孔

框架腹孔在横桥向根据需要设置，每片通过系梁形成整体[图 13 – 18(d)]。

2)腹孔墩

腹孔墩可分为横墙式和排架式两种。

(1)横墙式

横墙式墩身[图 13 – 19(a)]一般采用圬工材料砌筑或现浇混凝土做成实体墙，施工简便。有时为了节省圬工，减轻重量或便于检修人员在拱上建筑内通行，也可在横墙上设过人孔。横墙式腹孔墩自重大，但节省钢材，多用于砖、石拱桥中。腹孔墩的厚度，用浆砌片石、块石时，不宜小于 0.6 m；用混凝土浇注时，一般应大于腹拱圈厚度的一倍。底梁能使横墙传下来的压力较均匀地分布到主拱圈全宽上，其每边尺寸较横墙宽 5 cm，其高度则以使较矮一侧高出拱圈 5 ~ 10 cm 的原则来确定，底梁常采用素混凝土结构。墩帽宽度宜大于墙宽 5 cm，也采用素混凝土。

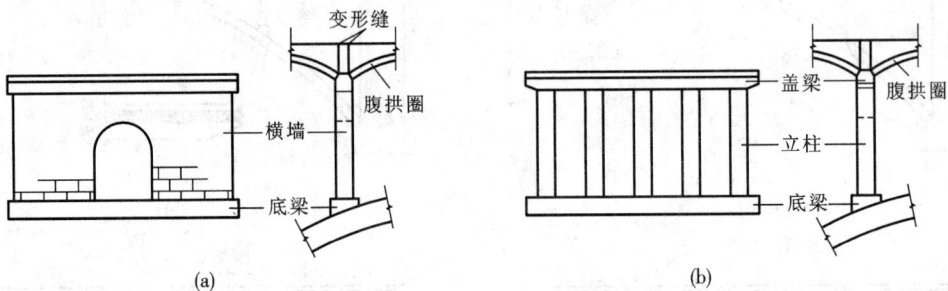

图 13 – 19　腹拱墩构造型式

(2)排架式

排架式腹孔墩是由立柱和盖梁组成的钢筋混凝土排架结构[图 13 – 19(b)]。为了使立柱传递给主拱圈的压力不至于过分集中，通常在立柱下面设置底梁。立柱一般由 2 根或多根钢筋混凝土立柱组成，立柱较高时应在各立柱间设置横系梁，以确保立柱的稳定。立柱和横梁常采用矩形矩面，截面尺寸及钢筋配置除了满足结构受力需要外，并应考虑和拱桥的外形及构造相协调。腹孔墩的侧面一般做成竖直的，以方便施工。

对于拱上结构与主拱联结成整体的钢筋混凝土空腹式拱桥，在活载或温度变化等因素作用下将引起拱上结构变形，在腹孔墩中产生附加弯矩，而导致节点附近产生裂缝。为了使拱上结构不参与主拱受力,可以将腹孔墩的上、下端设铰,使它成为仅受轴向压力的受力构件。这样就能改善拱上建筑腹孔墩的受力情况,由力学知识可知,当腹孔墩截面尺寸相同时,高度较大的腹孔墩的相对刚度要比矮腹孔墩小。为了简化构造和方便施工,一般高立柱仍采用固结形式。而只将靠近拱顶处的 1 ~ 2 根高度较小的矮立柱上、下端设铰(图 13 - 20)。

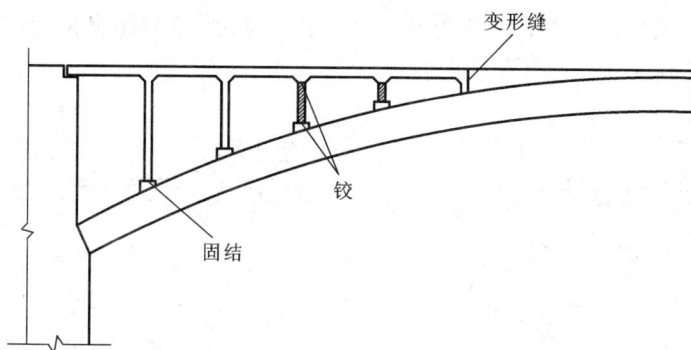

图 13 - 20　立柱的连接方式

13.1.4　其他细部构造

1. 拱上填料、桥面及人行道

拱上建筑中的填料,一方面能扩大车辆荷载的分布面积的作用,同时还能减小车辆荷载的冲击作用,但也增加了拱桥的恒载重量。无论是实腹式拱,还是空腹式拱(除无拱上填料的轻型拱桥),主拱圈及腹拱圈的拱顶处的填料厚度(包括路面厚度)均不宜小于 0. 30 m(图 13 - 21)。根据《公路桥涵设计通用规范》(JTG D60—2004)的规定,当拱上填料厚度等于或大于 50 cm 时,设计计算中不计汽车荷载的冲击力。

在大跨度钢筋混凝土拱桥或在地基条件很差的情况下,为了进一步减轻拱上建筑重量,可以减薄填料厚度,甚至可以不用填料,直接在拱顶上修建混凝土路面,此时应计入汽车荷载的冲击力。

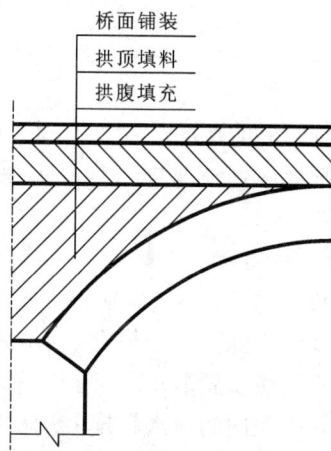

图 13 - 21　拱上填料图式

拱桥行车道和人行道的桥面铺装要求与梁桥的基本相同。

2. 伸缩缝与变形缝

由于拱上建筑与主拱圈的共同作用,一方面拱上建筑能够提高主拱圈的承载能力;但另一方面,它对主拱圈的变形又起到约束作用,在主拱圈和拱上建筑内均产生附加内力,从而使结构受力复杂。

为使结构的计算图式尽量与实际的受力情况相符合,避免拱上建筑不规则地开裂,以保证结构的安全使用和耐久性,除在设计计算上应作充分的考虑外,还需在构造上采取必要的措施。通常是在相对变形(位移或转角)较大的位置设置伸缩缝(把墩台和拱上结构用一条横向的贯通缝完全隔开,断缝宽度大于 2 cm 称为伸缩缝),而在相对变形较小处设置变形缝

（无宽度或宽度小于 2 cm 的称为变形缝）。实腹式拱桥的伸缩缝，通常设在两拱脚的上方[图13 - 22(a)]，并在横桥方向贯通全宽和侧墙的全高至人行道。伸缩缝多做成直线形，使其构造简单、方便施工。对拱式空腹拱桥[图 13 - 22(b)]，一般将紧靠桥墩(台)的第一个腹拱圈做成三铰拱，并在靠墩台的拱铰上方，也相应地设置伸缩缝，在其余两铰的上方也设变形缝。在大跨径拱桥墩中，还应将靠拱顶的腹拱做成两铰或三铰拱。并在拱脚上方也设置变形缝，以便使拱上建筑更好地适应主拱圈的变形。对于梁式腹孔，通常是在桥台和墩顶立柱处设置标准伸缩缝，而在其余立柱处采用桥面连续。

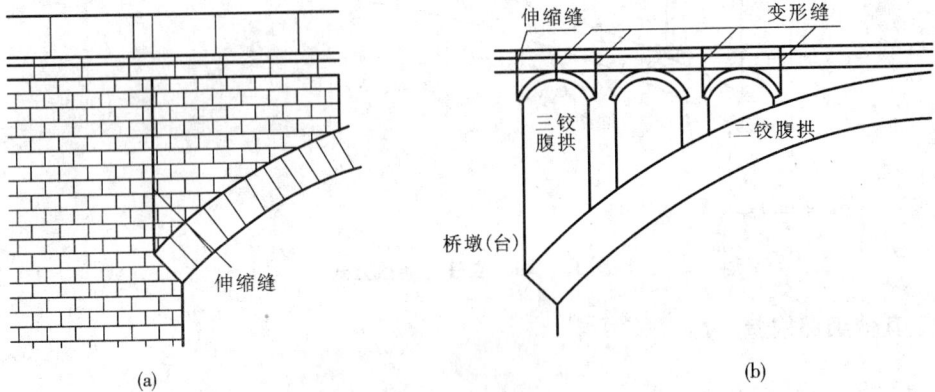

图 13 - 22　拱桥伸缩缝及变形缝的布置

伸缩缝的宽度一般为 2 ~ 3 cm，通常是在施工时用锯屑与沥青按 1:1 比例配合压制成的预制板嵌入砌体或埋入现浇混凝土中即可。变形缝则不留缝宽，可用干砌或油毛毡隔开即可。

3. 排水与防水

对于拱桥，不仅要求将桥面雨水及时排除，而且也要求将透过桥面铺装渗入到拱腹内的雨水及时排除。关于桥面雨水的排除，除桥梁设置纵坡和桥面设置横坡外，一般还沿桥面两侧缘石边缘设置泄水管(图13 - 23)，透过桥面铺装渗入到拱腹内的雨水，应由防水层汇集于预埋在拱腹内的泄水管排出，防水层和泄水管的敷设方式与上部结构的型式有关。

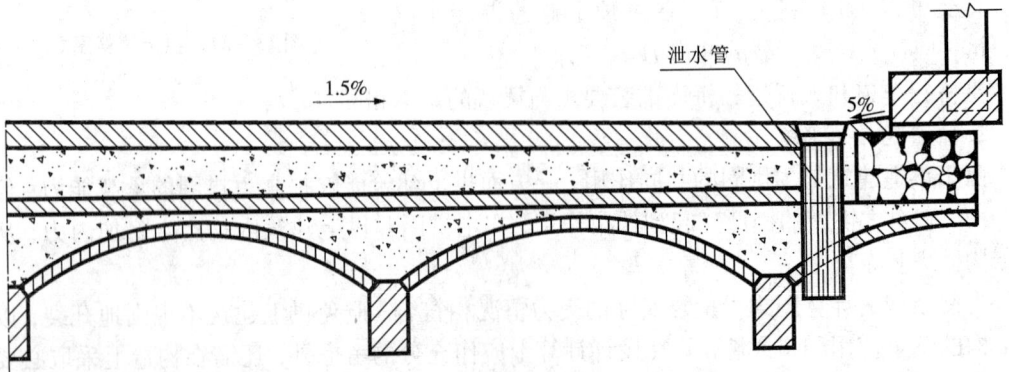

图 13 - 23　拱桥桥面排水装置

实腹式拱桥,防水层应沿拱背护拱侧墙铺设。如果是单孔,可以不设拱腹泄水管,积水沿防水层流至两个桥台后面的肓沟,然后沿肓沟排出路堤(图13-15右侧桥台的构造),如果是多孔桥,可在跨径1/4处设泄水管[图13-24(a)],对于空腹式拱桥,防水层应沿腹拱上方与主拱圈跨中实腹段的拱背设置,泄水管也宜布置在1/4跨径处[图13-24(b)]。对跨线桥、城市桥或其他特殊桥梁,应设置全封闭式排水系统。防水层在全桥范围内不宜断开,在通过伸缩缝或变形缝处需要妥善处理,使其既能防水又能变形。

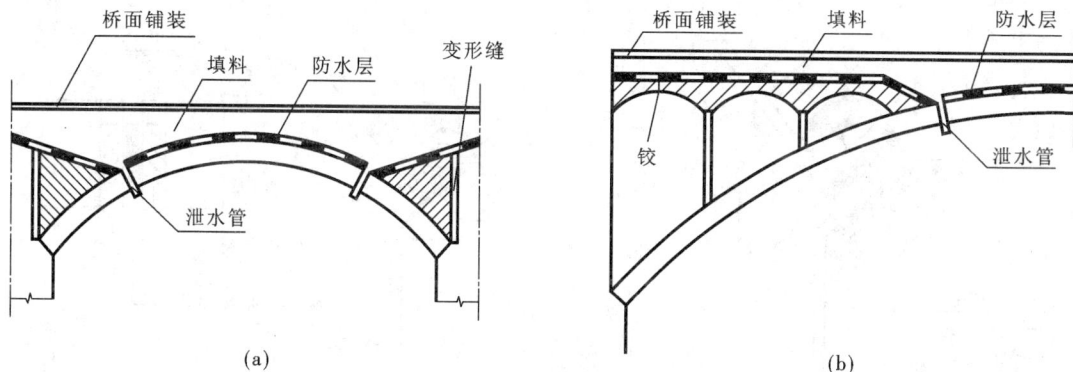

图 13-24　防水层拱腹泄水管的布置

4. 拱铰

拱铰按其作用,可分为永久性铰和临时性铰两种。永久性铰主要用在按三铰拱或两铰拱设计的主拱圈、空腹式拱上建筑中腹拱圈按构造要求需要采用的两铰拱或三铰拱以及需设置铰的矮小腹孔墩。永久性铰除要满足设计计算的要求外,还要能保证长期的正常使用,因此构造复杂,造价高。临时性铰是在施工中,为了消除或减少主拱的部分附加内力,以及对主拱内力作适当调整时在拱脚或拱顶设的铰。由于临时性铰在施工结束后要将其封固,因此构造较简单,但必须可靠。

常用的拱铰型式有弧形铰、铅垫铰、平铰、不完全铰和钢铰。

(1) 弧形铰

弧形铰(图13-25)由两个具有不同半径弧形表面的块件组成,一个为凹面(半径为R_2),一个为凸面(半径为R_1),R_2与R_1的比值常在1.2~1.5范围内取用。铰的宽度应等于构件的全宽,沿拱轴线方向的长度,取为厚度的1.15~1.20倍,铰的接触面应精确加工,以确保紧密结合。弧形铰由于构造复杂,加工铰面既费工又难以保证质量。因此主要用于主拱圈的拱铰。弧形铰一般用钢筋混凝土或石料等做成。

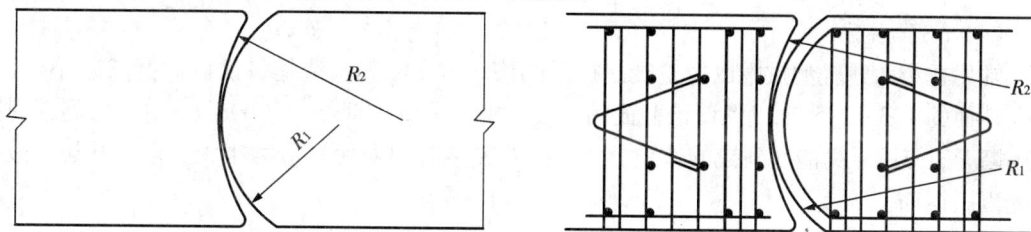

图 13-25　弧形铰

(2)铅垫铰

对于中小跨径的板拱或肋拱，可以采用铅垫铰(图13-26)，铅垫铰由厚度1.5~2.0 cm的铅垫板外包以锌、铜薄片(1.0~2.0 cm)构成，铅垫板的宽度为拱圈厚度的1/4~1/3，在主拱圈的全部宽度上分段设置。铅垫板是利用铅的塑性变形达到支承面的自由转动，从而实现铰的功能。此外，铅垫铰也可用作临时铰。

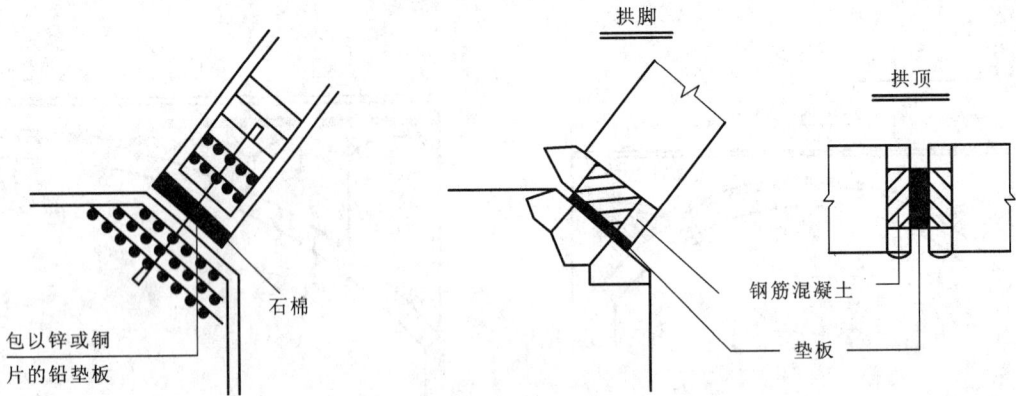

拱脚

拱顶

钢筋混凝土

垫板

石棉

包以锌或铜片的铅垫板

图13-26　铅垫铰

(3)平铰

平铰就是构件两端面(平面)直接支承，其接缝可铺一层低标号砂浆，也可垫衬油毛毡或直接干砌，一般用于空腹式腹拱圈上(图13-27)。

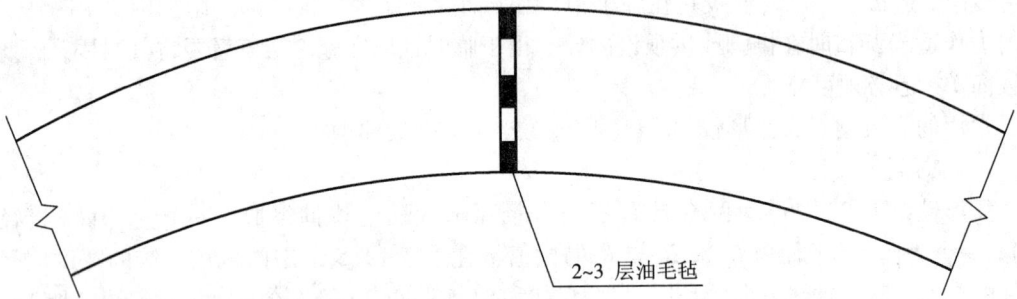

2~3层油毛毡

图13-27　平铰

(4)不完全铰

常用在小跨或轻型拱圈以及空腹式拱桥的腹墩柱上，其构造是将拱截面突然减小(一般为全截面的1/3~2/5)，以保证该截面的转动功能[图13-28(a)、(b)、(c)]。在施工时拱圈不断开，使用时又能起到铰的作用，由于截面突然变小而使其应力很大，容易开裂。故必须配以斜钢筋。

(5)钢铰

钢铰[图13-28(d)]通常做成理想铰。钢铰除用于少数有铰钢拱桥的永久铰结构外，更

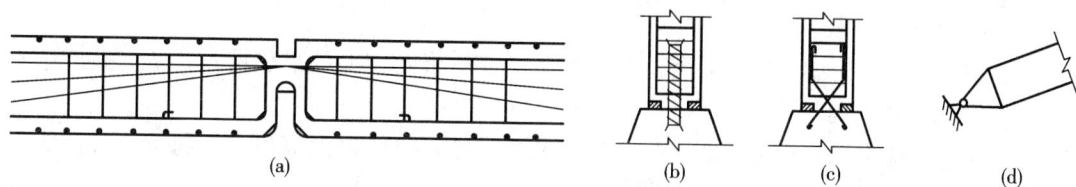

图 13 - 28　其他类型铰

（a）、（b）、（c）不完全铰；（d）钢铰

多的用于施工需要的临时铰。

13.2　中、下承式混凝土拱桥的总体布置

13.2.1　中、下承式拱桥的总体布置与适用情况

中承式拱桥的行车道位于拱肋的中部，桥面系(行车道、人行道、栏杆等)一部分用吊杆悬挂在拱肋下，一部分用刚架立柱支承在拱肋上，如图 13 - 29 所示。

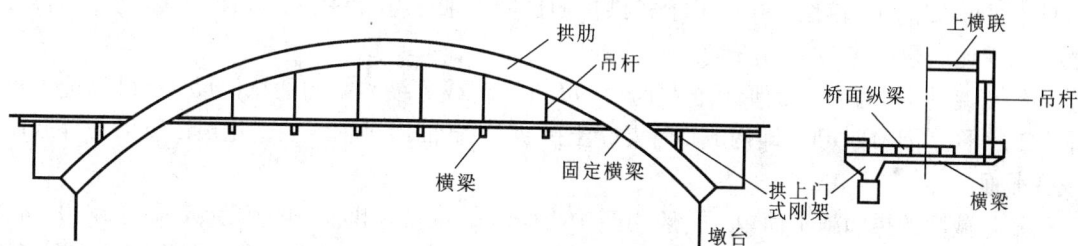

图 13 - 29　中承式钢筋混凝土拱桥的总体布置

下承式拱桥桥面系通过吊杆悬挂在拱肋下，在吊杆下端设置横梁和纵梁，在纵、横梁系统上支承行车道板，组成桥面系，如图 13 - 30 所示。

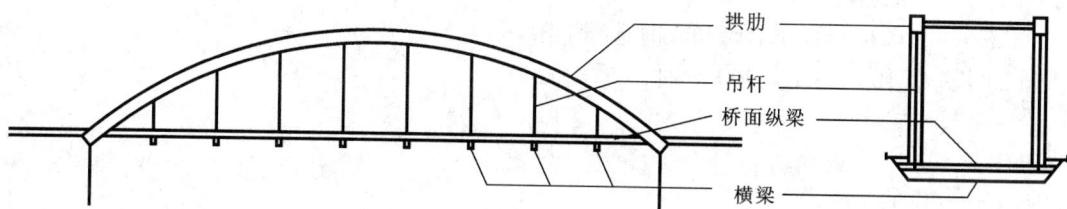

图 13 - 30　下承式钢筋混凝土拱桥的总体布置

中、下承拱桥保持了上承式拱桥的基本力学特性，可以充分发挥拱圈混凝土材料的抗压性能，一般适用于以下情况：

（1）桥梁建筑高度受到严格限制时，如采用上承式拱桥则矢跨比过小，可采用中、下承式拱桥满足桥下净空要求；

（2）在不等跨拱桥中，为了平衡桥墩的水平力，将跨度较大的拱矢跨比加大，做成中承式拱桥，从而减小大跨的水平推力；

（3）在平坦地形的河流上，采用中、下承式拱桥可以降低桥面高度，有利于改善桥头引道的纵断面线形，减少引道的工程数量；

（4）在城市景点或旅游区，为配合当地景观而采用中、下承式拱桥；

（5）由于是推力拱，需要较好的地基。

13.2.2　中下承式拱桥的基本组成和构造

中、下承式拱桥的桥跨结构一般由拱肋、横向联系、吊杆和桥面系等组成。拱肋是主要的承重构件；横向联系设置在两片拱肋之间，以增加两片分离式拱肋的横向刚度和稳定性；吊杆和桥面系称为悬挂结构，桥面荷载通过它们将作用力传递到主结构拱肋上。

1. 拱肋

组成拱肋的材料可以是钢筋混凝土、钢管混凝土、劲性骨架混凝土或纯钢材，两片拱肋一般在两个相互平行的平面内。有时为了提高拱肋的横向稳定性和承载力，也可使两拱肋顶部互相内倾，称为提篮式拱。由于拱肋的恒载分布比较均匀，因此，拱轴线一般采用二次抛物线，也可以采用悬链线。中、下承式拱桥的拱肋一般采用无铰拱，以保证其刚度。通常，肋拱矢跨比的取值在 1/4 ~ 1/7 之间。

钢筋混凝土拱肋的截面形状根据跨径的大小、荷载等级和结构的总体尺寸，可以选用矩形、工字形、箱形或管形（即构成钢管混凝土拱肋）。截面沿拱轴线的变化规律可以为等截面或变截面。

矩形截面的拱肋施工简单，一般用于中小跨径的拱桥。拱肋的高度为跨径的 1/40 ~ 1/70，肋宽为肋高的 0.5 ~ 1.0 倍；工字形和箱形截面常用于大跨径的拱肋。其拱顶肋高 h_d 的拟定采用下列经验公式：

（1）跨径 ≤ 100 m 时，

$$h_d = \frac{1}{100}l_0 + \Delta \tag{13-3}$$

式中：l_0——拱的净跨径；

Δ——取 0.6 ~ 1.0 m，跨径大时选用上限。

（2）当跨径 100 m < l_0 ≤ 300 m 时，

$$h_d = \frac{1}{100}l_0 + \alpha\Delta \tag{13-4}$$

式中：l_0——拱的净跨径；

α——高度修正系数，取值范围为 0.6 ~ 1.0；

Δ——常数，取值范围 2.0 ~ 2.5 m。

拱肋可以在拱架上立模现浇，也可以采用预制拼装。

2. 横向联系

为了保证两片拱肋的面外稳定，一般须在两片分离的拱肋间设置横向联系。横向联系可做成横撑、对角撑等型式(图 13 − 31)。横撑的宽度不应小于其长度的 1/15。横向联系的设置往往受桥面净空高度的限制，横向联系构件只容许设置在桥面净空高度范围之外的拱段(对于中承式拱肋，还可以设置在桥面以下的肋段)。

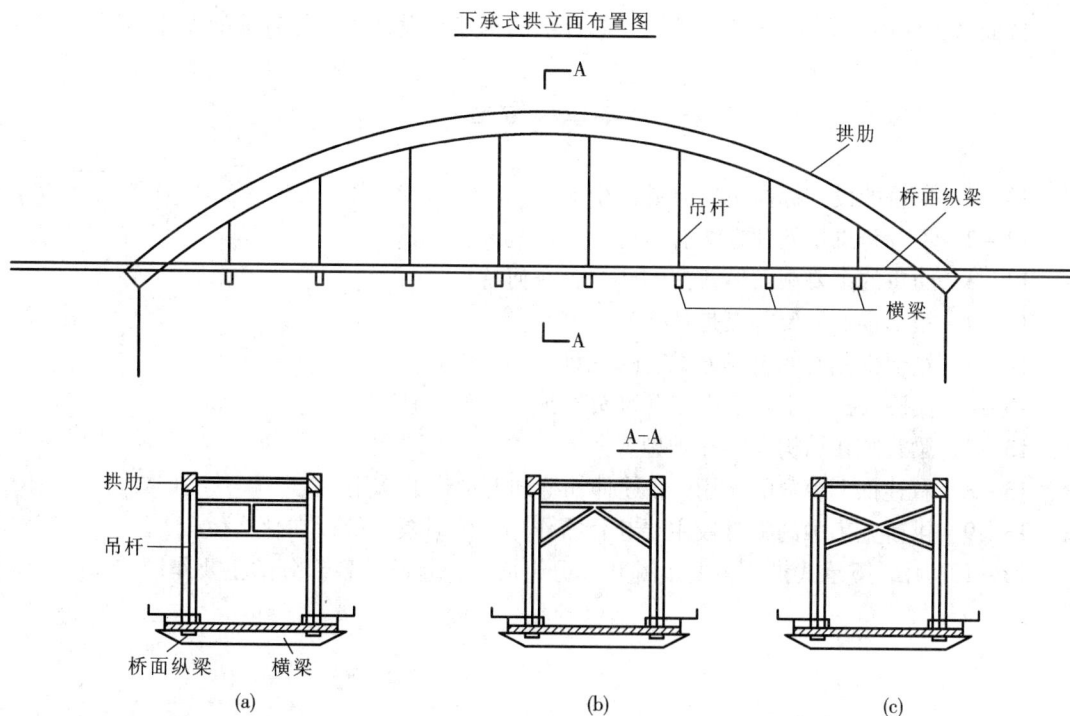

图 13 − 31　横向联系类型
(a)一字形和 H 形横撑；(b)K 形对角撑；(c)X 形对角撑

　　有时为了满足规定的桥面净空高度要求，而不得不将拱肋矢高加大来设置横向构件。也有为满足桥面净空要求和改善桥上的视野而取消行车道以上的横向构件，做成敞口式拱桥。为了保证敞口性式拱桥的横向刚度和横向稳定，可以采取以下措施：采用刚性吊杆，使吊杆与横梁形成一个刚性半框架，给拱肋提供足够刚劲的侧向弹性支承，以承受拱肋上的横向水平力；加大拱肋的宽度，使其本身具有足够的横向刚度和稳定性；使拱脚具有牢固的刚性固结；对中承式拱桥，要加强桥面以下至拱脚区段的拱肋间固定横梁的刚度，并设置 K 撑或 X 撑。

　　3.吊杆

　　桥面系悬挂在吊杆上，受拉吊杆根据其构造分为刚性吊杆和柔性吊杆两类。

　　刚性吊杆是用钢筋混凝土或预应力混凝土制作。使用刚性吊杆可以增强拱肋的横向刚度，但用钢量大，施工程序多、工艺复杂。刚性吊杆两端的钢筋应扣牢在拱肋与横梁中，它一般设计为矩形，刚性吊杆除了承担轴向拉力之外，还须抵抗上下节点处的局部弯曲。

　　柔性吊杆一般用高强钢丝，或冷扎钢筋制作，高强钢丝做的吊杆通常采用镦头锚，而粗钢筋则采用轧丝锚与拱肋、横梁相联。为了提高钢索的耐久性，必须对钢索进行防护，为了防止钢索锈蚀，要求防护层有足够强度而不至于开裂，有良好的附着性而不会脱落。

吊杆的间距一般根据构造要求和经济美观等因素决定。间距大时，吊杆的数目减少，但纵、横梁的用料增多；反之，吊杆数目增多，纵、横梁用料减少。一般吊杆的间距为 4～10 m，通常吊杆取等间距。

4. 桥面系

桥面系由横梁、纵梁、桥面板组成。其详细的构造与设计可参见有关的专业书籍。

本章思考题

13－1 拱桥的设计标高主要有哪几个？

13－2 不等跨拱桥处理方法有哪些？

13－3 肋拱的主要截面形式有哪些？各有何特点？

13－4 箱形拱的主要特点是什么？

13－5 箱形拱截面的组成方式有哪几种？

13－6 实腹式拱拱上建筑由哪几部分组成？

13－7 梁式腹孔结构有哪几种型式？

13－8 叙述拱上填料的作用，叙述伸缩缝和变形逢的作用。

13－9 拱桥施工中的临时铰主要起什么作用？临时铰一般设在什么位置？

13－10 中、下承式拱桥主要由哪几部分组成？并且阐述各部分的主要作用。

第 14 章　拱桥的计算

拱桥为多次超静定的空间结构。实际上存在有"拱上建筑与主拱的联合作用",但为了简化分析,一般偏安全地不去考虑它。在横桥向,不论活载是否作用在桥面的中心,在桥梁的横断面上都会出现应力的不均匀分布,这种现象,称为"活载的横向分布",但目前我国在设计石拱桥,箱形拱桥及拱上建筑为立墙的双曲拱桥时,一般也不考虑这个影响。

14.1　悬链线拱的计算

拱轴线形直接影响主拱截面内力的分布与大小。理想的拱轴线是与拱上荷载的压力线重合,这样主拱截面只受轴向压力而无弯矩和剪力,截面应力分布均匀。但实际上由于主拱不但受到恒载的作用还受到活载、温度荷载、材料收缩等作用,拱轴线不可能与拱上荷载压力线完全重合,所以选择拱轴线也只可能尽量减少主拱截面的弯矩。一般来说,恒载所占比重相对于活载等其他荷载来说要大许多,在实际当中也一般采用恒载压力线作为拱轴线。恒载越大这种选择越合理。

14.1.1　实腹式悬链线拱

实腹式拱桥的恒载包括主拱圈、拱上填料和桥面的自重,其恒载集度由拱顶向拱脚连续分布且逐渐加大(图 14 – 1),其恒载压力线是一条悬链线。因此实腹式悬链线拱采用恒载压力线(不计弹性压缩)作为拱轴线。实腹式悬链线拱的拱轴方程就是在图 14 – 1(b)所示的恒载作用下,根据拱轴线与压力线完全吻合的条件推导出来的。

1. 拱轴方程的建立

取图 14 – 1 所示的坐标系,由拱轴线为恒载压力线可知在恒载作用下,拱顶截面的弯矩 $M_d = 0$,由于对称性,剪力 $Q_d = 0$,于是拱顶截面仅有恒载推力 H_g。对拱脚截面取矩,则有:

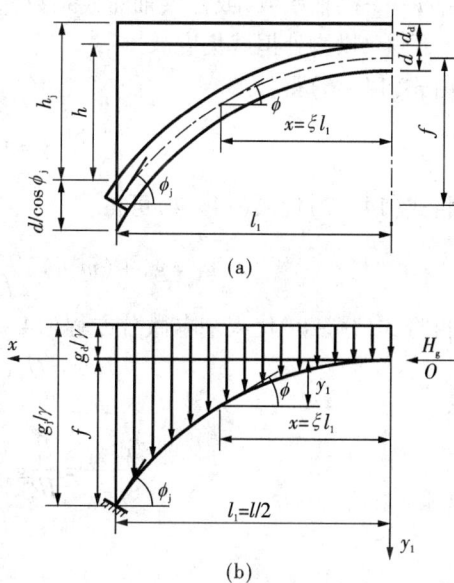

图 14 – 1　悬链线拱轴计算图示

$$H_g = \frac{\sum M_j}{f} \qquad (14 - 1)$$

式中：$\sum M_j$——半拱恒载对拱脚截面的弯矩；

H_g——拱的恒载水平推力(不考虑弹性压缩);

f——拱的计算矢高。

对任意截面取矩,可得:

$$y_1 = \frac{M_x}{H_g} \tag{14-2}$$

式中: M_x——任意截面以右的全部恒载对该截面的弯矩值;

y_1——以拱顶为坐标原点,拱轴上任意点的坐标。

式(14-2)即为求算恒载压力线的基本方程。将式(14-2)两边对 x 求二阶导数得:

$$\frac{\mathrm{d}^2 y_1}{\mathrm{d}x^2} = \frac{1}{H_g} \cdot \frac{\mathrm{d}^2 M_x}{\mathrm{d}x^2} = \frac{g_x}{H_g} \tag{14-3}$$

式(14-3)即为求算恒载压力线的基本微分方程。为了得到拱轴线(即恒载压力线)的一般方程,必须知道恒载的分布规律。由图14-1(b)得任意点的恒载集度 g_x 可以式(14-4)表示:

$$g_x = g_d + \gamma y_1 \tag{14-4}$$

式中: g_d——拱顶处恒载集度;

γ——拱上材料单位体积重量。

令:

$$m = \frac{g_j}{g_d} \tag{14-5}$$

由式(14-4)、式(14-5)得:

$$g_j = g_d + \gamma f = m g_d \tag{14-6}$$

式中: m——拱轴系数(或称拱轴曲线系数);

g_j——拱脚处恒载集度。

由式(14-6)得:

$$\gamma = (m-1)\frac{g_d}{f} \tag{14-7}$$

将式(14-7)代入(14-4)可得:

$$g_x = g_d + (m-1)\frac{g_d}{f}y_1 = g_d\left[1 + (m-1)\frac{y_1}{f}\right] \tag{14-8}$$

再将式(14-8)代入基本微分方程(14-3),引入参数:

$$x = \xi l_1 , \quad \text{则} \quad \mathrm{d}x = l_1 \mathrm{d}\xi$$

可得:

$$\frac{\mathrm{d}^2 y_1}{\mathrm{d}\xi^2} = \frac{l_1^2}{H_g}g_d\left[1 + (m-1)\frac{y_1}{f}\right]$$

令

$$k^2 = \frac{l_1^2 g_d}{H_g f}(m-1) \tag{14-9}$$

则:

$$\frac{\mathrm{d}^2 y_1}{\mathrm{d}\xi^2} = \frac{l_1^2 g_d}{H_g} + k^2 y_1 \tag{14-10}$$

式(14 – 10)为二阶非齐次常系数线性微分方程。解此方程,则得拱轴线方程为:

$$y_1 = \frac{f}{m-1}(\mathrm{ch}k\xi - 1) \qquad (14-11)$$

式(14 – 11)一般称为悬链线方程。

引入边界条件可得拱脚截面:$\xi = 1$,$y_1 = f$,代入式(14 – 11)得:

$$\mathrm{ch}k = m$$

通常,m 为已知值,则 k 值可由式(14 – 12)求得

$$k = \mathrm{ch}^{-1}m = \ln(m + \sqrt{m^2 - 1}) \qquad (14-12)$$

任一点的拱轴纵坐标 y_1 可由式(14 – 11)求得。

当 $m = 1$ 时,即表示恒载是均布荷载,则 $g_x = g_d$。将 $m = 1$ 代入式(14 – 9),解式(14 – 10)微分方程后可知,在均布荷载作用下的压力线为二次抛物线,其方程为:

$$y_1 = f\xi^2$$

由悬链线方程(14 – 11)可以看出,当拱的矢跨比 f/l 确定后,拱轴线各点的纵坐标将取决于拱轴系数 m,而 m 又取决于拱脚与拱顶的恒载集度比。各种 m 值的拱轴线坐标 y_1 值可直接查《拱桥设计手册》或由式(14 – 12)求得 k,再由式(14 – 11)计算求得。

2. 拱轴系数 m 的确定

如前所述,根据实腹拱的恒载分布规律,由图 14 – 1 知拱脚及拱顶处恒载集度分别为:

$$\begin{cases} g_d = h_d\gamma_1 + d\gamma \\ g_j = h_d\gamma_1 + h\gamma_2 + \dfrac{d}{\cos\varphi_j}\gamma \end{cases} \qquad (14-13)$$

式中:h_d——拱顶填料厚度,一般为 30 ~ 50 cm;

　　　d——拱圈厚度;

　　　γ——拱圈材料单位体积重量;

　　　γ_1——拱顶填料及路面的单位体积重量;

　　　γ_2——拱腹填料单位体积重量;

　　　φ_j——拱脚处拱轴线的水平倾角。

$$h = f + \frac{d}{2} - \frac{d}{2\cos\varphi_j} \qquad (14-14)$$

从公式(14 – 13)可以看出,除 φ_j 为未知数外,其余均为已知数。由于 φ_j 为未知,故不能直接算出 m 值,需用逐次逼近法确定:即先根据跨径和矢高假定 m 值,由《拱桥设计手册》表(Ⅲ) – 20 查得拱脚处的 $\cos\varphi_j$ 值,代入式(14 – 13)求得 g_j 后,即可算得 m 值。然后与假定的 m 值相比较,如两者相符,则假定的 m 值即为真实值;如两者相差较大,则应以算得的 m 值作为假定值(为了计算的方便,m 值应按表 14 – 1 所列数值假定),重新进行计算,直至两者接近为止。

由公式(14 – 11)可以看出,当拱的矢跨比 f/l 确定后,悬链线的形状取决于拱轴系数 m,而 m 值越大,曲线在拱脚处越陡,其线型特征点的位置就越高(图 14 –2)。拱跨 $l/4$ 点的纵坐标 $y_{l/4}$ 与 m 有下述关系:

当 $\xi = \dfrac{1}{2}$ 时,$y_1 = y_{l/4}$,由式(14 – 11)得:

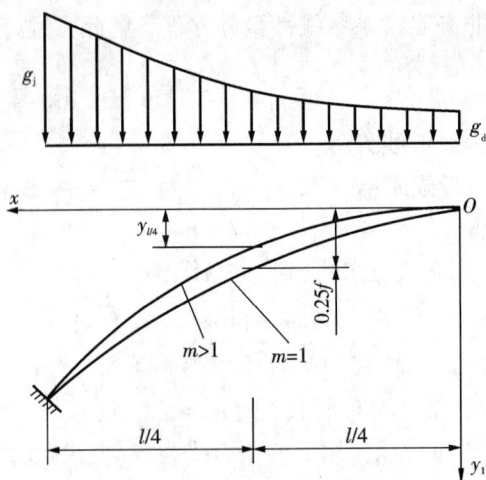

图 14 – 2　拱跨 $l/4$ 点纵坐标与 m 的关系

$$\frac{y_{l/4}}{f} = \frac{1}{m-1}\left(\operatorname{ch}\frac{k}{2} - 1\right)$$

因
$$\operatorname{ch}\frac{k}{2} = \sqrt{\frac{\operatorname{ch}k + 1}{2}} = \sqrt{\frac{m+1}{2}}$$

所以
$$\frac{y_{l/4}}{f} = \frac{\sqrt{\dfrac{m+1}{2}} - 1}{m-1} = \frac{1}{\sqrt{2(m+1)} + 2} \tag{14 – 15}$$

或
$$m = \frac{1}{2}\left(f/y_{\frac{l}{4}} - 2\right)^2 - 1 \tag{14 – 16}$$

由式(14 – 16)可见，$y_{l/4}$ 随 m 的增大而减小(拱轴线抬高)，随 m 的减小而增大(拱轴线降低)(图 14 – 2)。在一般的悬链线拱桥中，$g_j > g_d$，因而 $m > 1$。只有在均布荷载作用下，$g_j = g_d$ 时，方能出现 $m = 1$ 的情况。在这种情况下由公式(14 – 15)可得 $y_{l/4}/f = 0.25$，即为悬链线中最低的一条曲线(二次抛物线)。

为了方便起见，按公式(14 – 11)在 $y_{l/4}/f = 0.25$ 到 $y_{l/4}/f = 0.18$ 的范围内(相当于常用的拱轴系数 $m = 1.167 \sim 5.321$)，以 0.005 为级差计算得 $\dfrac{y_{l/4}}{f}$ 与 m 的对应关系见表 14 – 1。

表 14 – 1　拱轴系数 m 与 $\dfrac{y_{l/4}}{f}$ 的关系表

m	1.000	1.167	1.347	1.543	1.756	1.988	2.240	2.514	2.814	3.142	3.500	…	5.321
$y_{l/4}/f$	0.250	0.245	0.240	0.235	0.230	0.225	0.220	0.215	0.210	0.205	0.200	…	0.180

3. 不计弹性压缩的恒载内力

如前所述，实腹式悬链线拱的拱轴线与恒载压力线完全吻合，所以当采用恒载压力线作拱轴线而不考虑拱圈变形的影响时，拱圈各截面的恒载内力均只有轴向压力，而无弯矩和剪力,即拱圈处于纯压状态。

所以,由公式(14-9)可得恒载水平推力为:

$$H_g = \frac{m-1}{4k^2} \times \frac{g_d l^2}{f} = k_g \frac{g_d l^2}{f} \qquad (14-17)$$

式中: $k_g = \dfrac{m-1}{4k^2}$

因为恒载弯矩和剪力均为零,拱圈各截面的轴向力 N 按式(14-18)计算:

$$N = \frac{H_g}{\cos\varphi} \qquad (14-18)$$

式中: φ 为距拱顶 x 截面的倾角。

14.1.2　空腹式悬链线拱

1. 拱轴系数 m 的确定

相对实腹式拱桥来说,空腹式拱桥的恒载不是连续分布的,即主拱圈与实腹段自重的连续分布荷载及空腹部分通过腹孔墩传下的集中力[图 14-3(a)]。由于集中力这种非连续分布荷载的存在,拱的恒载压力线也不是一条平滑的曲线,而是在集中力处有转折,更不是悬链线。但由于悬链线拱的受力情况较好,又有完整的计算表格可供利用,所以在设计空腹式拱桥时,仍然采用悬链线作为拱轴线。而由公式(14-11)可知,当拱的矢跨比 f/l 确定后,悬链线的形状就取决于拱轴系数 m。

为了使拱轴线与恒载压力线比较接近,一般采用"五点重合法"确定悬链线拱轴线的 m 值,即要求拱轴线在全拱有五点(拱顶、两 $l/4$ 点和两拱脚)与其相应三铰拱恒载压力线重合[图 14-3(b)]。由此,可以根据上述五点弯矩为零的条件确定 m 值。

由拱顶弯矩为零及恒载的对称条件知,拱顶仅有通过截面重心的恒载推力 H_g,相应弯矩 M_d,剪力 $Q_d = 0$。

在图 14-3(a)、(b)中,由 $\sum M_A = 0$,得

$$H_g = \frac{\sum M_j}{f} \qquad (14-19)$$

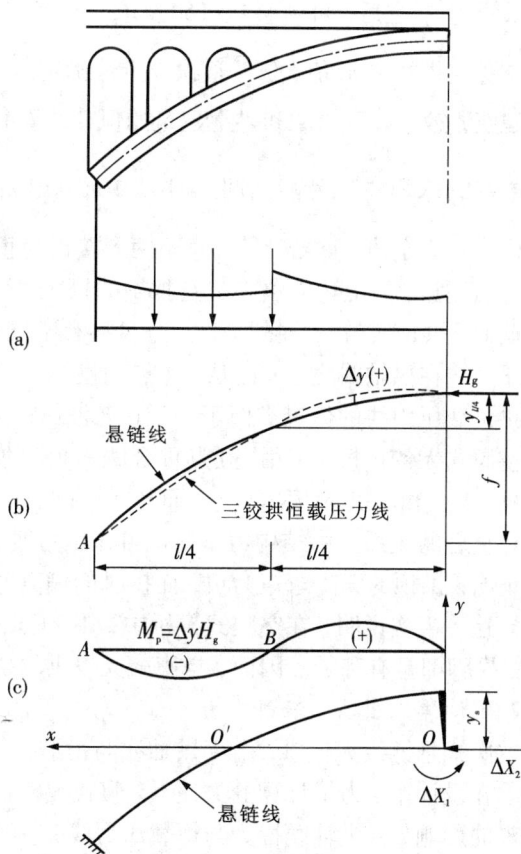

图 14-3　空腹式悬链线拱轴计算图式

由 $\sum M_B = 0$，得

$$H_g y_{l/4} - \sum M_{l/4} = 0$$

$$H_g = \frac{\sum M_{l/4}}{y_{l/4}}$$

将式(14 – 19)代入上式，可得：

$$\frac{y_{l/4}}{f} = \frac{\sum M_{l/4}}{\sum M_j} \qquad\qquad\qquad (14 - 20)$$

式中：$\sum M_j$——半拱恒载对拱脚截面的弯矩；

　　　　$\sum M_{l/4}$——拱顶至拱跨 $l/4$ 点区域的恒载对 $l/4$ 截面的弯矩。

等截面悬链线拱主拱圈恒载对 $l/4$ 及拱脚截面的弯矩 $M_{l/4}$、M_j 可由《拱桥》表（Ⅲ）– 19 查得。求得 $\frac{y_{l/4}}{f}$ 之后，可由(14 – 16)反求 m。

空腹式拱桥的 m 值，仍按逐次逼近法确定。即先假定一个 m 值，定出拱轴线，作图布置拱上建筑，然后计算拱圈和拱上建筑的恒载对 $l/4$ 和拱脚截面的力矩 $\sum M_{l/4}$ 和 $\sum M_j$，根据式(14 – 20)求出 $\frac{y_{l/4}}{f}$，然后利用式(14 – 16)算出 m 值，如与假定的 m 值不符，则应以求得的 m 值作为新假定值，重新计算，直至两者接近为止。

应当注意，用上述方法确定空腹拱的拱轴线，仅与其三铰拱恒载压力线保持五点重合，其他截面，拱轴线与三铰拱恒载压力线都有不同程度的偏离。计算证明，从拱顶到 $l/4$ 点，一般压力线在拱轴线之上；而从 $l/4$ 点到拱脚，压力线则大多在拱轴线之下。拱轴线与相应三铰拱恒载压力线的偏离类似于一个正弦波［图 14 – 3(b)］。

空腹式无铰拱桥，采用"五点重合法"确定的拱轴线，与相应三铰拱的恒载压力线在拱顶、两 $l/4$ 点和两拱脚五点重合，而与无铰拱的恒载压力线（简称恒载压力线）实际上并不存在五点重合的关系。由结构力学知识可知压力线与拱轴线的偏离会在拱中产生附加内力。但研究证明，拱顶的偏离弯矩为负，而拱脚的偏离弯矩为正，恰好与这两截面控制弯矩的符号相反。这一事实说明，在空腹式拱桥中，用"五点重合法"确定的悬链线拱轴线，偏离弯矩对拱顶、拱脚都是有利的。因而，空腹式无铰拱的拱轴线，用悬链线比用恒载压力线更加合理。

2. 不计弹性压缩的恒载内力

空腹式悬链线无铰拱，由于拱轴线与恒载压力线有偏离，拱顶、拱脚和 $l/4$ 点都有恒载弯矩。在设计中，为了计算的方便，空腹式无铰拱桥的恒载内力又可分为两部分，即先不考虑偏离的影响，将拱轴线视为与恒载压力线完全吻合，然后再考虑偏离的影响，计算由偏离引起的恒载内力。两者叠加，即得空腹式无铰拱计弹性压缩时的恒载内力。

不考虑偏离的影响时，空腹拱的恒载内力亦按纯压拱计算。此时，拱的恒载推力 H_g 和拱脚竖向反力 V_g，可直接由静力平衡条件写出。其中 H_g 由式(14 – 19)计算，V_g 为半跨拱及拱上结构的重量。

求得 H_g 后，可直接利用公式(14 – 18)得出主拱各截面的轴力，拱中的弯矩和剪力均为零。

在设计中，小跨径的空腹式拱桥时，可偏安全地不考虑偏离弯矩的影响。大跨径空腹式拱桥,恒载压力线与拱轴线的偏离一般比中、小跨径大,恒载偏离弯矩是一种可供利用的有利因素。此时,应当计入偏离弯矩的影响。

14.2 主拱的验算

主拱的验算包括强度验算和稳定验算这两项主要内容。

14.2.1 强度验算

当求出了各种作用效应下拱结构的内力后,就可以进行作用效应组合,进而验算控制截面的强度和稳定性,一般无铰拱的控制载面在拱顶、$l/4$ 和拱脚处。对小跨径无铰拱桥只需验算拱顶和拱脚两个截面,但对无支架施工的大跨径拱桥还要加算 $l/8$ 拱跨和 $3l/8$ 拱跨两个截面。

1. 作用效应组合

在拱桥设计中,应根据建桥地区的各种条件和结构特性,按可能发生的最不利情况进行作用效应组合,分别求出每个最不利内力值及相应的其他内力值,然后进行验算。作用效应组合可按下列方式进行:

(1)验算拱桥各阶段的截面强度和拱的稳定时,采用基本组合。

工况Ⅰ:由恒载、材料收缩、汽车荷载(包括冲击力)和人群荷载相组合。

工况Ⅱ:在工况Ⅰ的基础上再加上温度变化的影响。

值得注意的是,规范规定:

(1)施工阶段验算时,构件自重效应分项系数取 1.2,施工附加荷载效应分项系数取 1.4。

(2)计算拱圈的温度变化影响时,作用效应分项系数为 0.7;计算拱圈的混凝土收缩影响时,作用效应分项系数为 0.45。

(3)计算超静定拱桥由相邻墩台引起的不均匀沉降或桥台水平位移引起的作用效应时,其计算作用效应可乘以 0.5 的折减速系数。

(4)当采用公路-Ⅰ级、公路-Ⅱ级车道荷载计算拱的正弯矩时,自拱顶至跨 $l/4$ 各截面应乘以 0.7 的折减系数;拱脚截面应乘以 0.9 折减系数;拱跨 $l/4$ 至拱脚各截面,其折减系数按直线插入法确定。

(2)在地震区,还应对地震力作用进行验算,此时采用效应的偶然组合。

(3)验算拱桥在一个桥跨范围内的正负挠度的绝对值之和的最大值不应大于计算跨径的 $1/1000$。

2. 拱圈截面强度验算

1)圬工拱桥

对于圬工拱桥(砖、石、混凝土及配筋不多的混凝土拱桥),按《公路圬工桥涵设计规范》(JTG D61—2005)规定:拱圈采用分项安全系数的极限状态法设计,其设计原则是作用效应不利组合的设计值应小于或等于结构抗力效应的设计值。

(1)拱圈截面强度验算

验算公式为:

$$\gamma_0 N_d < \varphi f_{cd} A \qquad (14-21)$$

式中:N_d——轴向力设计值;

　　f_{cd}——砌体或混凝土抗压强度设计值；

　　A——验算截面面积；

　　γ_0——结构重要性系数；对于特大桥、重要大桥为 1.1，对于大桥、中桥、重要小桥为 1.0，对于小桥、涵洞为 0.9；

　　φ——主拱截面轴向力的偏心矩和长细比对墩身承载力的影响系数，按《公路圬工桥涵设计规范》(JTG D61—2005)有关规定计算。

（2）拱圈截面合力偏心矩验算

墩身任一截面应满足：

$$e \leqslant [e] \qquad\qquad (14-22)$$

式中：e——墩身截面轴向力的偏心距；

　　　　$[e]$——偏心距限值，应根据不同的荷载组合按表 14-2 选用。

表 14-2　受压构件偏心距限值

作用组合	偏心距限值$[e]$	作用组合	偏心距限值$[e]$
基本组合	$\leqslant 0.6s$	偶然组合	$\leqslant 0.7s$

　　注：①混凝土结构单向偏心的受拉一边或双向偏心的各受拉一边，当设有小于载面积 0.05% 的纵向钢筋时，表内规定值可增加 $0.1s$。

　　②表中 s 值为截面或换算截面重心轴至偏心方向截面边缘的距离（图 14-4）。

　　验算截面在各种荷载组合下的偏心距 e 如果超过上述表 14-4 偏心距限值时，可按下式确定墩身截面承载力：

　　单向偏心　　$\gamma_0 N_d < \varphi \dfrac{Af_{tmd}}{\dfrac{Ae}{W}-1}$　　　(14-23a)

　　双向偏心　$\gamma_0 N_d < \varphi \dfrac{Af_{tmd}}{\dfrac{Ae_x}{W_y}+\dfrac{Ae_y}{W_x}-1}$　(14-23b)

式中：f_{tmd}——受拉边缘的弯曲抗拉极限强度；

　　　　W——单向偏心时，截面受拉边缘的弹性抵抗矩，对于组合截面应按弹性模量比换算为换算截面弹性抵抗矩；

　　W_x、W_y——双向偏心时，截面 x 方向受拉边缘绕 y 轴的截面弹性抵抗矩和截面 y 方向受拉边缘绕 x 轴的截面弹性低抗矩，对于组合截面应按弹性模量比换算为换算截面弹性抵抗矩；

　　　　e——单向偏心时，轴向力偏心距；

　　e_x、e_y——双向偏心时，轴向力在 x 方向和 y 方向的偏心距。

其余符号意义同前。

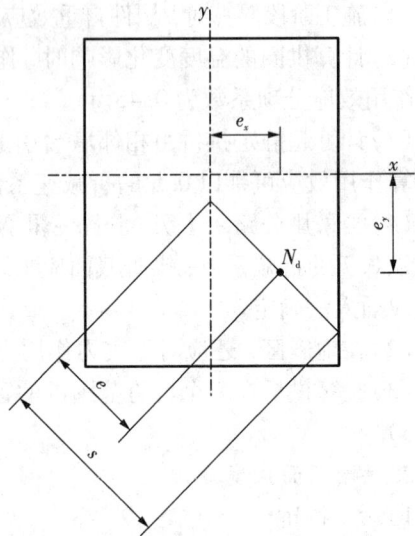

图 14-4　受压构件偏心距

(3)拱圈正截面直接受剪计算

$$\gamma_0 V_d \leqslant A f_{vd} + \frac{1}{1.4}\mu_f N_k \qquad (14-24)$$

式中：V_d——剪力设计值；

　　　A——受剪截面面积；

　　　f_{vd}——砌体或混凝土抗剪强度设计值，按《桥规》有关规定采用；

　　　μ_f——摩擦系数，采用 $\mu_f = 0.7$；

　　　N_k——与受剪截面垂直的压力标准值。

其余符号意义同前。

2)钢筋混凝土拱桥

对于钢筋混凝土拱桥，钢筋混凝土拱圈应进行承载能力极限状态和正常使用极限状态的计算。

根据《公路钢筋混凝土及预应力混凝土桥涵设计规范》(JTG D62—2004)的规定：

$$\gamma_0 N_d < 0.90\varphi(f_{cd}A + f_{sd}'A_s') \qquad (14-25a)$$

式中：N_d——拱的轴向力组合设计值，

$$N_d = H_d / \cos\varphi_m \qquad (14-25b)$$

其中：H_d——为拱的水平推力组合设计值，φ_m 为拱顶与拱脚连线与平线的夹角；

　　　φ——轴压构件稳定系数，按《公路钢筋混凝土及预应力混凝土桥涵设计规范》(JTG D62—2004)有关规定采用；

　　　A——构件毛截面面积，当纵向钢筋配筋率大于 3% 时，A 应改用 $A_n = A - A_s'$；

　　　A_s'——全部纵向钢筋的截面面积。

其余符号意义同前。

14.2.2　稳定性验算

拱是以受压为主的结构，随着施工技术水平的提高，高强度材料的使用，拱桥正朝大跨径方向发展，结构变得更柔，稳定性问题更加突出。拱的稳定性问题主要包括纵向(拱轴平面内)稳定和横向(拱轴平面外)稳定。

1. 纵向稳定性验算

计算分析和试验均表明，竖向均布荷载作用下，无铰拱和两铰拱在拱轴平面内的失稳形式为反对称失稳，如图 14-5(a)、(b)所示；三铰拱的失稳形态则取决于矢跨比 f/l，当 $f/l \geqslant 0.3$ 时，发生反对称失稳，当 $f/l \leqslant 0.2$ 时，将发生对称失稳，如图 14-5(c)所示。

对长细比不大，矢跨比在 0.3 以下的拱，其纵向稳定性验算一般可表达为强度校核的形式，即将拱圈(肋)换算为相当长度的压杆，按平均轴力计算(图 14-6)。

拱圈(拱肋)正截面稳定性的验算公式为：

砌体(包括砌体与混凝土组合)受压构件：

$$\gamma_0 N_d < \varphi f_{cd}A \qquad (14-26)$$

混凝土受压构件：　　　　$\gamma_0 N_d < \varphi f_{cd}A_c \qquad (14-27)$

钢筋混凝土构件：　　　$\gamma_0 N_d < 0.9\varphi(f_{cd}A + f_{sd}'A_s') \qquad (14-28)$

式中：A_c——验算截面混凝土受压区面积；

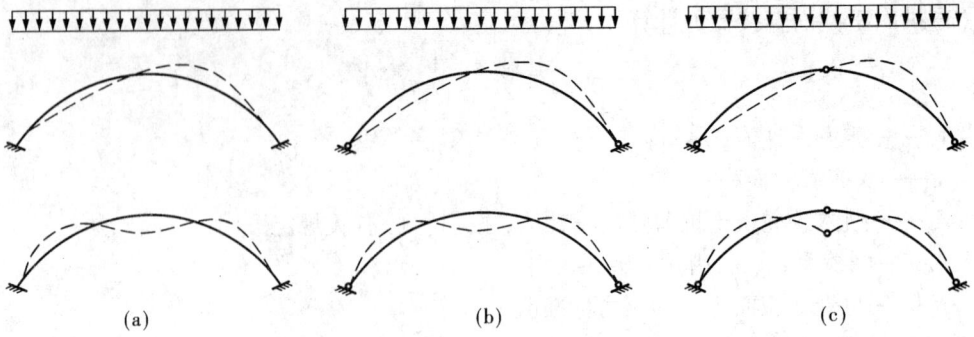

图 14 – 5　各类拱失稳形式

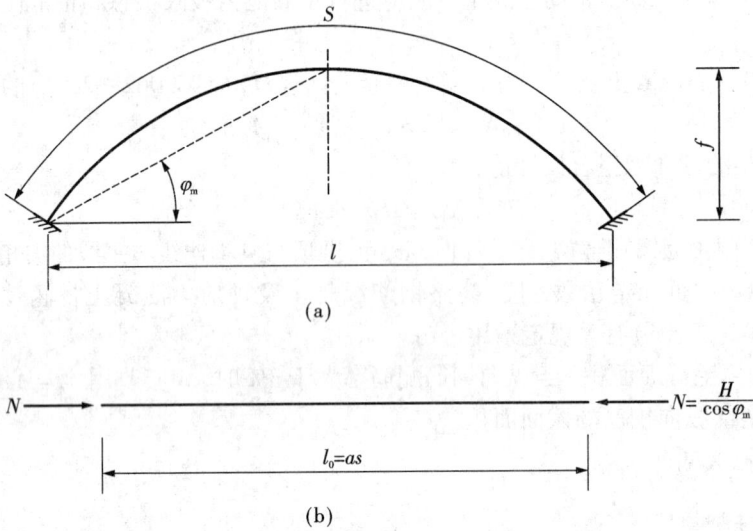

图 14 – 6　拱圈纵向稳定性验算

N_d——拱的轴向力组合设计值，按式(14 – 25)计算；

其余符号意义同前。

2. 横向稳定性验算

当桥的宽跨比小于 1/20 的主拱以及无支架施工的拱桥，应验算拱的横向稳定性。目前，常采用以下公式来验算拱的横向稳定性。

$$K = \frac{N_L}{N_d} \geq 4 \sim 5 \qquad (14 – 29)$$

式中：K——横向稳定安全系数；

N_L——拱丧失横向稳定时的临界轴向力；

N_d——拱的轴向力组合设计值。

对于一般拱桥，需要利用有限元法进行横向稳定性分析，求得拱结构的横向稳定系数 K，只要 $K \geq 4 \sim 5$ 即可。

本章思考题

14-1　什么是理想的拱轴线?

14-2　实腹式拱桥的合理拱轴线是什么?

14-3　实腹式悬链线拱不考虑拱圈变形的影响时,拱圈各截面的恒载内力均只有什么力?

14-4　阐述拱轴系数 m 的定义,拱轴系数的变化对拱轴线有何影响?

14-5　空腹式无铰拱桥,采用"五点重合法"确定的拱轴线,与相应三铰拱的恒载压力线在哪些位置重合?

14-6　钢筋混凝土拱桥的主拱圈应进行哪两种极限状态的验算?

14-7　拱桥在什么情况下,需验算其横向稳定性?

第 15 章　　拱桥的施工

拱桥的施工,从方法上可分为:有支架施工、少支架施工和无支架施工。有支架施工常用于石拱桥、现浇混凝土拱桥;无支架施工常用于肋拱、双曲拱、箱形拱、桁架拱桥等。本章重点介绍混凝土拱桥施工以及无支架缆索吊装施工方法,还概要介绍其他型式拱桥施工要点。

15.1　混凝土拱桥施工方法概述

混凝土拱桥施工方法总体分为现场浇筑法和预制安装法。

15.1.1　现场浇筑法

现场浇筑法就是把拱桥主拱圈混凝土的基本施工工艺流程(立模、扎筋、浇筑、养护及拆模等)直接在桥孔位置完成。按照所使用的设备来划分,包括以下两种:

1. 固定支架现场浇筑法

就是在桥位处搭设支架,在支架上浇筑桥体。混凝土达到强度后拆除模板和支架。这种方法适用于岸边水不太深且无通航要求的中小跨径的拱桥。其主要优缺点:

(1)优点:不需要大型起吊、运输设备和开辟专门的预制场地,并且整体性好。

(2)缺点:工期长,施工质量不容易控制,施工中的支架、模板耗用量大;搭设支架影响排洪、通航,施工期间可能受到洪水和漂流物的威胁。

2. 悬臂浇筑法

(1)塔架斜拉索法悬臂浇筑拱圈

其方法是:在拱脚、墩、台处安装临时的钢或钢筋混凝土塔架,用斜拉索(或斜拉粗钢筋)一端扣住拱圈节段,另一端锚固在台后的锚碇上。用设在已浇筑完的拱段上的悬臂挂篮逐段悬臂浇筑拱圈(或拱肋)混凝土,整个拱圈混凝土的浇筑应从两拱脚开始对称地进行,逐节向河中悬臂推进,直至拱顶合拢。塔架的高度和受力应由拱的跨径和矢跨比等确定。斜拉索可用预应力钢绞线或钢丝束,其断面和长度由拱段的长度和位置确定。如图 15 - 1 所示。

塔架斜拉索法,一般多采用悬浇施工。

在拱圈混凝土浇注完毕以后,即在拱顶安装调整应力的液压千斤顶,然后放松拉杆,浇注拱上立柱和桥面系。

(2)斜吊桁架式悬臂浇筑拱圈

使用专用挂篮,并斜吊钢筋将拱圈并拱上立柱和预应力混凝土桥面板等一起向前同时浇筑,使之边浇筑边形成桁架,利用已浇筑段的上部作为拱圈的斜吊点将其固定。斜吊杆的力通过布置在桥面上的明索传至岸边地锚上(也可利用岸边桥台作地锚)。

图 15 - 2,是借助于专用挂篮并结合使用斜吊钢筋的斜吊式悬臂施工,其主要架设步骤:

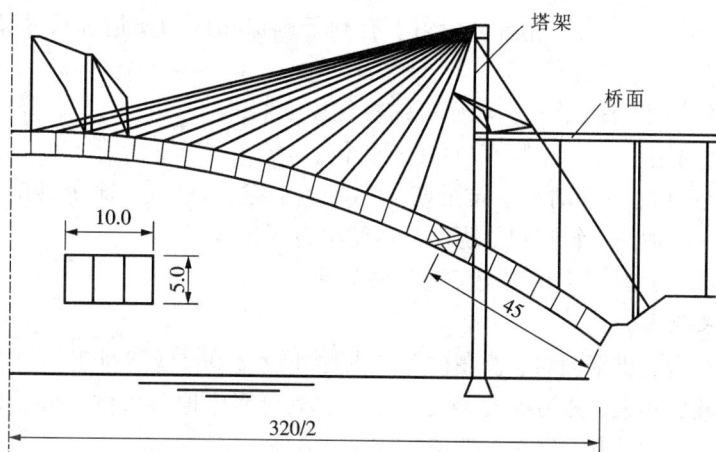

图 15 - 1　悬浇(拼)施工方案(尺寸单位：m)

拱肋除第一段用斜吊支架现浇混凝土外，其余各段均用挂篮现浇施工。斜吊杆可以用钢丝束或预应力粗钢筋，架设过程中作用在斜吊杆的力是通过布置在桥面板上的临时拉杆传至岸边的地锚上(也可利用岸边桥墩作地锚)。

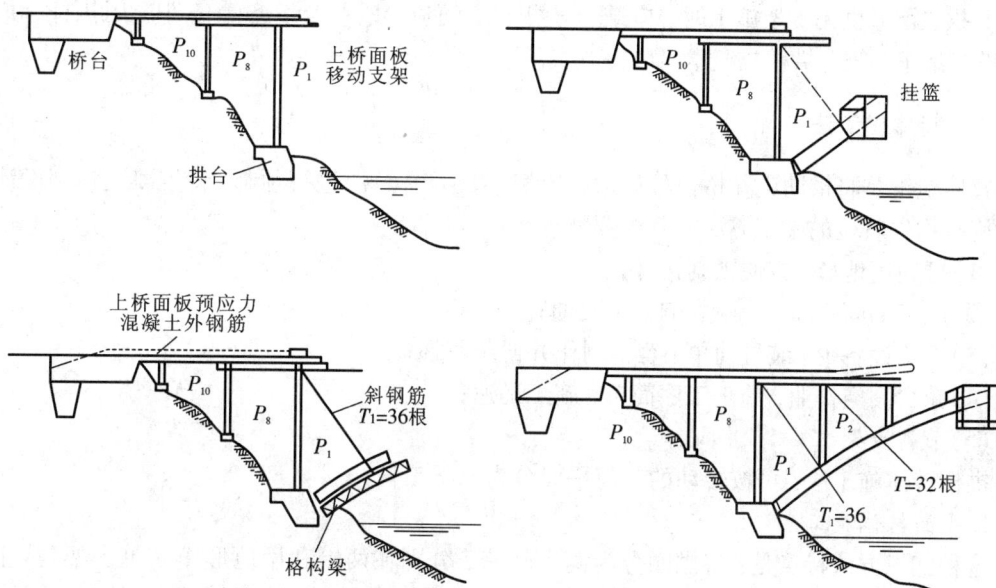

图 15 - 2　斜吊桁架式悬浇法施工示意图

15.1.2　预制安装法

在预制工厂或在运输方便的桥址附近设置预制场进行拱圈(肋)的预制工作，然后采用一定架设方法进行安装。

预制安装法一般是拱圈(肋)的预制安装，分预制、运输和安装三部分。

预制安装法的主要特点：

（1）由于是工场生产制作，扣件质量好，有利于确保扣件的质量和尺寸精度，并尽可能的采用机械化施工；

（2）上、下部分可以平行作业，因而可缩短现场工期；

（3）能有效地利用劳动力，从而降低工程造价；

（4）因构件预制后，安装时有一定龄期，可减少由混凝土收缩、徐变引起的变形。

预制安装法一般适用于箱形拱、肋拱及箱肋组合拱桥等。

预制安装法可分为少支架和无支架施工法两种。

1. 少支架安装拱圈（肋）

少支架是相对满堂支架而言，仅在拱肋或拱片处设立单排或双排支架以支搁接头，便于接头连接施工和减少扣索，称为少支架安装施工。只要河床地形条件允许，无洪水威胁，应尽量采用少支架施工，因为它比无支架施工安全、方便。

少支架施工支架的构造，应根据支架高度和荷载大小而定，并满足稳定性要求。地基必须有足够的承载力，支架基础不得设置在冻胀影响的土层上，在严寒地区，主拱圈不宜在支架上过冬，宜在冰冻前拆除。对漂浮物要有可靠的防护措施。

2. 无支架安装法

当拱桥位于深水、深谷、通航河道或限于工期必须在汛期进行拱肋施工时，宜采用无支架施工的施工方法。

肋拱、箱形拱无支架施工时，应结合桥规模、河流、地形及设备等条件选用扒杆、龙门架、塔式吊车、船上扒杆或缆索吊装等方式吊装。

15.1.3　转体施工法

转体施工是将拱肋先在桥位处岸边（或路边及适当位置）进行预制，待混凝土达到设计强度后旋转构件就位的施工方法。其主要特点是：

（1）可利用地形，方便预制构件；

（2）施工期间不断航，不影响桥下交通；

（3）施工设备少、装置简单、容易制作并便于掌握；

（4）减少高空作业，施工工序简单，施工迅速；

（5）节省支架。

拱桥转体施工法，可按转动的几何平面分为以下三种：

1. 平面转体施工

这种施工方法特点是：将拱圈分为两个转跨，分别在两岸利用地形作简单支架（或土牛拱胎），现浇或预制拼装拱肋，再安装拱肋间横向联系（横隔板、横系梁等）。把扣索的一端锚固在拱肋的端部（靠拱顶）附近，经引桥桥墩延伸至埋入岩体内的锚锭中，最后用液压千斤顶收紧扣索，使拱肋脱模，借助环形滑道和卷扬机牵引，慢速地将拱肋转体 180°（或小于 180°），最后再进行主拱圈合拢段和拱上建筑的施工。图 15 – 3 示出了拱桥转动体系的一般构造。其中的图 15 – 3（a）是在转盘上放置平衡重来抵抗悬臂拱肋的倾覆力矩，转动装置是利用摩阻系数特别小的聚四氟乙烯材料和不锈钢板制造，以利于转动；图 15 – 3（b）是无平衡重的转动体系，它是把有平衡重转体施工中的扣索直接锚固在两岸岩体中，这种方法仅适合在山区地质条件好或跨越深谷的地形条件下采用。

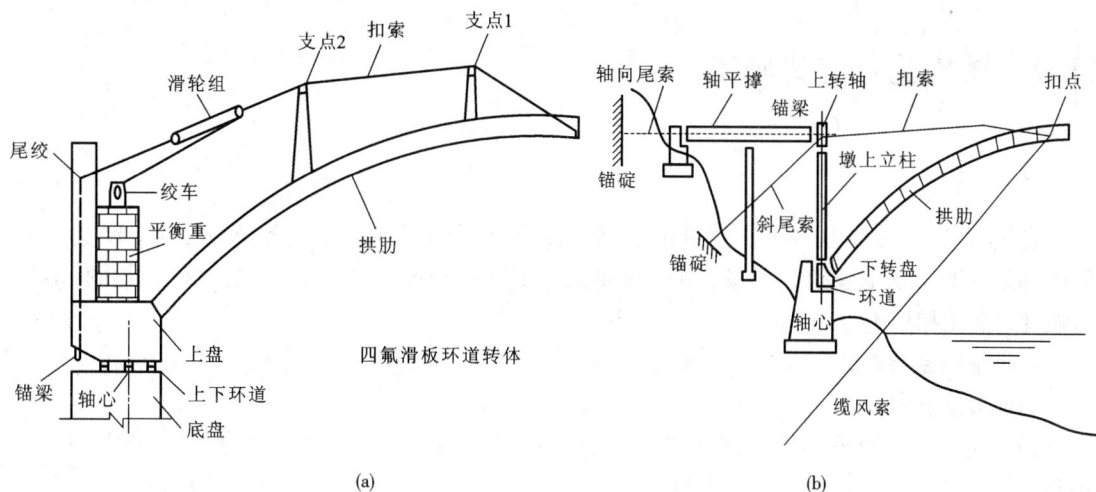

图 15-3　转动体系的一般构造

2. 竖向转体施工

该方法是在竖直位置浇筑拱肋混凝土。当桥位处无水或水很浅时，可以将拱肋分为两个半跨放在桥孔下面预制；如果桥位处水较深时，可以在桥位附近预制，然后浮运至桥轴线处，再用起吊设备和旋转装置进行竖向转体施工。这种方法是最适宜于钢管混凝土拱桥的施工。因为钢管混凝土拱桥的主拱圈必须先让空心钢管成拱以后再灌注混凝土，故在旋转起吊时，不但钢管自重相对较轻而且钢管本身强度也高，易于操作。图 15-4 是应用扒杆吊装系统对钢管拱肋进行竖向转体施工的示意图。它的主要施工过程是，将主拱圈从拱顶分成两个半拱在地面胎架上完成，经过对焊接质量、几何尺寸、拱轴线形等验收合格后，由竖立在两个主墩顶部的两套扒杆分别将其旋转拉起，在空中对接合拢。

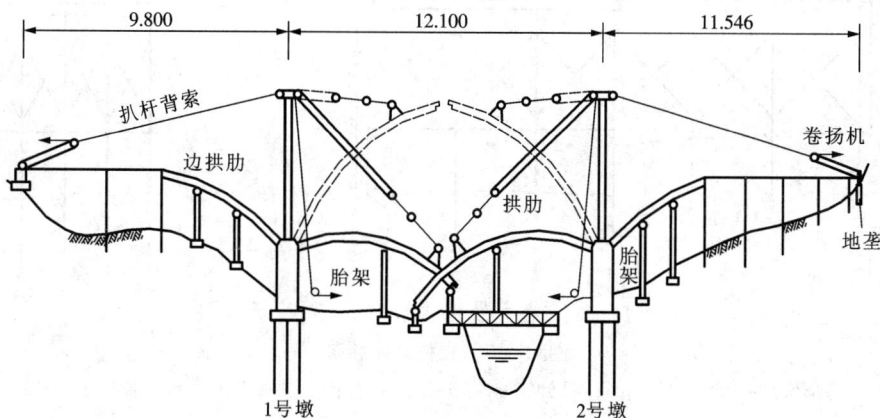

图 15-4　扒杆吊装系统布置图(尺寸单位：m)

3. 平-竖相结合的转体施工法

它综合吸收了上述两种转体施工方法的优点，在我国的拱桥施工中已有具体应用。

15.2　拱桥的有支架施工

15.2.1　拱架

砌筑石拱桥(或预制混凝土块拱桥)及就地浇筑混凝土拱圈时,需要搭设拱架,以支承全部或部分拱圈和拱上建筑的重量,并保证拱圈的形状符合设计要求。因此要求拱架具有足够的强度、刚度和稳定性。

1.拱架的主要型式

1)满布式拱架

满布式拱架一般采用钢管脚手架、万能杆件或木材拼设,模板可以采用组合钢模、木模等。

满布式拱架通常由拱架上部(拱盔)、卸架设备、拱架下部(支架)三个部分组成。一般常用的型式有:

(1)立柱式

立柱式满布拱架的上部一般由斜梁、立柱、斜撑和拉杆组成拱形桁架,又称拱盔,它的下部是由立柱和横向联系组成支架,上下部之间放置卸架设备(木楔或砂筒等)。如图 15 - 5 所示为立柱式木拱架一般构造示意图。这种支架的立柱数目很多,只适合于桥不太高、跨度不大且无通航要求的拱桥施工时采用。

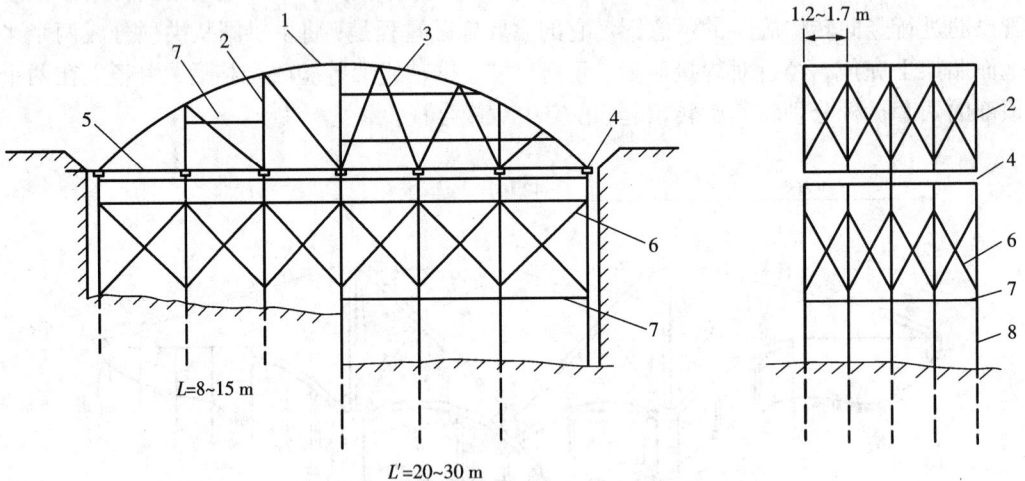

图 15 - 5　立柱式木拱架

1—弓形木;2—立柱;3—斜撑;4—卸架设备;5—水平拉杆;6—斜夹木;7—水平夹木;8—桩木

(2)撑架式拱架

撑架式拱架下部是用少数框架式支架加斜撑来代替众多数目的立柱,因此支架用量相对较少,如图 15 - 6 所示。这种拱架构造上并不复杂,而且能在桥孔下留出的空间,减少洪水及漂流物的威胁,并在一定程度上满足通航的要求。因此,它是实际中采用较多的一种形式。

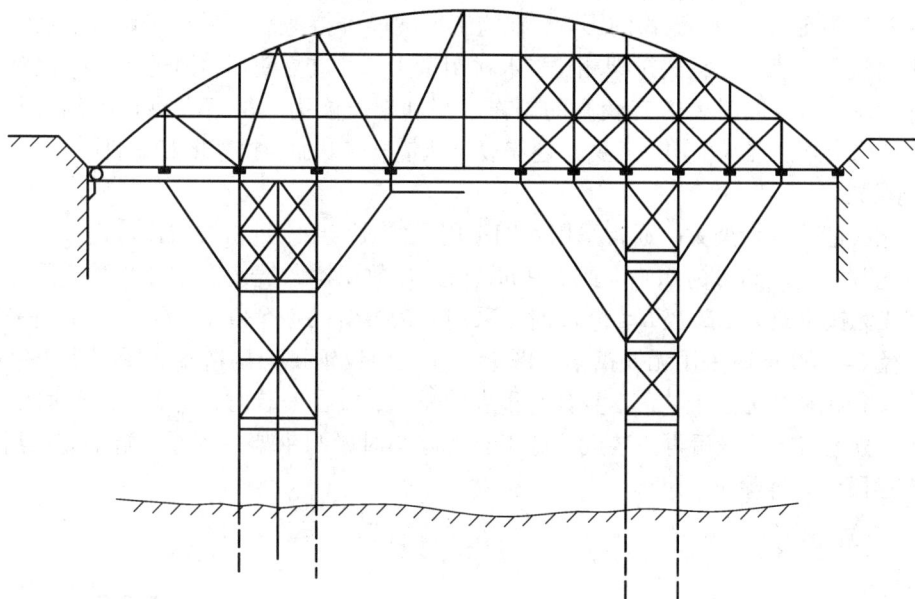

图 15-6　撑架式拱架

2）三铰桁式木拱架

　　三铰桁式木拱架由两片对称弓形桁架在拱顶拼装而成，两端直接支承在墩台所挑出的牛腿上或紧贴的临时排架上，跨中不另设支架。三铰木桁架结构型式很多，按腹杆的型式常用的有 N 式、V 式及有反向斜杆的交叉式等。如图 15-7（a）、（b）、（c）、（d）所示。

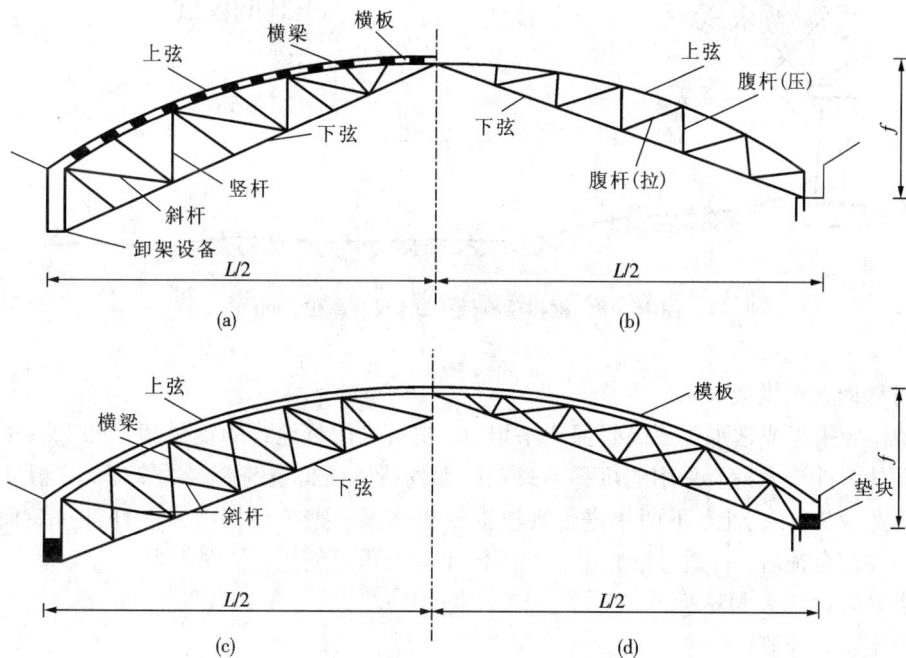

图 15-7　三铰桁式木拱架

这种拱架不受洪水、漂流物的影响，在施工期间能维持通航。适用于墩高、水流急或要求通航的河流。与满布立柱式拱架相比，木材用量少，可重复使用，损耗率低。但对木材规格和质量要求较高，同时要求有较高的制作水平和架设能力。由于在拱铰处结合较弱，因此，除在结构上须加强纵横向联系外，还需设抗风缆索，以加强拱架的稳定性。

3）钢拱架

钢拱架一般采用桁架式。通常采用六四军用梁（三脚架）、贝雷架拼设。由单片拱形桁架构成。片与片之间距离可为 0.4 m 或 1.9 m，桁架片数视桥墩宽度及重量来决定，可拼成三铰、两铰或无铰拱架。当跨径 $L \leqslant 80$ m 时可采用三铰拱架；跨径 80 m $< L < 100$ m 时采用两铰拱架；跨径 $L \geqslant 100$ m 时采用无铰拱架。图 15 - 8 是两铰钢拱架构造示意图。由于钢拱架多用于在大跨径拱桥的建造上，它本身具有很大的重量，故在安装时，还需借助临时墩和起吊设备，将它分为若干节段后再拼装成。施工时拆除临时墩与钢架的联系，施工完毕后，又借助临时墩逐段将它拆除。

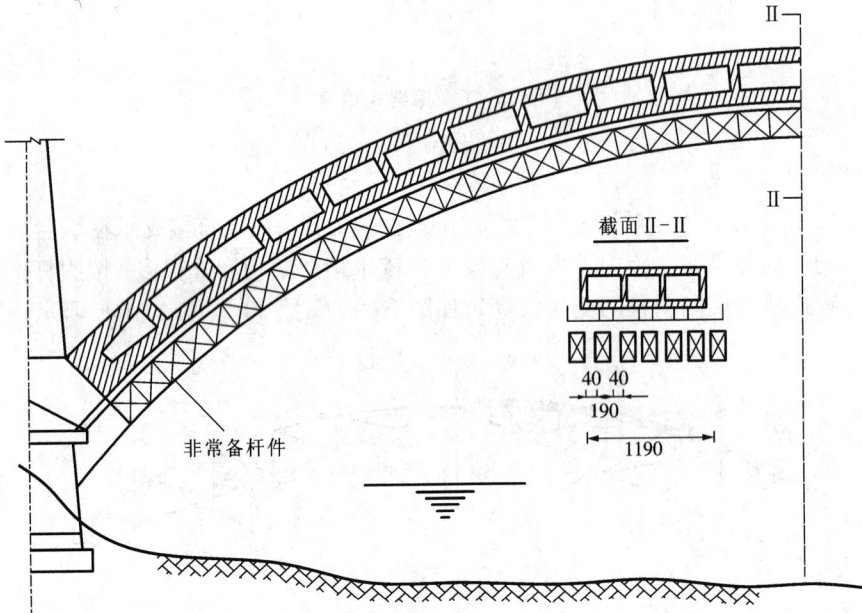

图 15 - 8　钢拱架构造型式（尺寸单位：cm）

4）可移动式钢拱架

当桥位较平坦或常水位不高且河床平坦时，也可采用着地式的钢拱架。图 15 - 9 所示是河南省义马市许沟大桥所采用的可移动式钢拱架构造。该桥主跨跨径为 220 m，箱形截面主拱圈的箱宽为 9 m，分上、下两幅进行现浇混凝土施工。整个拱架由万能杆件拼装而成，待上游半幅拱箱合拢后，再通过滑轨平移至下游半幅处重复使用，从而大大节省支架。

2. 拱架的设计基本要求

1）拱架设计原则

拱架应具有足够的强度、刚度和整体稳定性，因此，在计算荷载作用下，拱架结构按受力程序分别验算其强度、刚度及稳定性。

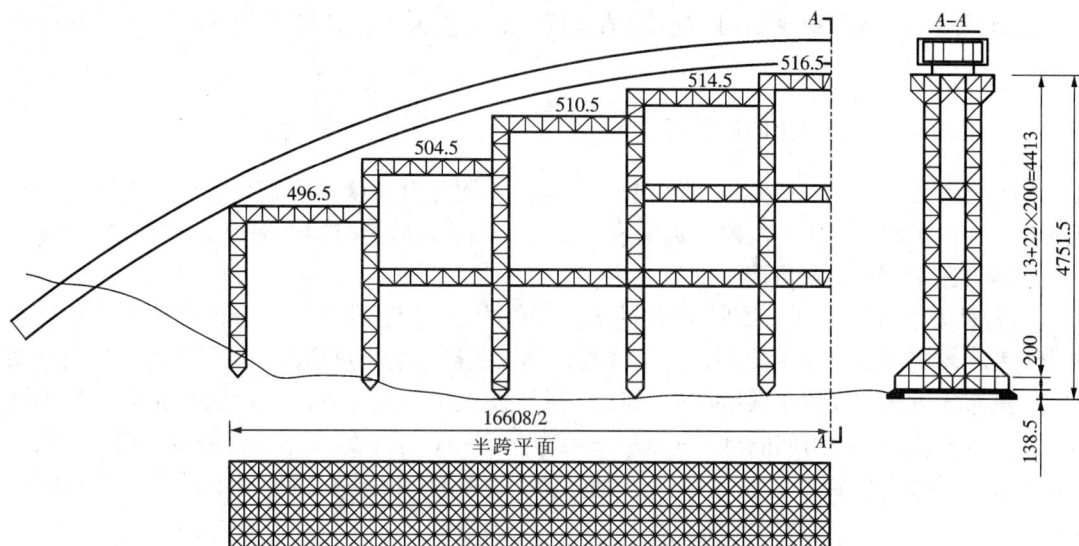

图 15-9　可移动式钢拱架(尺寸单位: cm)

2)拱架的设计荷载

计算拱架时,应考虑下列荷载:

(1)拱架自重;

(2)新浇筑混凝土、钢筋混凝土或其他圬工结构物重力;

(3)施工人员和施工材料、机具等行走运输或堆放的荷载;

(4)振捣混凝土时产生的荷载;

(5)倾倒混凝土时产生的水平荷载;

(6)其他可能产生的荷载,如雪荷载、风荷载等。

3)拱架的预拱度

拱桥应设置施工预拱度。预拱度应根据施工条件,按全拱圈的弹性与非弹性下沉,拱架的弹性与非弹性下沉,墩台位移,温度变化及混凝土收缩和徐变等因素产生的挠度曲线反向设置。

拱架施工预拱度值 δ 应根据施工工序进行整体结构分析后得出。由于影响预拱度的因素很多,不可能算得很准确,实际施工时,应根据以上计算值并结合实践经验,进行适当调整。满布式拱架的预拱度 δ 按$(1/600\sim 1/800)L$ 估算。设置预拱度时,应按在拱顶全部变形值为δ,在拱脚处为零设置,在 $L/4$ 处为 0.75δ,适用于满布支架施工;按推力影响线的比例设置,在 $L/4$ 处为 0.52δ,适用于拱架施工和无支架施工。其余各点可按二次抛物线分配。

4)拱架的基础

拱架的基础必须稳固,承重后应能保持均匀沉降且沉降值不得超过预计范围。

基础为石质时,应挖去表土,将柱处的岩石凿低、凿平。

基础为密实土壤时,如在施工期间不致被流水冲刷,可采用枕木、石块铺砌或浇混凝土作基础,如施工期间可能被流水冲刷,或为松软土质时,须采用柱基或框架结构或其他加固措施。

基础承重后的预计沉降值可按静载试验确定，应不大于在计算预拱度时采用的基础下沉值。

15.2.2　拱圈或拱肋混凝土的浇筑程序

1）跨径小于 16 m 的拱圈或拱肋混凝土，应按拱圈的全宽度从两端拱脚同时对称地向拱顶砌筑，并在拱脚混凝土初凝前全部完成。如预计不能在限定时间内完成，则应在拱脚预留一个隔缝并最后浇筑隔缝混凝土。

2）跨径大于或等于 16 m 的拱圈或拱肋，应沿拱跨方向分段浇筑。分段位置应能使拱架受力对称、均匀和变形小为原则，拱式拱架宜设置在拱架受力反弯点、拱脚节点、拱顶及拱脚处；满布式拱架宜设置在拱顶、1/4 部位、拱脚及拱架节点等处。各段的接缝面应与拱轴线垂直，各分段点应预留间隔槽，其宽度一般为 0.5～1.0 m，但安排有钢筋接头时，其宽度尚应满足钢筋接头的需要。如预计拱架变形较小，可减少或不设间隔槽，而采取分段间隔浇筑。

3）分段浇筑程序应符合设计要求，可对称于拱顶进行，使拱架变形保持均匀和尽可能的最小，并应预先做出设计，分段时对称施工的顺序一般如图 15-10 所示。分段浇筑时，各分段内的混凝土应一次连续浇筑完毕，因故中断时，应浇筑成垂直于拱轴线的施工缝；如已浇筑成斜面，应凿成垂直于拱轴线的平面或台阶式接合面。

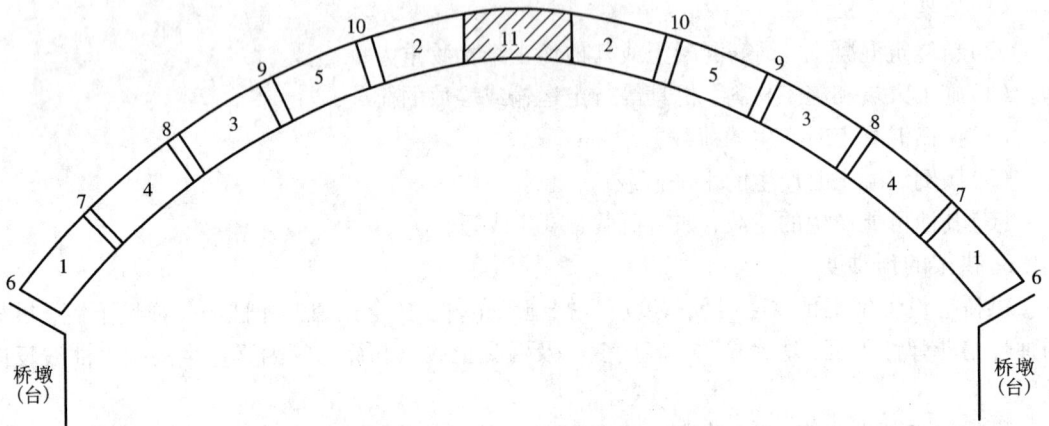

图 15-10　拱圈分段施工一般顺序

4）间隔槽混凝土，应待拱圈分段浇筑完成，其后其强度达到75%设计强度和接合面按施工缝处理后，由拱脚向拱顶对称进行浇筑。拱顶及两拱脚间隔槽混凝土应在最后封拱时浇筑。封拱合拢温度符合设计要求，如设计无规定时，宜在接近当地年平均温度或5℃～15℃时进行，封拱合拢前用千斤顶施加压力的方法调整应力时，拱圈（包括已浇间隔槽）的混凝土强度应达到设计强度。

5）浇筑大跨径钢筋混凝土拱圈（拱肋）时，纵向钢筋接头应安排在设计规定的最后浇筑的几个间隔槽内，并应在这些间隔槽浇筑时再连接。

6）浇筑大跨径拱圈（拱肋）混凝土时，宜采用分环（层）分段法浇筑，也可沿纵向分成为若干条幅,中间条幅先行浇筑合拢,达到设计要求后,再按横向对称、分次浇筑合拢其他条幅。其浇筑顺序和养护时间应根据拱架荷载设计和各环负荷条件通过计算确定,并应符合设计要求。

7)大跨径钢筋混凝土箱形拱圈(拱肋)可采取在拱架上组装并现浇的施工方法。先将预制的腹板、横隔板和底板在拱架上组装,在焊接腹板、横隔板的接头钢筋形成拱片后,立即浇筑接头和拱箱底板混凝土,组装和现浇混凝土时应从两拱脚向拱顶对称进行,现浇底板混凝土时应按拱架变形情况设置少量间隔缝并于底板合拢时填筑,待接头和底板混凝土强度达到设计强度的75%以上后,安装预制盖板,然后铺设钢筋,现浇顶板混凝土。

15.2.3 拱上建筑的施工

拱上建筑的施工,应在拱圈合拢、混凝土强度达到要求强度后进行,如设计无规定,可按达到设计强度的30%以上控制。

对于实腹式拱上建筑,应由拱脚向拱顶对称地浇筑。当侧墙浇筑好以后,再填筑拱腹填料。对空腹式拱桥,一般是在腹拱墩浇筑完后就卸落主拱圈的拱架,然后再对称均匀地砌筑腹拱圈,以免由于主拱圈不均匀下沉导致腹拱圈开裂。

15.2.4 拱架的卸落

1.卸落的程序设计

卸架必须待拱圈混凝土达到设计强度的75%后才能进行。为了保证拱圈(或拱上建筑已完成的整个上部结构)逐渐均匀降落,以便使拱架所支承的桥跨结构重量逐渐转移给拱圈自身来承担,因此拱架不能突然卸除。而应按照一定的卸架程序进行。

一般卸架的程序是:按拟定的卸落程序进行,分几个循环卸完,卸落量开始宜小,以后逐渐增大,在纵向应对称均衡卸落,在横向应同时一起卸落。对于满布式拱架的中小跨径拱桥,可从拱顶开始,逐渐向拱脚对称卸落;对于拱式拱架可在两支座处同时均匀卸落;对于多孔拱桥卸架时,若桥墩允许承受单孔施工荷载,可单孔卸落,否则应多孔同时卸落,或各连续孔分阶段卸落;对于大跨径拱圈,为了避免拱圈发生"M"形的变形,也有从两边 $L/4$ 处逐次对称地向拱脚和拱顶均匀地卸落。卸架时宜在白天气温较高时进行,这样便于卸落拱架。

2.卸架设备

卸架设备,一般采用木楔、砂筒或千斤顶。其中木楔和砂筒的构造在本教材第10章已作了介绍,见图10-3。

15.3 上承式拱桥缆索吊装施工

缆索吊装施工是拱桥无支架施工方法之一。其施工工序大致包括:拱箱(肋)的预制、拱箱(肋)的移运和吊装、主拱圈的安装、桥面结构的施工等主要工序。

缆索架桥设备由于具有跨越能力大、水平和垂直运输机动灵活、适应性广、施工也比较稳妥方便等优点。因此目前在修建大跨径拱桥时较多采用缆索吊装的方法。尤其在峡谷或水深流急的河段上,或在通航的河流上需要满足船只的顺利通行,或在洪水季节施工并受漂流物影响等条件下修建拱桥,更能显出这种施工方法的优越性。

15.3.1　缆索吊装设备

缆索吊机一般由承重缆索(又称主缆)、工作索、起重跑车索、扣索、塔架、风缆、锚锭、卷扬机等部件组成(见图 15–11)。

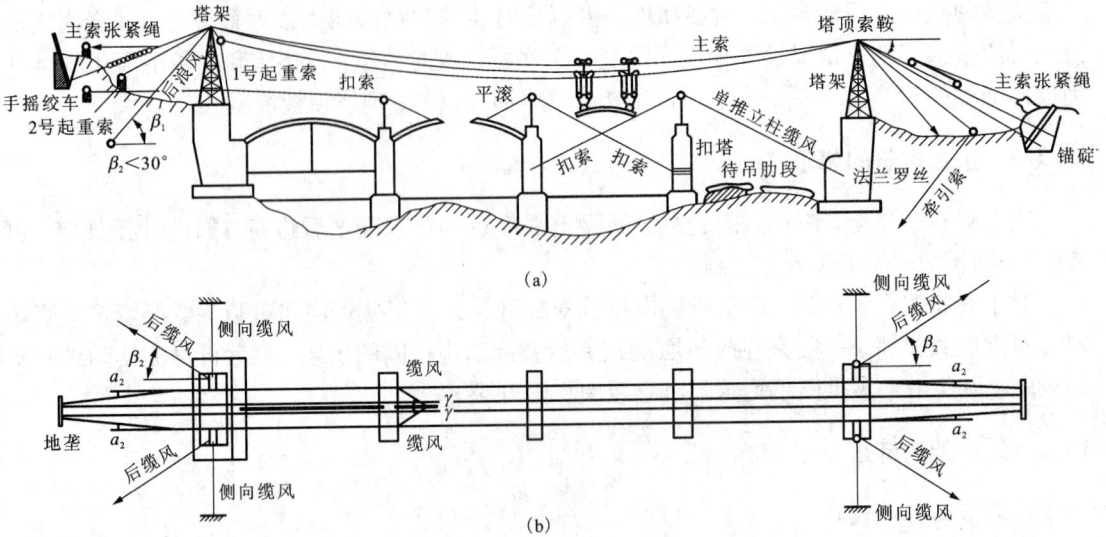

图 15–11　缆索吊装布置示意图
(a)立面；(b)平面

1. 承重缆索(主索、天线、主缆)

常用钢芯或纤维芯钢丝组成，其直径的大小的根数需根据主索跨度和起吊重量通过计算确定，一般直径为 25~50 mm，常用 47.5 mm 钢芯或纤维芯钢绳，一组主索，一般由 1~4 根组成，起吊重量特大则由 6~8 根组成，为使每根钢绳受力一致，可将一组内的钢绳穿过设于锚锭的特制大滑车，将各根钢绳用索夹连接起来。

主索的设计垂度通常为跨度的 1/13~1/18。

架设主索一般是在索架塔顶先行架好工作索(其上设有跑车、牵引索、起重索等设备)逐根牵引过江；也可以先在索塔下面拖拉过江，然后再往塔顶起吊安装。

2. 起重索

起重索系套绕于主索跑车下联的起重滑车组，作起吊重物之用，跑车(又称天线滑车、骑马滑车)和联在下面的起重滑车组，一般自行设计制作，跑车由纵向夹板将滑轮分为数排，排数与主索根数相同，跑车轮纵向一般 2~4 个滑轮。跑轮直径 200~300 mm，起重滑车组视起吊重量来确定所需轮数。

起重索的穿线方法一般采用套绕法，即起重索通过起重滑车组后的一端(死头)固定在塔架或锚锭上，另一端穿入卷扬机(活头)，其特点是起重与牵引可以同时进行，但钢绳不仅在起吊时不断在滑车上绕动，而且在牵引中也在不断地绕动，增大起重钢绳与滑车的磨损。

3. 牵引索

牵引索沿跑车前进、后退方向布置。一般由单线牵引，如是采用两点吊，则两跑车之间用钢绳连接(其间距等于两点距相同)；牵引索在两岸各自由卷扬机牵引，当向一岸牵引时，这岸就要收紧，另一端则要放松牵引索。

当吊点距索架很近时，牵引力很大，可采用双线牵引，即跑车的前面设一单轮向滑车或另设辅助索引。

4.塔架(又称索塔)

索塔由塔身、塔顶、索鞍、抗风绳五部分组成。

索塔按所用材料可分为木质索塔和钢索塔；按所构成的结构类型可分为门式索塔、人字式索塔、桅杆式索塔，利用山坡地形可不用或少用一个索塔；按塔脚类型分为固接索塔和铰接索塔。

塔身一般采用万能杆件、六四式军用梁、贝雷架组拼。

塔顶部应设置索鞍及横移索鞍的装置，索鞍用以放置主索的设备，一般都采用单滑轮式索鞍，要求所用滑轮直径宜大于15倍主索直径，滑轮的轮槽的宽与深均应大于主索直径。

索塔在组拼过程中，随索塔的升高需敷设临时抗风索以确保施工安全，一般至少敷设两道，每道抗风由四根单线钢绳或滑车组分布于索塔前后的上、下游侧，与地面夹角30°~45°。

索塔组拼完成后敷设正式抗风索，正式抗风索设于塔顶，角度布置与所需根数要通过计算来确定，因其主要作用在于抵抗跨中主索吊重时在塔顶产生的水平力差，以保证塔顶水平位移控制在规定范围内，并以此计算每根抗风索的受力来选用钢绳。索塔抗风索应视为索塔的结构的重要部分，不能忽视。

塔脚为固结的钢结构塔顶位移的限制值为 $H/400$；对于塔脚为铰结的钢结构为 $H/100 \sim H/150$；H 为索塔高。施工过程中应随时注意观测塔顶位移不超限。

5.锚碇(又称地锚、地垅)

锚碇是一种与地层有效受力联系的临时构造，它承受主索、压塔索、工作索、抗风索、转向滑车等传来的力，再将力传至地层，因此地锚可以是桥梁的墩、台、大型建筑、岩层、大孤石等，作为人工制作的锚碇则有桩锚、坑锚、钢环锚、压锚、重力锚、嵌固锚及水中锚碇等类型。

采用哪种类型锚碇应根据锚碇受力的大小和所处的地形及地质条件通过设计计算确定。

在大型吊装施工中，锚碇多采用重力式锚碇、埋置式洞锚、嵌固式锚桩等。

6.缆风索

缆风索是用来保证塔架、扣索、排架等的纵横向稳定及拱肋安装就位后的横向稳定。

7.卷扬机

卷扬机是用作牵引、起吊等的动力设备。

15.3.2　拱圈(肋)的预制

板拱、肋拱、箱拱和双曲拱桥，虽构造上有所不同，但预制、运输、吊装等工序要求和方法大致相同。

下面只介绍箱形拱桥的箱肋制作工艺。

为了预制方便和减轻安装重量，箱形截面主拱圈从横方向上划分成若干根箱肋，再从纵方向上划分为数段，待拱肋拼装成拱后，再在箱壁间用现浇混凝土把各箱肋节段连接，其预制多采用组装预制的方法，施工主要步骤如下：

1)按设计图的尺寸，对每一个吊装节段进行坐标放样。在放样时，应注意各接头的位置，力求准确，以减少安装困难。

2)在拱箱节段的底模上，将侧板(箱壁)和横隔板安放就位，并绑扎好接头钢筋，然后浇底板混凝土及接缝混凝土，组成开口箱。

3)若采用闭口箱时，便在开口箱内立顶板的底模，绑扎底板的钢筋，浇筑顶板混凝土，组成闭口箱。待节段箱肋混凝土达到设计强度后即可移运拱箱，以便进行下一节段拱箱的预制。

15.3.3　拱肋的吊装

为了保证拱肋吊装的稳定和安全，必须遵循以下规定：

1)缆索吊机在吊装前必须按规定进行试拉和试吊；

2)拱肋吊装时，除拱顶段以外，各段应设一组扣索悬挂；

3)扣索位置必须与所吊挂的拱肋在同一竖直面内，且扣索上索鞍顶面高程应高于拱肋扣环高程；

4)对于中小跨径的箱形拱桥，当其拱肋高度大于 0.009 ~ 0.012 倍跨径，拱肋底面宽度为肋高的 0.6 ~ 1.0 倍，且横向稳定安全系数大于或等于 4 时，可采用单肋合拢，嵌紧拱脚后，松索成拱，如图 15 - 12(a)所示。

5)拱肋分 3 段或 5 段拼装时，至少应保持 2 根基肋设置固定风缆，拱肋接头处应设横向联结，如图 15 - 12(b)、(c)所示；

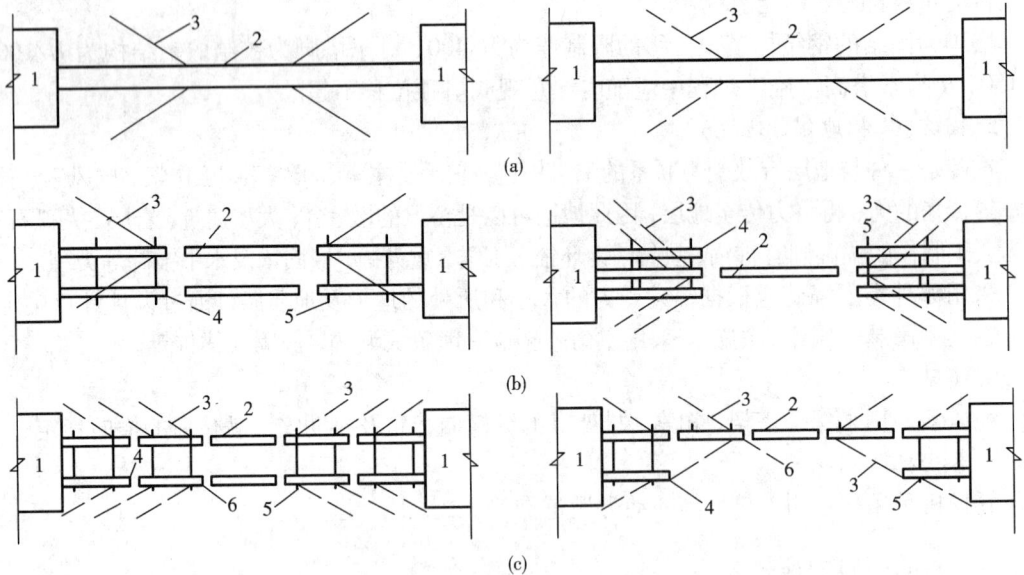

图 15 - 12　拱肋合拢方式示意图

(a)单基肋合拢；(b)3 段吊装单肋合拢；(c)5 段吊装单肋合拢

1—墩台；2—基肋；3—风缆；4—肋脚段；5—横夹木；6—次拱脚段

6)当拱肋跨径在 80 m 以上或横向稳定安全系数小于 4 时，应采用双基肋合拢松索成拱的方式，即当第一根拱肋合拢并校正拱轴线，楔紧拱肋接头缝后稍松扣索和起重索，压紧接头缝，但不卸掉扣索和起重索，待第二根拱肋合拢，两根拱肋横向联结固定好并接好缆风后，再同时松卸两根拱肋的扣索和起重索。

7)当拱肋分 3 段吊装，采用阶梯形搭接头时，宜先准确扣挂两拱脚段，调整扣索使其上端头较设计值抬高 30～50 mm，再安装拱顶段使之与拱脚段合拢。采用对接接头，宜先悬扣拱脚段初步定位，使其上端头高程比设计值抬高 50～100 mm，然后准确悬扣拱顶段，使其两端头比设计值高出 10～20 mm，最后放松两拱脚段扣索使其两端均匀下降与拱顶段合拢。

8)当拱肋分 5 段吊装时，宜先从拱脚开始，依次向拱顶分段吊装就位，每段的上端头不得扭斜。首先使拱脚段的上端头较设计高程抬高 150～200 mm，次边段定位后，使拱脚段的上端头抬高值下降为 50 mm 左右，并应保持次边段的上端头抬高值约为拱脚段上端头抬高值的 2 倍，否则应及时调整，以防拱肋接头开裂。

9)当采用 7 段或 7 段以上拱肋吊装时，应通过施工控制的方法，准确计算每段吊装后各扣索的索力、各接头的标高位置，并对风缆系统进行专门设计，确保拱肋横向稳定安全系数不小于 4，拱肋(包括接头)在各阶段承受的应力也应包含在控制计算中。

10)拱肋合拢温度应符合设计规定，如设计无规定，可在气温接近当地的年平均温度(一般在 5℃～15℃)时进行；天气炎热时可在夜间洒水降温条件下进行。

11)各段拱肋松索应按一定程序进行

①松索应按照拱脚段扣索、次拱肋段扣索、起重索，三者先后顺序，并按比例定长、对称、均匀松卸；

②每次松索量宜小，各接头高程变化不宜超过 10 mm；

③大跨径箱形拱桥分 3 段或 5 段吊装合拢后，根据拱肋接头密合情况及拱肋的稳定度，可保留起重索和扣索部分受力，等拱肋接头的连接工序基本完成后再依序松索。

15.3.4　拱脚临时铰的设置

临时铰是在施工过程中，为消除或减小主拱的部分附加内力，以及对主拱内力作适当调整时在拱脚或拱顶设的铰。

拱圈施工时，在拱脚截面处设置铅垫板做成临时铰，拆除拱架后就将无铰拱变成静定的三铰拱，待拱上建筑砌筑完毕后，恢复为无铰拱。如果将临时铰偏心安装，则可起到调整内应力的作用，特别可消除混凝土收缩引起的附加内力。

15.3.5　施工加载程序设计

1.施工加载程序设计的一般原则

施工加载程序设计的一般原则如下：

1)对于中、小跨径拱桥，当拱肋的截面尺寸满足一定的要求时，可不作施工加载程序设计。但应按有支架施工方法对拱上建筑进行对称、均匀地施工。

2)对于大、中跨径的箱形拱桥或双曲拱桥，一般应按分环、分段、均匀对称加载的总原则进行设计。即在拱的两个半跨上，按需要分成若干段，并在相应部位同时进行相等数量的施工加载。但对于坡拱桥，一般应使低拱桥半跨的加载量稍大于高拱脚半跨的加载量。

3)在多孔拱桥的两个相邻孔之间，也须均衡加载。两孔间的施工进度不能相差太远，以免桥墩承受过大的单向推力而产生过大的位移，造成施工快的一孔的拱顶下沉，邻孔的拱顶上冒，从而导致拱圈开裂。

2. 示例

图 15 - 13 所示是一座跨径 85 m 的箱形拱桥的施工加载程序，拱箱吊装节段采用闭合箱。图中数字代表施工步骤，其加载程序简单叙述如下：

1）先将各片拱箱逐一吊装合拢，形成一孔裸拱圈。然后将全部纵横接头处理完毕，便浇筑接头混凝土，完成第一阶段加载。

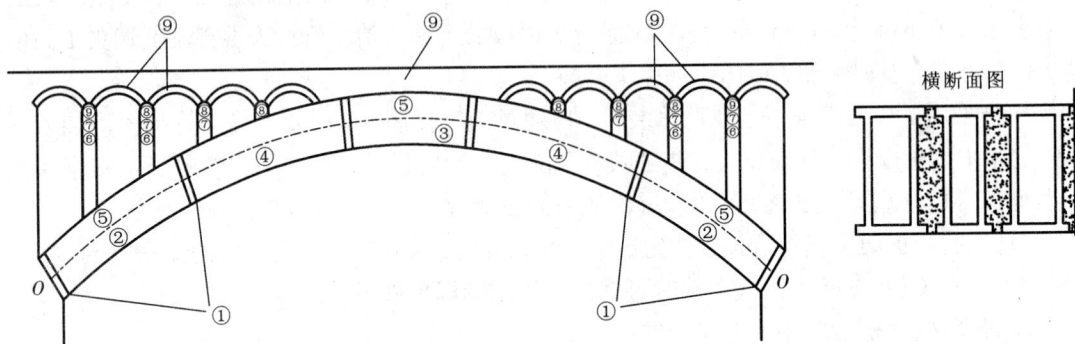

图 15 - 13　加载程序

2）浇筑拱箱间的纵缝混凝土。纵缝应分为两层浇筑，先只浇筑到大约箱高的一半处，使其初凝后再浇满全高使与箱顶齐平，横桥向各缝齐头并进。注意，下面纵缝应分段浇筑。图中②、③、④、⑤各步骤为纵缝浇筑。

3）拱上各横墙加载。先砌筑 1 号、2 号横墙至 3 号横墙底面高度；再砌筑 1 号、2 号、3 号横墙至 4 号横墙底面高度；最后全部横墙（包括小拱拱座）同时砌筑完毕，工作按左、右两半拱对称、均匀同时进行，见图中⑥、⑦、⑧步骤。

4）安砌腹拱圈及主拱圈拱顶实腹段侧墙。由于拱上横墙截面单薄只能承受一片预制腹拱圈块件的单向推力，因此，安砌腹拱圈时，应沿纵向逐条对称安砌，直到完毕。见图中⑨。

5）以后各步骤，包括拱顶填料、腹拱填料、桥面系，可按常规工艺要求进行，无需作加载验算。

15.4　拱桥实例

如图 15 - 14 所示是我国于 1997 年建成的四川万县长江大桥，该桥结构体系为上承式劲性骨架混凝土拱桥，主孔跨径 420 m。

1. 主要技术指标

荷载等级：汽车—超 20，挂车—120，人群 3.5kN/m²。

桥宽：净 2×7.5 m 行车道 +2×3.0 m 人行道，总宽 24 m。

地震烈度：基本烈度 6 度，按 7 度验算。

通航等级：在三峡水库正常蓄水位 175 m 以上通航净空为 24×300 m，双向可通行三峡库区规划的万吨级驳船队。

桥孔布置：自南向北为 5×30.668 m +420 m +8×30.668 m，全长 856.12 m。

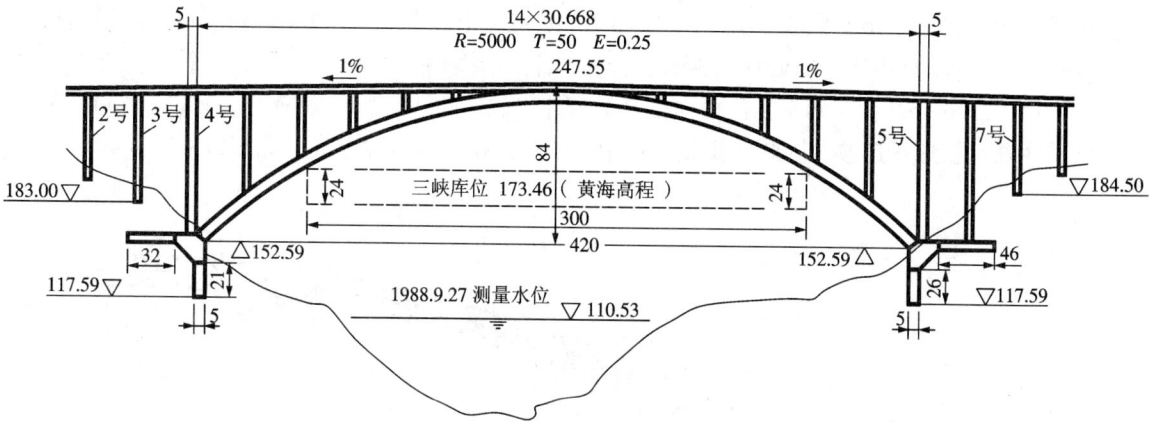

图 15 – 14　万县长江大桥桥孔布置图(单位:m)

2. 主拱构造

主桥为劲性骨架钢筋混凝土拱桥,净跨 420 m,拱圈宽 16 m,高 7 m,净矢高 84 m,矢跨比 1/5,横向为单箱三室,细部尺寸如图 15 – 15 所示。

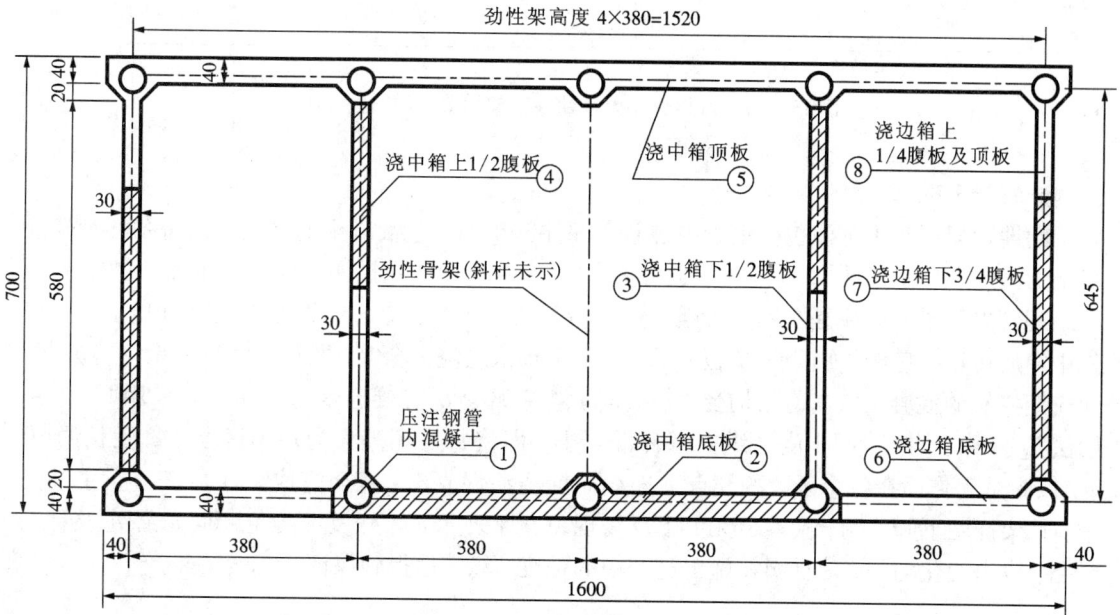

图 15 – 15　万县长江大桥拱圈截面形式及形成步骤

(单位:cm;圆圈〇内数字表示施工顺序)

主拱圈拱轴系数经优化设计,并考虑到拱顶截面应有稍大的潜力,以满足施工阶段及后期徐变应力增量的受力需要,最后选定为 $m = 1.6$。

3. 劲性骨架构造

该桥劲性骨架采用 5 个桁片组成，间距 3.8 m，每个桁片上下弦为 D420×16 mm 无缝钢管，腹杆与连接系杆为 4Φ75×75×10 角钢组合杆件，骨架沿拱轴分为 36 节桁段，每个节段长约 13 m，高 6.8 m，宽 15.6 m。每个桁段横向由 5 个桁片组成，间距 3.8 m，每个节段质量约 60 t。节段间采用法兰盘螺栓连接。因此在拼装过程中，高空除栓接外不再焊接，如图 15-16 所示。

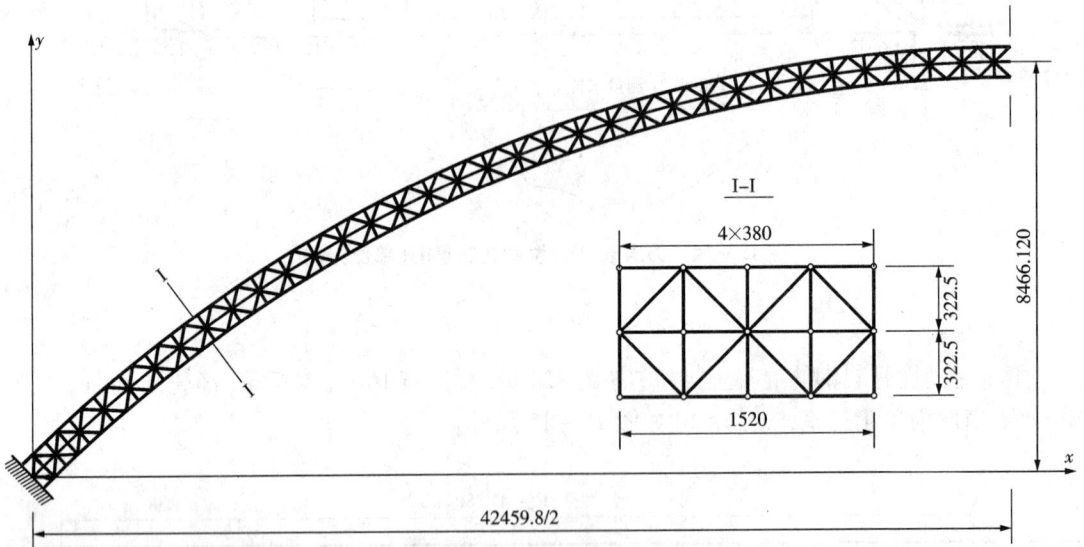

图 15-16　万县长江大桥劲性骨架构造图(单位：cm)

4. 混凝土浇注

劲性骨架混凝土浇注包括钢管内混凝土灌注和拱箱外包混凝土的浇注。该桥劲性骨架混凝土的施工顺序示于图 15-17 中，也可参考图 15-15 中的主拱圈截面形成步骤。

钢管内混凝土灌注是在钢管骨架合龙以后开始进行的，待达到 70% 的设计强度后，再按先中箱后边箱及底板—腹板—顶板的顺序，分 7 环依次浇完全箱，两环之间设一个等待龄期，使先期浇筑的混凝土能参与结构受力，共同承担下环新浇混凝土重力。在纵向采用"六工作面法"，对称、均衡、同步浇注纵向每环混凝土，即将每拱环等分为 6 个区段，每段长约 80 m，以 6 个工作面在各个区段的起点上连续向前浇注混凝土，直至完成全环。整个浇注过程中，骨架挠度下降均匀，基本上无上下反复现象，骨架上下弦杆及混凝土断面始终处于受压状态，应力变化均匀，使拱圈在施工过程中的强度、稳定性得到保证。

NO.	示意图	内 容	NO.	示意图	内 容
1	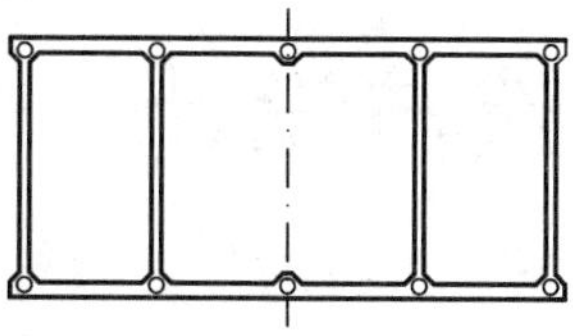	a. 安装劲性骨架； b. 灌注钢管混凝土	5	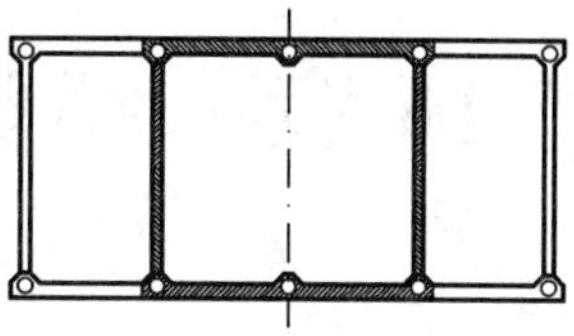	浇注中室顶板混凝土
2	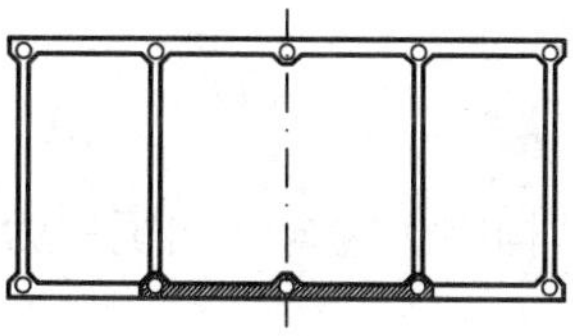	浇注中室底板混凝土	6	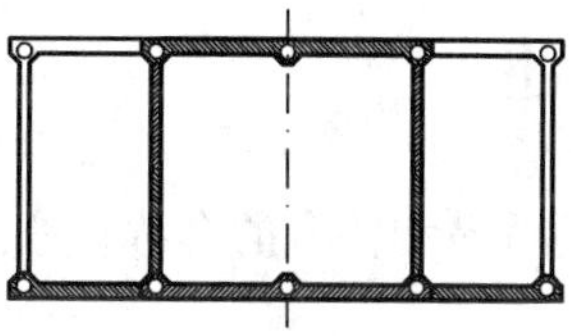	浇注边室底板混凝土
3	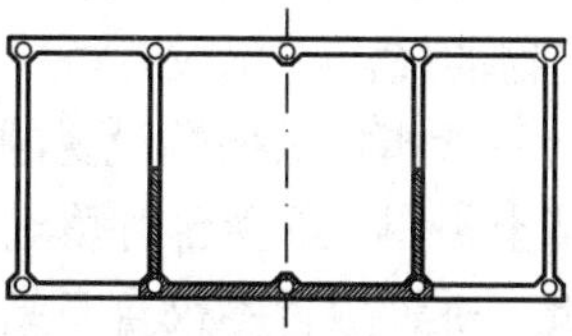	浇注中室 1/2 高底板混凝土	7	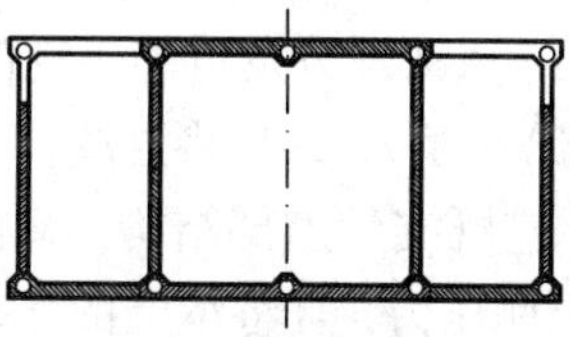	浇注边室 3/4 高腹板混凝土
4	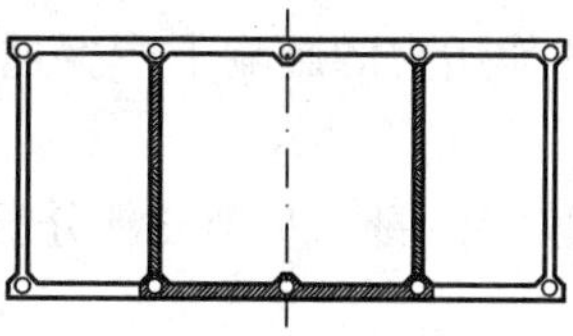	浇注腹板混凝土至全高	8	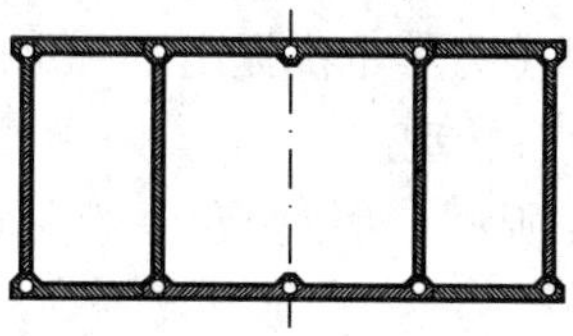	完成全截面混凝土浇注

图 15 - 17 主拱圈施工顺序图

本章思考题

15 - 1 拱桥主要有哪几种施工方法？

15 - 2 拱架主要型式有哪几种，其适用性如何？

15 - 3 何谓拱架的预拱度？如何设置预拱度？

15 - 4 对于较大跨径的拱圈或拱肋，分段浇筑时的分段位置一般应如何设置？

15 - 5 采用支架现浇施工的拱圈或拱肋，为什么要按照先拱脚、后拱顶的顺序浇筑？

15 - 6 拱架一般卸架程序如何？

15 - 7 缆索吊装设备主要由哪些部分组成？

15 - 8 阐述拱肋吊装必须遵循的基本规定。

15 - 9 拱桥施工加载程序设计的一般原则是什么？

15 - 10 劲性骨架在拱肋施工过程中及成拱后分别主要起什么作用？

第 16 章　桥梁墩台的构造与设计

16.1　概　述

　　桥梁墩台是桥墩和桥台的合称，是支承桥梁上部结构的结构物。它与基础统称为桥梁下部结构。

　　桥墩指多跨（两跨以上）桥梁的中间支承结构物，它除了承受上部结构传来的作用外，还要承受流水压力、风荷载以及可能出现的冰压力、船舶或漂流物的撞击作用或者桥下车辆的撞击作用（对于跨线桥），并且将这些作用传给地基基础。桥台一般指桥头两端设置的支承与挡土的结构物，它既支承上部结构，又衔接两岸接线路堤、挡土护岸、承受台背填土及填土上汽车引起的土侧压力，且将承受的作用传给地基基础。因此，桥梁墩台不仅自身结构应具有足够的强度、刚度和稳定性，而且为确保上部结构的稳定，对地基的承载力、沉降量、地基与基础之间的摩擦力等也都提出了一定的要求，以避免在上述作用力的影响下产生过大的沉降、水平位移或者转动。

　　如图 16 – 1 所示，桥梁墩台一般由墩（台）帽（或拱座）、墩（台）身和基础三部分组成。

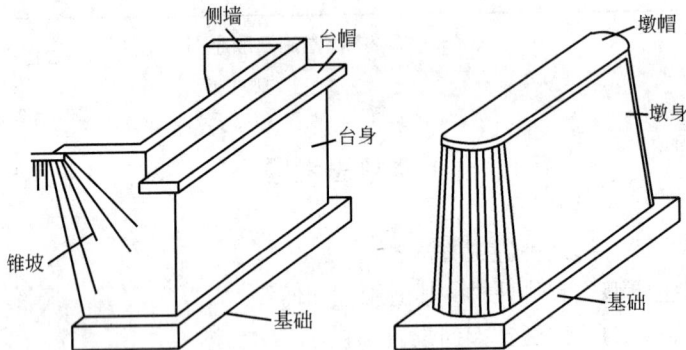

图 16 – 1　梁桥重力式墩台

　　墩（台）帽是指梁桥墩台顶端的承力与传力构件部分，它通过支座承托着上部结构，承受很大的竖向支承反力，并将支座传来的集中力分散给墩（台）身；拱座是特指拱桥墩台而言的，它直接承受由拱圈传来的竖向压力、水平推力和弯矩，并将它们分散给墩（台）身。

　　墩（台）身是桥梁墩台的结构主体。墩身指墩帽（或拱座）以下、基础顶面以上的构造部分，主要受压弯作用。台身一般由前墙和侧墙（或耳墙）构成，它们结合成一体，兼有支撑墙和挡土墙的作用。

　　基础是桥梁墩台直接与地基接触的构件，它的作用是保证桥梁墩台安全埋入土层之中，并将桥梁的全部作用传至地基。

桥梁墩台，总体上可分为重力式墩台、轻型墩台两种类型。

1）重力式墩台：重力式墩台的主要特点是靠自身重力来平衡外力而保持其稳定。因此，墩台身比较厚实，可用石材或片石混凝土建成。它适用于地基良好的大、中跨径桥梁，或流水、漂流物较多的河流中。在砂石料供应方便的地区，小桥也往往采用重力式墩台。其主要缺点是圬工体积较大，因而其重力和阻水面积也较大。

2）轻型墩台：轻型墩台整体刚度较小，受力后允许在一定范围内发生弹性变形。所用的建材通常以钢筋混凝土和少筋混凝土为主，但也有一些轻型墩台通过验算后可以用圬工材料浇（砌）筑。这种墩台外形轻巧美观，是目前公路桥梁中广泛采用的墩台型式之一，特别是在较宽较大的城市立交桥和高架桥中。

16.2　梁桥墩台

16.2.1　梁桥桥墩的构造

梁桥桥墩按其构造可分为实体桥墩、空心桥墩、柱式桥墩、柔性排架桩墩及框架墩等，按墩身横截面形状可分为矩形、圆端形、尖端形及各种空心截面组合成的墩（图 16 - 2），按受力特点可分为刚性墩和柔性墩，按施工工艺可分为就地浇（砌）筑桥墩、预制安装桥墩。

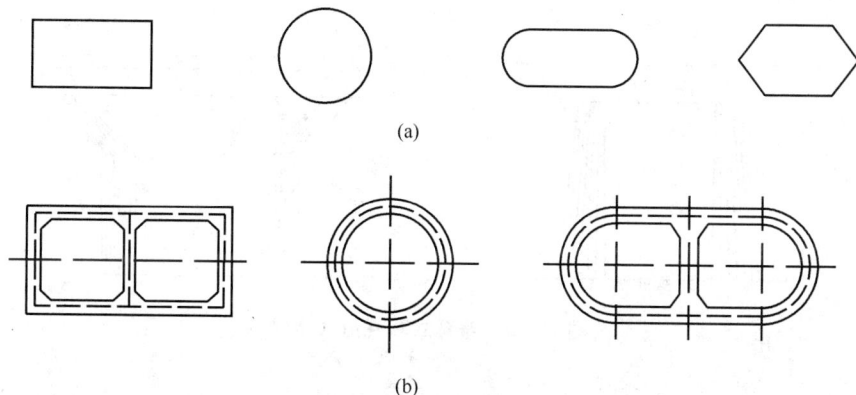

图 16 - 2　桥墩截面形式

（a）实心墩　（b）空心墩

1. 实体桥墩

实体桥墩按其截面尺寸和桥墩重力的大小不同，可分为实体重力式桥墩（图 16 - 3）和实体薄壁式（墙式）桥墩（图 16 - 4）。

1）墩帽

墩帽是承力与传力的构件，因此对墩帽的厚度和材料的强度要求较高，其厚度随桥梁跨径而定，对于特大、大跨径桥梁不应小于 50 cm，对于中、小跨径桥梁不应小于 40 cm。墩帽一般要用 C20 以上的混凝土做成，且设置构造钢筋。在一些桥面较宽、墩身较高的桥梁中，为了减小墩身及基础的圬工体积，常常利用挑出的悬臂或托盘来缩短墩身横向长度。悬臂式或托盘式墩帽(图 16 - 5)一般采用 C20 或 C25 钢筋混凝土。

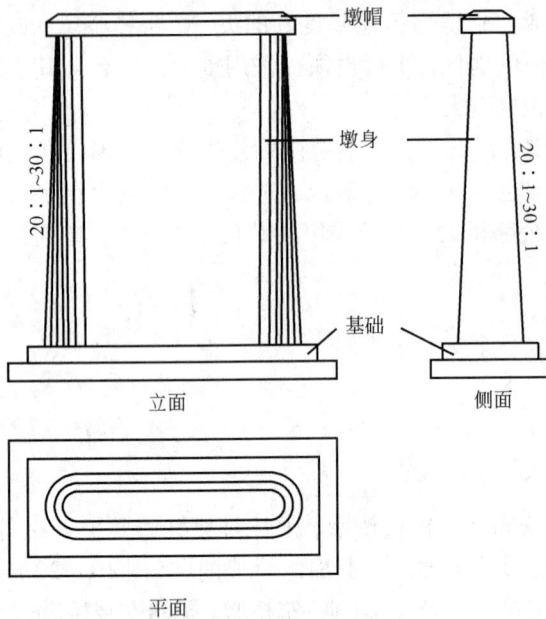

图 16 - 3　实体重力式桥墩

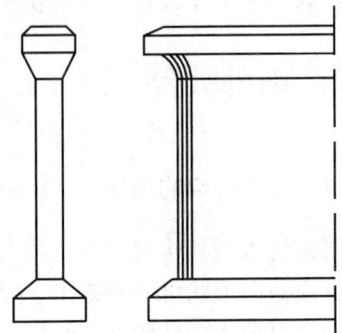

图 16 - 4　实体薄壁桥墩

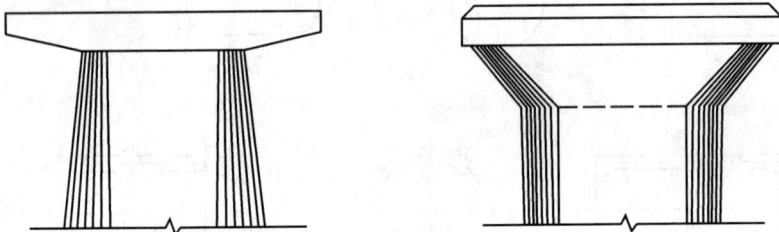

图 16 - 5　悬臂式和托盘式墩帽

　　墩帽长度和宽度视上部结构的形式、支座的尺寸和布置、上部结构的防震以及主梁的施工吊装要求等条件而定。设计采用橡胶支座时，尚应预留更换支座所需的位置和空间。墩帽尺寸拟定如下：

　　(1)顺桥向墩帽最小宽度 b

　　①双排支座(图 16 - 6)

$$b \geqslant f + \frac{a}{2} + \frac{a'}{2} + 2c_1 + 2c_2 \tag{16-1}$$

$$f = e_0 + e_1 + e_1' \geqslant \frac{a}{2} + \frac{a'}{2} \tag{16-2}$$

式中：f——相邻两跨支座间的中心距；

　　　e_0——伸缩缝宽，中小桥为 2 ~ 5 cm，大跨径桥梁可按温度变化及施工放样、安装构件可能出现的误差等决定；

e_1、e_1'——桥跨梁端过支座中心的长度；

a、a'——桥跨结构支座垫板的纵桥向宽度；

c_1——纵桥向支座垫板至墩身边缘的最小距离，见表 16-1 及图 16-7；

c_2——檐口宽度，5～10 cm。

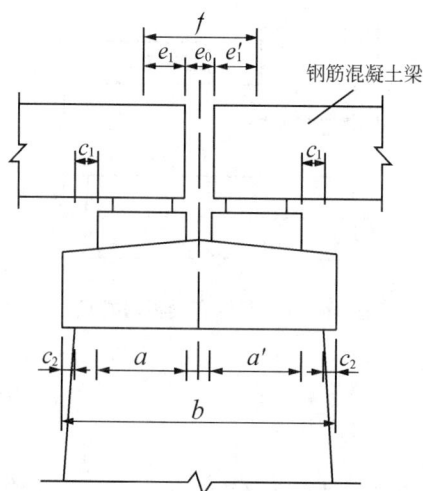

图 16-6　墩帽顺桥身尺寸

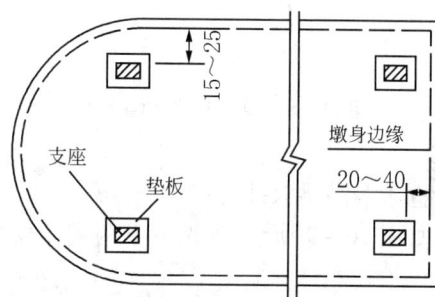

图 16-7　c 值的确定（尺寸单位：cm）

大跨径桥梁伸缩缝宽中由温度引起的变位：

$$e_0 = l \cdot t \cdot \alpha \tag{16-3}$$

式中：l——桥跨的计算长度（因桥梁的分孔、联长、固定支座与活动支座布置不同而不同）；

t——温度变化幅度值，可采用当地最高和最低月平均气温及桥跨浇筑完成时的温度计算决定；

α——材料的线膨胀系数，钢筋混凝土及预应力混凝土梁（板）为 1×10^{-5}。

表 16-1　支座边缘到台、墩身边缘的最小距离 c_1（cm）

桥的分类	桥向 纵桥向	横桥向 圆弧形端头（自支座边角量起）	横桥向 矩形端头
特大桥	30	30	50
大桥	25	25	40
中桥	20	20	30
小桥	15	15	20

注：当采用钢筋混凝土或预应力混凝土悬臂墩帽时，可不受本表限制，应以便于施工、养护和更换支座而定。

②单排支座（图 16-8）

墩上仅有一排支座时（如连续梁桥），b 可由式（16-4）计算：

$$b = a + 2c_1 + 2c_2 \qquad (16-4)$$

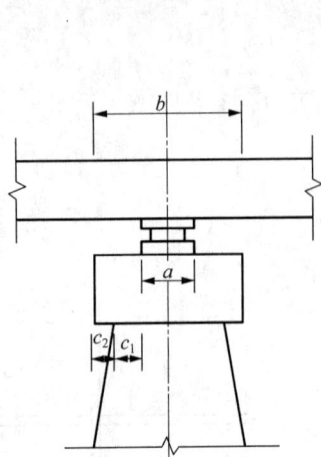

图 16 – 8　单排支座墩帽尺寸

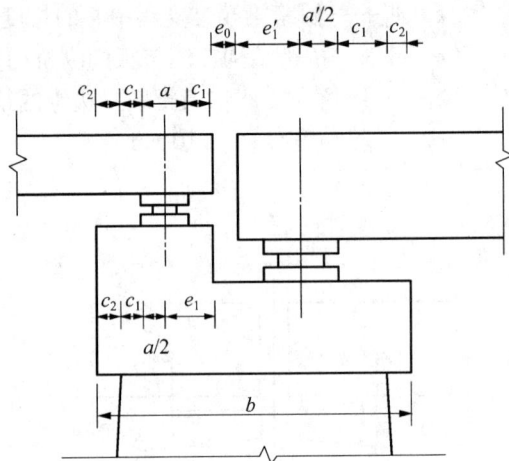

图 16 – 9　不等高梁桥墩帽尺寸

③不等高梁双排支座

如图 16 – 9 所示，b 按以下两式计算取大者：

$$b = \left(c_2 + c_1 + \frac{a}{2} + e_1 \right) + e_0 + \left(e_1' + \frac{a'}{2} + c_1 + c_2 \right) \qquad (16-5)$$

$$b = (a + 2c_1 + c_2) + e_0 + \left(e_1' + \frac{a'}{2} + c_1 + c_2 \right) \qquad (16-5')$$

(2)横桥向墩帽最小宽度 B

①平面形状为矩形的墩帽

对于多片主梁(图 16 – 10)：

$$B = B_1 + a_1 + 2c_1 + 2c_2 \qquad (16-6)$$

式中：B_1——桥跨结构两外侧主梁中心距；

　　　a_1——支座底板横向宽度。

对于箱形梁(图 16 – 11)，B 的计算公式同式(16 – 6)，但式中 B_1 为边支座中心距。

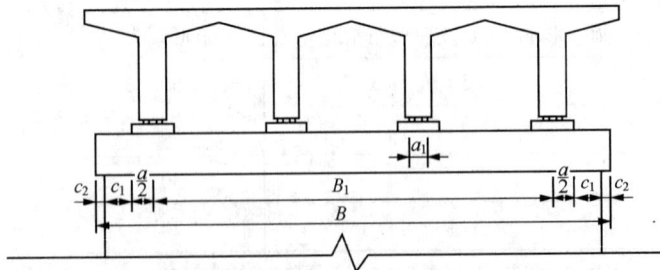

图 16 – 10　多片主梁墩帽横桥向尺寸

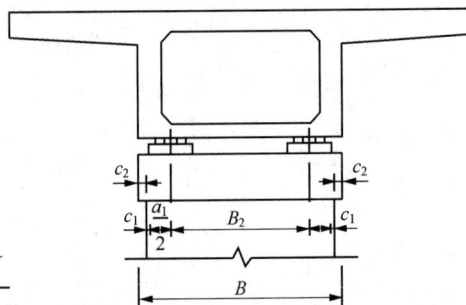

图 16 – 11　箱形梁墩帽横桥向尺寸

②平面形状为圆端的墩帽

$$B = B_1 + a_1 + b \tag{16 - 7}$$

式中：b——墩帽纵桥向采用的最小宽度。

2)墩身

墩身是桥墩的主体。重力式桥墩墩身的顶宽，对小跨径桥不宜小于 80 cm；对中跨径桥不宜小于 100 cm；对大跨径桥的墩身顶宽，视上部结构类型而定。侧坡一般采用 20:1 ~ 30:1，小跨径桥的桥墩也可采用直坡。

实体墩身通常由块石、浆砌片石、混凝土或钢筋混凝土等材料建造。对于大、中桥梁墩身采用的材料最低强度等级为：石材 MU40，混凝土 C25，砂浆 M7.5。对于小桥的墩身，石材应不小于 MU30，混凝土应不小于 C20，砂浆应不小于 M5。

为便于流水和漂流物通过，墩身平面形状可以做成圆端形或尖端形；无水的岸墩或高架桥墩可做成矩形；在水流与桥梁斜交或流向不稳时，宜做成圆形。在有强烈流冰、泥石流或漂流物的河流中的桥墩，应在其迎水端做成破冰棱体(图 16 - 12)，破冰棱应高出最高流冰水位 100 cm，并应低于最低流冰水位时冰层底面以下 50 cm。破冰棱与桥墩应构成一体，其倾斜度宜为 3:1 ~ 10:1(竖:横)，选用强度等级不小于 MU60 的石材或 C40 混凝土预制块镶面，镶面砌筑的砂浆强度等级不应低于 M20。若采用混凝土破冰棱，在其迎水表面应埋设钢板或角钢。

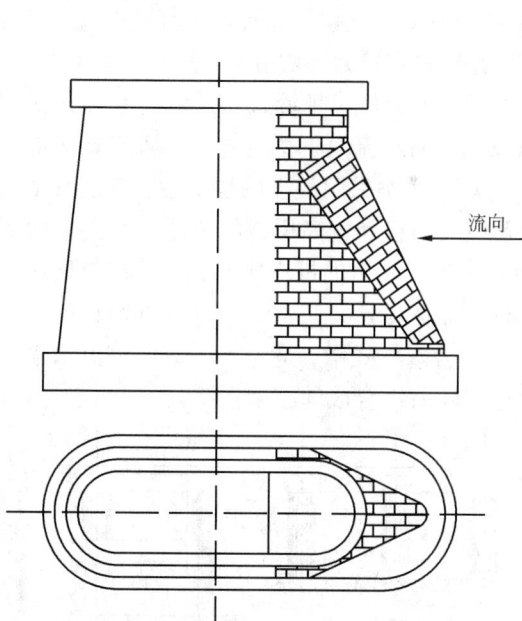

图 16 - 12　带破冰棱体桥墩

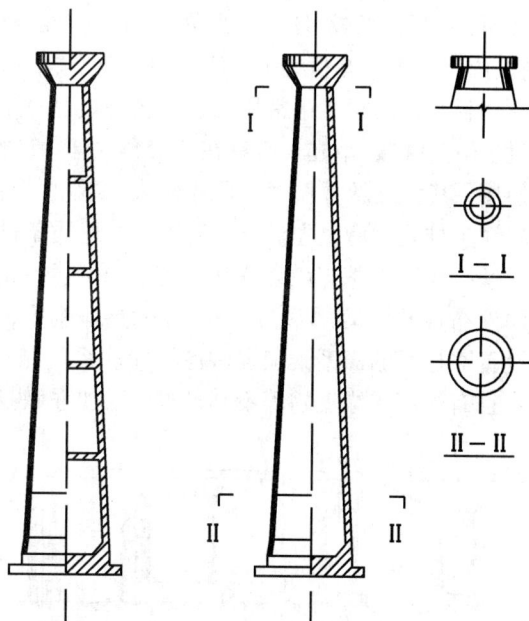

图 16 - 13　圆形空心桥墩

实体薄壁桥墩(图 16 - 4)可用钢筋混凝土材料做成，一般不设侧坡。由于它可以显著减少圬工体积，因而被广泛使用于中小跨径的桥梁中，但其抗冲击力较差，不宜用在流速大并夹有大量泥沙的河流或可能有船舶、冰、漂流物撞击的河流。

3）基础

桥梁墩台基础的种类很多，包括刚性扩大基础、桩基础及沉井基础等，可参见《基础工程》教材。

2. 空心桥墩

对于高大的桥墩或位于软弱地基桥位的桥墩，为了减少圬工体积、减轻自重以及减小地基的负荷，可将墩身内部做成空腔体或部分空腔体，形成空心桥墩。

目前较常用的是薄壁混凝土空心桥墩（图 16 - 13），其墩身立面形状可分为直坡式和斜坡式，斜坡率通常为 50:1 ~ 40:1。其截面型式一般可采用圆形、矩形等（图 16 - 2）。

薄壁混凝土空心墩的构造要求：①墩身最小壁厚，对于钢筋混凝土不宜小于 30 cm，对于素混凝土不宜小于 50 cm。现浇混凝土的强度等级，大、中桥为 C25，小桥为 C20；②为保证桥墩的局部和整体稳定，应在墩身内设横隔板或纵、横隔板，形成空格形结构。水平横隔板设置的间距受墩壁厚的限制，但对于 40 m 以上的高墩，不论壁厚如何，均按 6 ~ 10 m 的间距设置横隔板；③对于薄壁钢筋混凝土空心墩应按计算配筋，一般配筋率在 0.5% 左右，但不论钢筋混凝土还是素混凝土空心桥墩，墩身表层内应设置钢筋网，其钢筋截面面积在水平方向和竖直方向均不小于每米 250 mm^2，间距不应大于 40 cm；④空心墩的侧壁与隔板应设置一定数量的通气孔和排水孔。

3. 柱式桥墩

柱式桥墩一般由墩顶的盖梁（即墩帽）、柱式墩身和桩基础或扩大基组成。墩身的外形是圆截面、矩形截面或多边形截面的单根立柱或分离的两根及多根立柱。这种桥墩轻巧美观、材料省、施工方便，是桥梁中广泛采用的墩型之一，特别是在较宽较大的城市高架桥和立交桥中。

目前公路桥梁中常用的柱式桥墩的型式有单柱式、双柱式、哑铃式以及混合双柱式四种（图 16 - 14）。单柱式墩宜在斜交角大于 15° 的斜交桥、河水流向不稳定的水中墩或立交桥上使用，其盖梁悬臂长度和尺寸较大。双柱式是目前双车道桥采用最多的柱式墩，特别是钻孔灌注桩柱式桥墩，适用于复杂的软弱地质条件以及较大跨径和较高桥墩的桥梁。它由地面下的钻孔灌注桩基与墩柱直接相连，当墩身柱的高度大于 1.5 倍的桩中距时，宜在桩与柱连接面处布置横系梁，以增加桩与柱的整体刚度；当墩柱高度大于 6 ~ 7 m 时，还应在高柱的中部设置双柱间的横系梁加强墩柱横向联系。哑铃式和混合双柱式墩，是为了适应河道流水速度大且有流冰或漂流物等不利条件，以加强墩身整体刚度所组合成的。

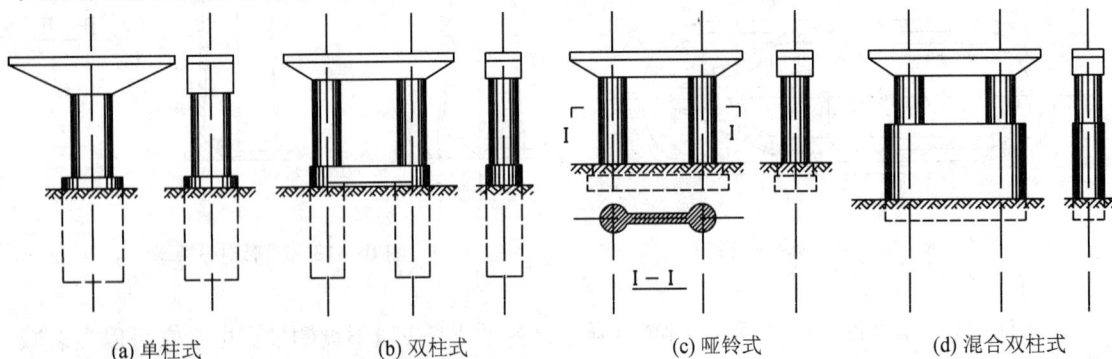

(a) 单柱式　　　(b) 双柱式　　　(c) 哑铃式　　　(d) 混合双柱式

图 16 - 14　柱式桥墩

　　柱式桥墩一般为钢筋混凝土结构，各构件截面尺寸与配筋需通过受力计算确定。盖梁的计算跨径与其高度的比一般在 3～5 之间，尚属受弯构件；混凝土强度等级不应低于 C25。墩柱的核心截面为直径 60～150 cm 的圆形或矩形、六角形等，一般采用 C20～C30 的钢筋混凝土。桩(或柱)的横系梁截面高度和宽度可分别取 0.8～1.0 倍的桩(或 0.6～0.8 倍的柱)直径或矩形墩柱纵桥向边长。横系梁一般不直接承受外力，可不作内力计算配筋，需按构造要求配筋。

　　4. 柔性排架桩墩

　　柔性排架桩墩是由单排或双排的预制钢筋混凝土沉入桩或钻孔灌注桩与钢筋混凝土盖梁组成(图 16－15)。其主要特点是，可以通过一些构造措施，将上部结构传来的水平力(汽车制动力、温度作用等)传递到全桥的各个柔性墩或相邻的刚性墩台上，以减小单个柔性墩所受到的水平力，从而达到减小桩墩截面的目的。单排架桩墩一般适用于墩身高度不超过 4.0～5.0 m；桩墩高度大于 5.0 m 时，为避免行车时可能发生的纵桥向晃动，宜设置双排架桩墩，但当采用钻孔灌注桩时，可仍采用单排架桩墩。柔性排架桩墩的尺寸较小，对于山区河流、流冰或漂流物严重的河流，墩柱易被损坏，不宜采用。对于石质或砾石河床，沉入桩也不宜采用。

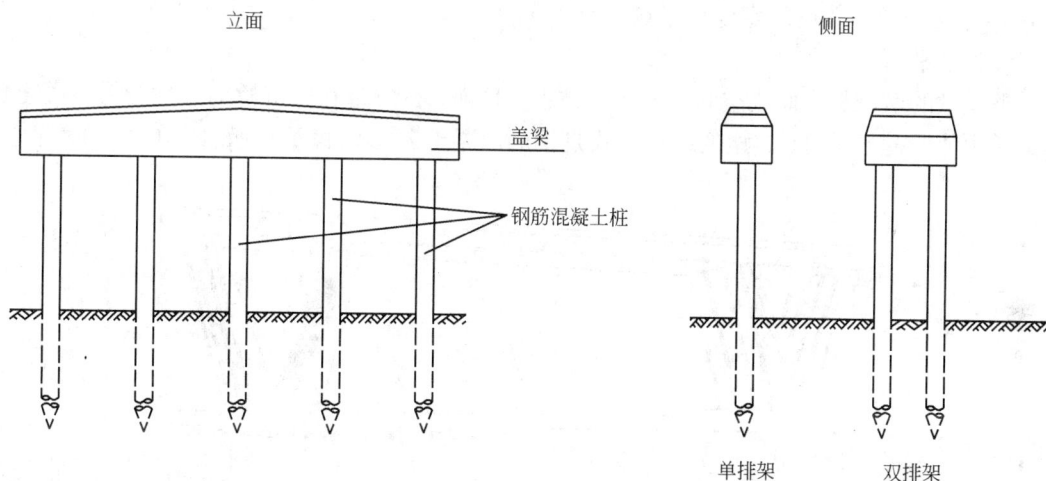

图 16－15　柔性排架桩墩

　　当桥梁孔数较多且较长时，柔性排架桩墩的墩顶会因水平位移过大而处于不利状态，这时宜将桥跨分成若干联，一联长度的划分视温度、地形、构造和受力情况确定。一般来讲，当墩的高度在 5 m 以内时，可采用一联式、二联式和多联式桩墩，每联 1～4 孔，每联长为 40～45 m。对于多联式中间联的桩墩，由于不受土压力的影响，此联长可以达到 50 m。联与联之间设温度墩，即为两排互不联系的桩墩，为的是在温度变化的情况下，联与联之间互不影响。当墩的高度为 6～7 m 时，应在每联内设置一个由盖梁构成整体的双排架桩墩，以增加结构的刚度(图 16－16)。此时每联长度可适当加长，中间联的孔数可相应增加。

　　柔性排架桩墩在构造上尚应注意以下几点：①对于钻孔灌注桩排架墩，其桩的直径不宜大于 90 cm，桩间的距离不小于 2.5 倍的成孔直径，其盖梁的宽度一般比桩径大 10～20 cm，高度根据受力计算和构造要求而确定；②对于预制钢筋混凝土方桩排架墩，其桩的截面尺寸

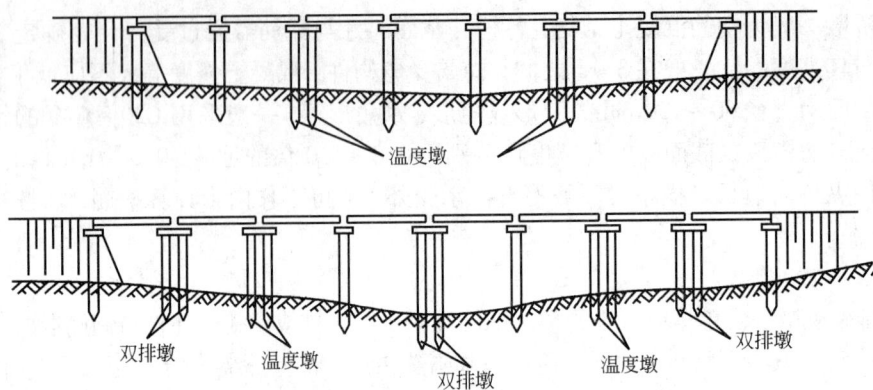

图 16 – 16　柔性排架桩墩的纵向布置

与桩长有关，一般当桩长在 10 m 以内时，横截面尺寸为 30 cm×30 cm；桩长在 10 ~ 14 m 时为 35 cm×35 cm；桩长大于 15 m 时采用 40 cm×40 cm。桩与桩之间的中距不应小于桩边长的 3 倍，一般为 1.5 ~ 2.0 m。其盖梁一般为矩形截面，单、双排架桩墩盖梁的高度均为 40 ~ 50 cm，单排架桩墩盖梁的宽度采用 60 ~ 80 cm。

5. 框架墩

框架墩的墩身是平面或空间框架受力体系。目前，在公路和城市桥梁上预应力混凝土连续梁桥中使用框架墩时，典型的结构形式是钢筋混凝土 V 形墩和 Y 形墩(图 16 – 17)。

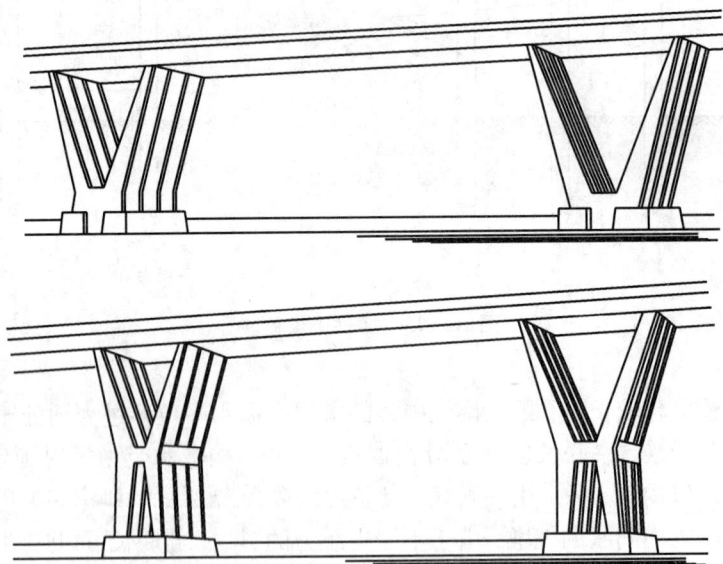

图 16 – 17　V 形和 X 形桥墩

桥梁支座可布置在斜撑的顶部或底部，也可不设支座。当支座布置在斜撑顶部时，斜撑是桥墩的一个组成部分；当采用斜撑与主梁固结时，斜撑成为桥梁上部结构的一个组成部分，支座可布置在斜撑的底部，若斜撑与承台刚接可省掉支座。由于采用斜撑，缩短了主梁的受力计算跨径，由此，降低了梁高，可提高桥梁的跨越能力。但斜撑施工较麻烦。

16.2.2　梁桥桥台的构造

梁桥桥台从构造上可分为重力式桥台、轻型桥台和组合式桥台三种类型。

1. 重力式桥台

重力式桥台主要靠自身重力来平衡台后的土侧压力，桥台台身一般由圬工材料采用就地浇(砌)筑施工建成，这类桥台常用的种类有重力式 U 形桥台和实体埋置式桥台等。

1)重力式 U 形桥台

如图 16-18 所示，U 形桥台因其台身是由前墙和两个侧墙在平面上构成的 U 字形结构而得名。其优点是构造简单，整体刚度大，可用混凝土或片、块石砌筑，适用于填土高度在 8~10 m 以下的桥梁；缺点是桥台体积和自重较大，也增加了对地基的要求。此外，桥台的两个侧墙之间填土容易积水，结冰后冻胀，使侧墙产生裂缝。所以宜用渗水性较好的土夯填，并做好台后排水措施。

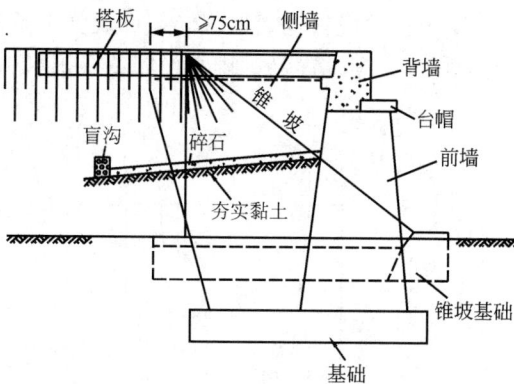

图 16-18　梁桥重力式 U 形桥台

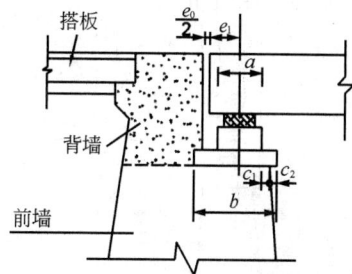

图 16-19　台帽顺桥向尺寸

(1)台帽

台帽在桥台结构中尽管尺寸较小，但受力较复杂，应采用钢筋混凝土，若采用素混凝土应设置构造钢筋，其混凝土的强度等级应视桥梁跨径和台帽的施工方法的不同而异：对于大桥的台帽，预制施工应不低于 C30，现浇时应不低于 C25；小桥台帽，预制不低于 C25，现浇不低于 C20。台帽的厚度，对于大跨径以上桥梁不应小于 50 cm，对于中小跨径桥梁不应小于 40 cm。台帽的长、宽度取值：

①纵桥向台帽最小宽度 b(图 16-19)为

$$b = \frac{a}{2} + e_1 + \frac{e_0}{2} + c_1 + c_2 \qquad (16-8)$$

②横桥向台帽长度 l 为

$$l = B + 2c_2 \qquad (16-9)$$

式中：B——台身宽度。

（2）台身

U 形桥台前墙正面可设为竖直面和斜面，竖直面形式有利于桥下净空，斜面形式多采用 10:1 或 20:1 的斜坡；前墙内侧面为斜面，斜坡取 8:1 ~ 6:1。侧墙与前墙结合成一体，兼有挡土墙和支撑墙的作用，侧墙外表面设为竖表面，内侧面为 3:1 ~ 5:1 的斜坡，其长度视桥台高度、锥坡坡度以及侧墙尾端伸入路堤内的长度而定。锥坡的下缘一般应与前墙正面所交的地面线相交汇，锥坡坡度一般由纵桥向为 1:1 逐渐变至横桥向为路堤的边坡（多为 1:1.5）。为保证桥台与路堤有良好的衔接，侧墙尾端应有不小于 75 cm 的水平长度伸入路堤内，其尾端竖向除最上段 100 cm 采用竖直外，以下部分常采用 4:1 ~ 8:1 的倒坡。台身宽度通常与路基顶宽相同。

《公路圬工桥涵设计规范》(JTG D61—2005)规定，前墙与侧墙的顶面宽度均不宜小于 50 cm（图 16 – 20），前墙任一水平截面的宽度不宜小于该截面至墙顶高度的 0.4 倍。对于侧墙任一水平截面的宽度应按下列规定取值：侧墙为片石砌体时，不宜小于该截面至墙顶高度的 0.4 倍；为块石、粗料石砌体或混凝土墙体时，不宜小于 0.35 倍；若桥台内填料为中、粗砂或砂砾时，则以上两项可分别相应减为 0.35 或 0.30 倍。另外，在非岩石类的地基上，较宽的桥台宜每隔 10 ~ 15 m 设置一道沉降缝。现浇混凝土桥台应根据当地气候条件及施工条件，每隔 5 ~ 10 m 设置一道伸缩缝。为了排除桥台内的积水，应设置台背排水设施，将积水引向设于台后横穿路堤的盲沟内。

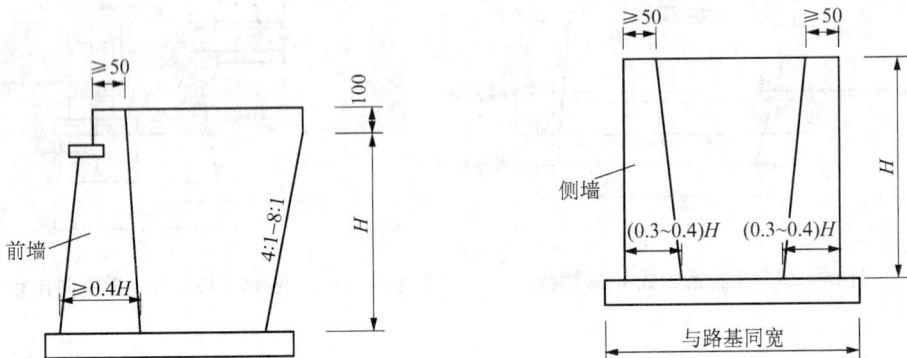

图 16 – 20   重力式 U 形桥台尺寸（尺寸单位：cm）

2）实体埋置式桥台

实体埋置式桥台是由圬工实体的台身、钢筋混凝土的台帽以及耳墙组成（图 16 – 21），台身埋在桥端的整体溜坡中。由于这种桥台的工作原理是，将台身后倾，使重心落在基底截面的形心之后，以平衡台后填土的倾覆力矩。再则，台身前的溜坡填土对桥台的主动土压力可以抵抗台身后的路堤填土的部分土侧压力。而且，它不设侧墙仅设有薄小的钢筋混凝土耳墙。所以，这种桥台的体积较小、用材省。但由于溜坡伸入桥孔内，压缩了桥下净空，有时需要增加桥长。它适用于桥头为浅滩，溜坡受冲刷较小且路堤填土高度达 8 m 以上的多跨桥的高桥台。

实体埋置式桥台的耳墙承受路堤的土侧压力，如需要支承人行道上的荷载，则受到两个方向的弯矩和剪力，应按受力分析配置受力钢筋。耳墙长度一般不超过 4 m，其厚度为 15 ~ 30 cm，后端高度为 50 cm、前端高度为 100 ~ 250 cm，耳墙应将主筋伸入台帽借以锚固。台帽

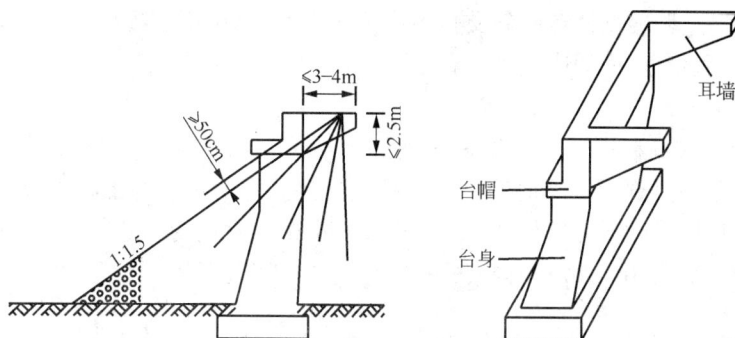

图 16-21　实体埋置式桥台

及耳墙采用的混凝土强度等级不宜小于 C25，台身和基础为 M7.5 浆砌 MU40 块石，溜坡表面宜采用 M5 浆砌 MU30 片石作铺砌护坡。

2. 轻型桥台

钢筋混凝土轻型桥台，其构造特点是利用结构的抗弯能力和整体刚度来减少台身的体积而使桥台轻型化。它自重较小，能降低对地基强度的要求，为软土地基上的桥台提供了经济可行的结构形式。轻型桥台不设置侧墙，一般采用八字式或一字式翼墙挡土，也可做成耳墙，形成埋置式轻型桥台并设置溜坡。

常用的轻型桥台可分为：设有支撑梁轻型桥台、框架式轻型桥台等几种类型。

1）设有支撑梁的轻型桥台

这种轻型桥台在构造上，台身采用直立的台墙，桥台上端与主梁（板）通过钢销铰接，台墙下端在相邻桥台（墩）之间设有支撑梁，由此便构成四铰框架结构系统。该系统中上部主梁（板）与下部支撑梁共同支撑桥台承受台后土压力。

按照翼墙的形式和布置方式，这种桥台又可分为：一字形轻型桥台、八字形轻型桥台、耳墙式轻型桥台，如图 16-22 所示。设有支撑梁的轻型桥台适用于桥梁跨径不大于 13 m、桥孔不宜多于三孔的梁（板）桥。其台墙厚度不宜小于 60 cm，梁（板）端铰接钢销直径不应小于 20 mm。支撑梁应设于铺砌层或冲刷线以下，中距宜为 2~3 m，采用钢筋混凝土构件，其截面尺寸不宜小于 20 cm×30 cm（横×竖），截面四角应设置直径不小于 12 mm 的纵桥向钢筋；如采用混凝土或块石砌筑，其截面尺寸不宜小于 40 cm×40 cm。

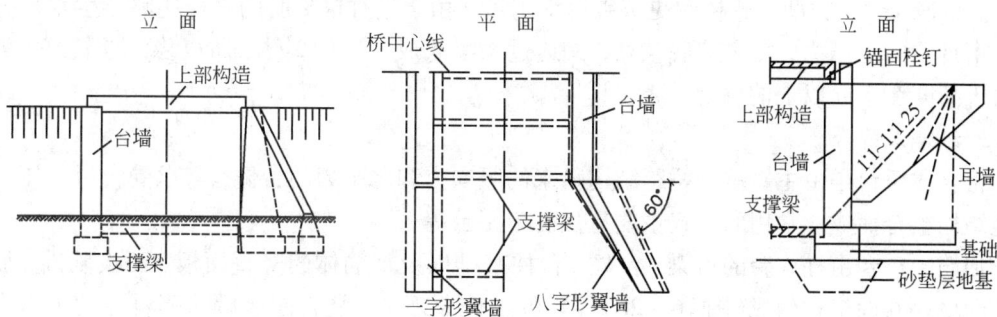

图 16-22　设有支撑梁的轻型桥台

对于斜交桥,这种轻型桥台的斜交角不应大于15°,且下部支撑梁应按照如下要求布置:两外侧应平行于桥轴线,中间应垂直于台墙。

2)框架式桥台

框架式桥台是一种在横桥向将台身与盖梁(台帽)连接成框架式结构的轻型桥台,台身均埋置在溜坡内,盖梁上部设置耳墙使桥台与路堤连接。它所承受的土压力较小,适用于地基承载力较低、台身较高、跨径较大的梁桥。这种轻型桥台常用的构造形式有:肋板式桥台(图16-23)、柱式桥台(图16-24)和构架式桥台(图16-25)三种。

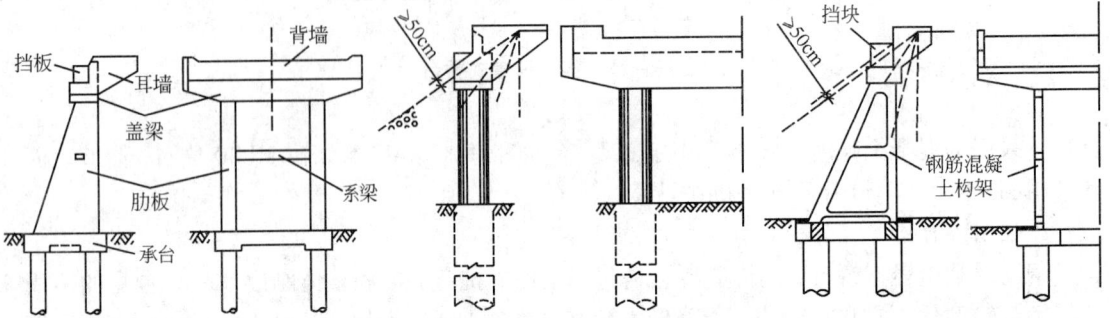

图16-23 肋板式桥台　　　图16-24 双柱式桥台　　　图16-25 构架式桥台

肋板式桥台的台身是由两块少筋的混凝土实心肋板通过上部盖梁连结而成,当台身的高度达到或超过10 m时肋板间须设置系梁。盖梁、系梁和耳墙应按受力配置钢筋,采用的混凝土强度等级应大于C25。桥台的背墙和肋板表层应设置钢筋网,其截面面积在水平和竖直方向均不应小于每米250 mm²(包括受力钢筋),间距不应大于40 cm。肋板厚度一般为40~80 cm,混凝土强度等级应大于C20。

柱式桥台是将上述肋板式桥台的肋板用钢筋混凝土圆柱或方柱替代而成,它一般用于填土高度小于5 m的桥台,所以柱间不需设置系梁。这种桥台能适应各种地基,当地基承载力较好时可采用普通扩大基础,此时柱底嵌固在基础上部形成立柱式框架桥台;当柱子与桩相连时形成桩柱式桥台。横桥向柱子的数目应根据桥宽和地基基础而确定,可采用双柱式、三柱式或多柱式,但常用双柱式。

将肋板式桥台的肋采用钢筋混凝土的框架肋,就形成了构架式桥台。它既比柱式桥台具有更好的刚度,又比肋板式桥台更节省圬工用量。由于这种框架肋的斜杆能够产生水平分力以平衡台后的土压力,加之基底较宽,又通过系梁联成一个构架体,所以稳定性较好,可用于填土高度在5 m以上的桥台。

3. 组合式桥台

组合式桥台是由主要承受桥跨结构传来的竖向力和水平力的台体,与承受台后土压力的其他结构组合而成。常用的型式主要有加筋土桥台等。

加筋土桥台由柱式台的盖梁、台柱、台柱基础以及加筋体的竖直面板、面板基础、筋带和其间填料共同组合而成(图16-26)。它的工作原理是,竖直面板后的填料主动土压力作用到面板上,再通过筋带与填料之间产生的摩擦力来平衡面板对筋带的拉力,而台柱只承受梁传来的作用力。这种桥台受力明确,适用于台高5~6 m的跨线桥或台位不受河水冲刷的中、小跨径桥。

加筋土桥台根据台柱所处位置可分为内置组合式[图 16 - 26(a)]和外置组合式两种[图 16 - 26(b)]，盖梁与台柱的设计与常规柱式桥台设计要求相同。对于加筋体的设计可参见有关专业文献。

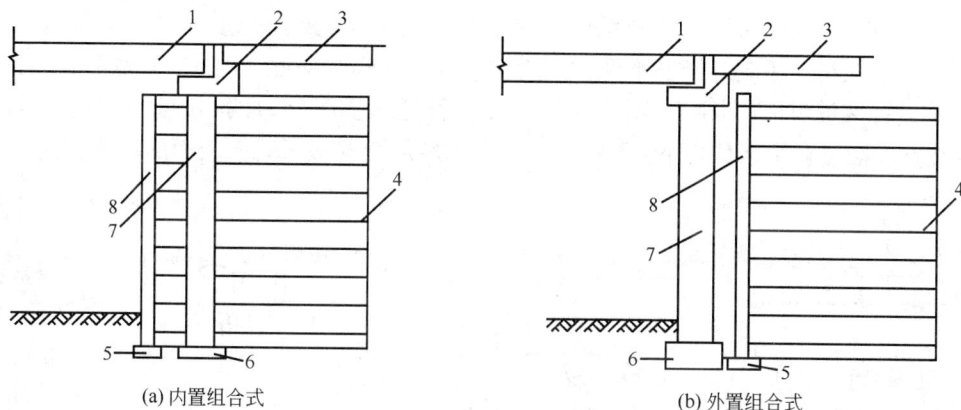

(a) 内置组合式　　　　　　　　(b) 外置组合式

图 16 - 26　加筋土桥台类型图

1—上部构造；2—盖梁；3—桥头搭板；4—筋带；5—基础；6—台柱基础；7—台柱；8—面板

16.3　拱桥墩台

16.3.1　拱桥桥墩的构造

由于拱桥是一种具有较大水平推力的结构，其墩台构造与梁桥墩台存在一定的差异。

拱桥桥墩可分为：重力式桥墩与轻型桥墩两种。

1. 重力式桥墩

拱桥实体重力式桥墩也由墩帽、墩身以及基础三部分组成（图 16 - 27），但它与梁桥重力式桥墩相比较，在构造上主要有如下几点不同：

(1)墩帽的不同。梁桥的墩帽顶面设置了支座垫石和传力的支座，而拱桥桥墩的墩帽顶面的边缘应设置成与拱脚截面同斜度同尺寸的斜面拱座，用以直接承受由拱圈传来的竖向力和水平推力等。拱座应设置在起拱线标高上，当相邻两孔的跨径相同时，桥墩两侧的拱座在纵、横桥向应设置成整体式墩帽，如图 16 - 27(a)所示；当桥墩两侧的跨径不等，应将两侧的拱座放置在不同的起拱线标高上，如图 16 - 27(b)所示。为便于施工和满足受力要求，拱座宜采用 C25 以上的现浇钢筋混凝土。

(2)墩身的不同。从抵御桥墩两侧桥跨结构重力产生的水平推力的能力来看，拱桥的桥墩可分为普通墩和单向推力墩。

普通墩[图 16 - 27(c)]主要承受相邻两跨结构传来的竖向反力，一般不考虑承受水平推力。其墩身的顶宽 b_1 取值要求是，混凝土桥墩可按拱跨的 1/15 ~ 1/25、石砌桥墩可按拱跨的 1/10 ~ 1/20 拟定，但均不宜小于 80 cm。墩身两侧斜面坡可为 20∶1 ~ 30∶1。

单向推力墩又称制动墩[图 16 - 27(d)]，除了承受竖向反力外，它的主要作用是在它一侧的桥孔因某种原因遭到毁坏时，能承受单侧拱跨重力产生的水平推力，以保证其另一侧的拱跨不致倾塌。另外，当施工时为了拱架的周转或者当缆吊设备的工作跨径受到限制时为了能分跨进行施工，也要设置能承受不平衡推力的单向推力墩。由此可见，为了满足结构强度和稳定性的要求，单向推力墩应比普通墩的墩身要设计得厚实些，而且应适当调整墩身两侧的斜面坡比。

交接墩[图 16-27(b)]用于桥墩两侧孔径不同的不等跨拱桥，它除了拱座不设置在同一起拱线标高上之外，还应有能够承受不平衡水平推力的构造外形。因此，其墩身应在推力较小的一侧设置变坡斜面，以减小不平衡水平推力引起的基底反力偏心距。从外形美观上考虑，变坡点一般设在常水位之下，而变坡点以上的斜面应与墩另一侧斜面的坡比相同。

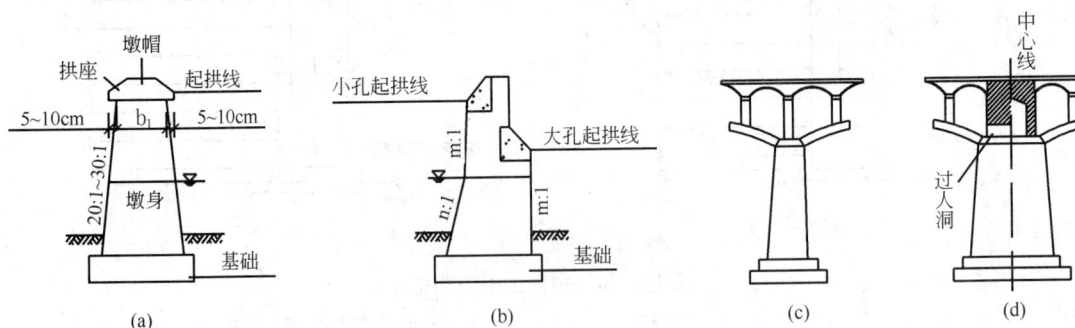

图 16-27 拱桥重力式桥墩

2. 轻型桥墩

目前所用的拱桥轻型桥墩，一般为配合钻孔灌注桩基础的柱式桩墩(图 16-28)。

拱桥的柱式桩墩与梁桥上的柱式桩墩非常相似，其主要差别是：在梁桥墩帽上设置支座，而在拱桥墩顶部分则设置拱座。当拱桥跨径在 10 m 左右时，常采用两根直径为 100 cm 的钻孔灌注桩；跨径在 20 m 左右时可采用两根直径为 120 cm 或三根直径为 100 cm 的钻孔灌注桩；跨径在 30 m 左右时可采用三根直径为 120~130 cm 的钻孔灌注桩。柱式桩墩较高

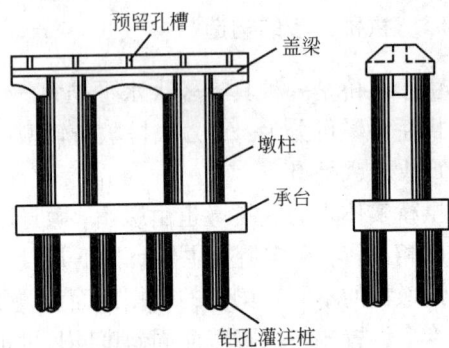

图 16-28 拱桥柱式桥墩

时，应在柱间设置横系梁以增强柱式桩墩的刚度。柱式桩墩一般采用单排桩，单孔跨径在 40 m 以上的大桥或高墩，可采用双排桩。在桩顶设置承台，与墩柱联成整体。如果柱与桩直接连接，则应在结合处设置横系梁。若柱高大于 6~8 m 时，还应在柱的中部设置横系梁。

16.3.2 拱桥桥台的构造

拱桥桥台在受力变形上的最大特点是，桥台承受拱的较大推力后，将发生绕其基础形心轴向路堤方向的转动。为了抵抗这一转动，拱桥桥台比梁桥桥台在尺寸上要大，在构造类型上要多些。但这类桥台仍然可分为重力式桥台、轻型桥台和组合式桥台三大类。

1. 重力式桥台

拱桥常用的重力式桥台是 U 形桥台(图 16 - 29),它由拱座、台身和基础三部分组成。在构造上除在拱座和前墙两部分有所差别外,其余部分同梁桥的 U 形桥台基本相同。拱桥桥台只在向桥跨的一侧设置拱座,其尺寸可参照拱桥桥墩的拱座拟定。

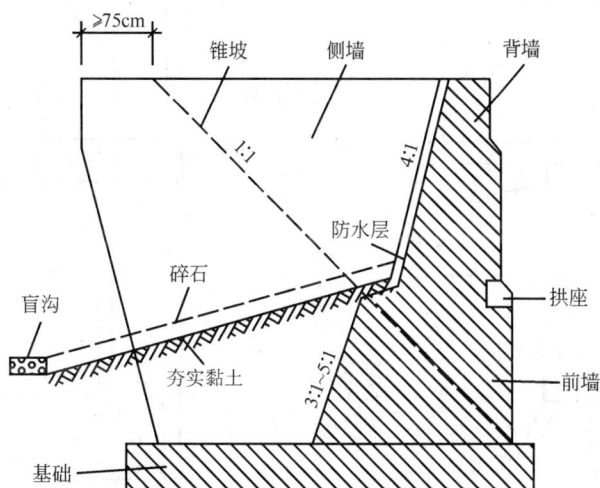

图 16 - 29 拱桥重力式 U 形桥台

2. 轻型桥台

拱桥轻型桥台是相对于重力式桥台而言的,当地基承载力较小、路堤填土较低时采用此类桥台。常用的轻型桥台有:八字形桥台、U 字形桥台、背撑式桥台等。

1) 八字形桥台

八字形桥台的构造简单,台身由前墙和两侧的八字翼墙构成,如图 16 - 30(a)所示。两者之间通常留沉降缝分离。前墙可以是等厚度的,也可以是变厚度的。变厚度台身的背坡为 2:1 ~ 4:1。翼墙的顶宽一般为 40 cm。前坡为 10:1,后坡为 5:1。为了防止基底向桥跨滑动,基础应有一定埋置深度。

2) U 字形桥台

U 字形轻型桥台是由前墙和平行于车行方向的侧墙组成,构成 U 形的水平截面,如图 16 - 30(b)所示。它与重力式 U 形桥台的差别是,后者是靠扩大桥台底面积,以减小基底压力,并利用基底与地基的摩阻力和适当利用台背土侧压力,以平衡拱的水平推力,因此基础底面积较轻型桥台的要大。U 字形轻型桥台前墙的构造和八字形桥台相同,但侧墙却是拱上侧墙的延伸,它们之间应设变形缝,以适应桥跨的可能变位。

3) 背撑式桥台

当桥台较宽时,为了保证结构的强度和稳定性,可以在八字形或 U 字形的前墙背后加一道或几道背撑,构成 ∏ 字形、E 字形等水平截面形式的前墙(图 16 - 31)。背撑顶宽为 30 ~ 60 cm,厚度也为 30 ~ 60 cm,背坡为 3:1 ~ 5:1 的梯形。这种桥台比八字形桥台稳定性要好,但土方开挖量及圬土体积都有增多。然而加背撑的 U 字形桥台却能适用于较大跨径的高台和宽桥。

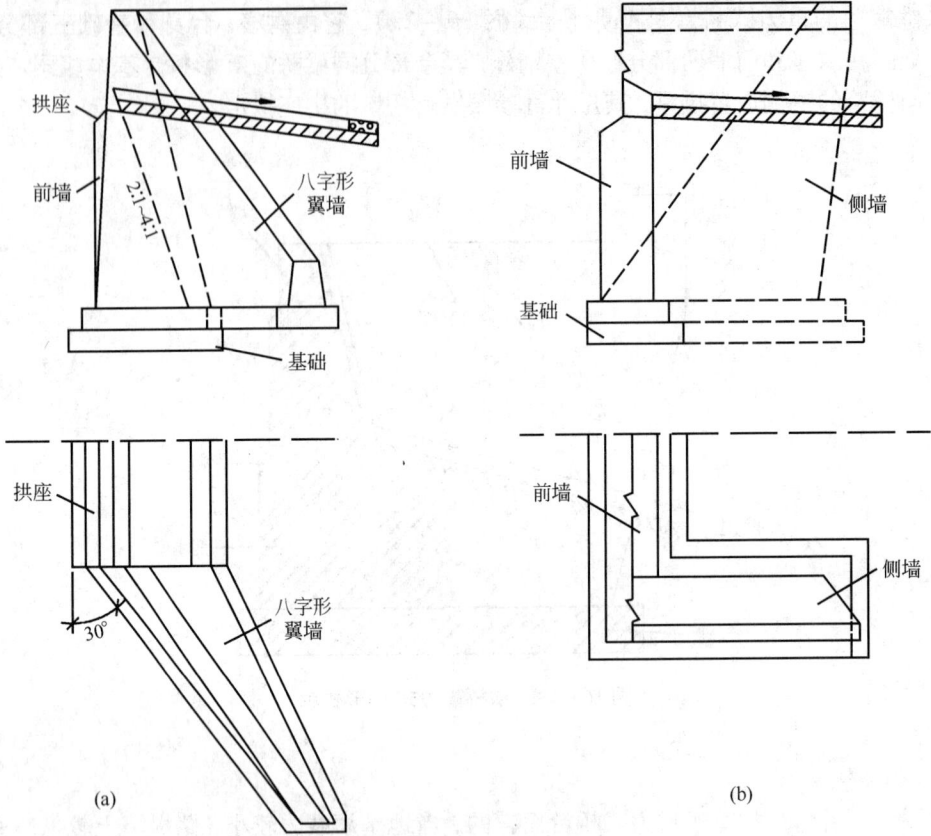

图 16 – 30　八字形和 U 字形轻型桥台

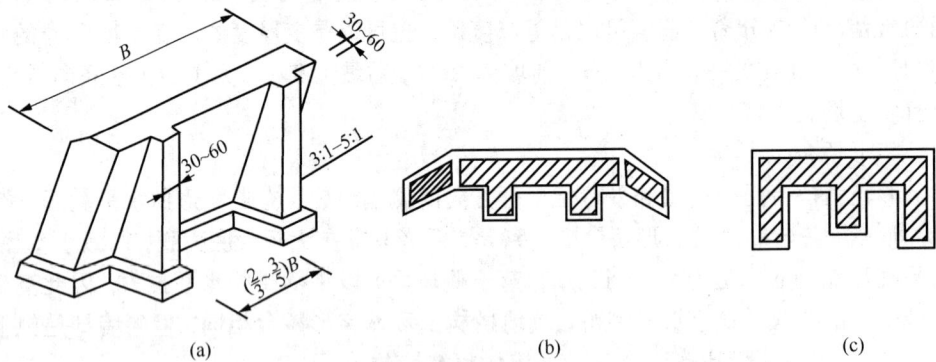

图 16 – 31　背撑式桥台(尺寸单位: cm)

3. 组合式桥台

拱桥的组合式桥台由前台和后座两部分组成(图 16 – 32)。前台的桩基或沉井基础承受拱的竖向力,台后的主动土压力以及后座基底的摩擦力来平衡拱的水平推力。考虑到主拱水平推力向后传递时有向下扩散的影响,后座基底标高应低于拱脚截面底缘的标高。前台台身与后座两部分之间必须密切贴合, 其间应设置成既密贴又可相互自由沉降的隔离缝, 以适应两者的不均匀沉降。

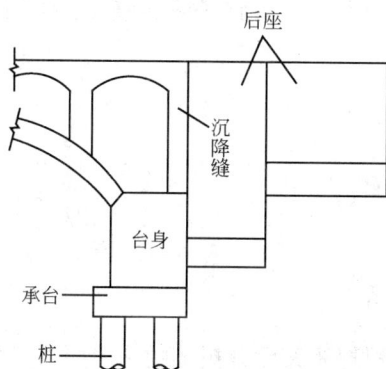

图 16 - 32　组合式桥台

这种台为软土地基上修建拱桥所采用, 实践证明效果较好, 解决了拱桥的推力问题, 为采用竖直桩修建拱桥桥台提供了途径。

本章思考题

16 - 1　何谓桥墩? 何谓桥台?

16 - 2　桥梁墩台一般由哪三部分组成, 各自的结构作用是什么?

16 - 3　阐述重力式墩台与轻型墩台的主要特点。

16 - 4　阐述 U 形桥台的主要组成。

16 - 5　梁桥薄壁混凝土空心桥墩设置的主要目的是什么?

16 - 6　梁桥柔性排架桩墩的主要特点是什么?

16 - 7　梁桥加筋土桥台由哪两部分组成? 其工作原理是什么?

16 - 8　试阐述拱桥桥墩中普通墩、单向推力墩和交接墩三者各自的受力特点与使用场合。

第 17 章　桥梁墩台的计算

17.1　作用及作用效应组合

17.1.1　桥梁墩台计算中的作用

桥梁墩台计算中的作用应根据桥梁设计规范的一般要求，结合桥位的实际情况和墩台的结构类型及计算的内容等来具体确定。现将桥梁墩台在通常情况下可能受到的作用归纳如下。

1.墩台承受的永久作用

(1)上部结构重力通过支座(或拱座)在墩台帽上的支承反力，包括上部构造的混凝土收缩、徐变作用；

(2)墩台重力，包括在基础襟边上土的重力；

(3)桥台台后填土的土侧压力，应采用主动土压力标准值，且当土层特性有变化或受水影响时，宜分层计算；

(4)预加力，例如对装配式预应力空心桥墩所施加的预加力；

(5)基础变位作用，对于奠基于非岩石地基上的超静定结构，应当考虑由地基压密等引起的支座长期变位的影响，并根据最终位移量按弹性理论计算构件截面的附加内力；

(6)水的浮力，当验算稳定性时位于透水性地基上的桥梁墩台，应计算设计水位时水的不利浮力；当验算地基承载力时，仅考虑低水位时的有利浮力或不计浮力；基础嵌入不透水性地基的墩台，可以不计水的浮力；当不能肯定是否透水时，则分别按透水和不透水两种情况进行最不利的作用效应组合。

2.墩台承受的可变作用

(1)上部结构上的汽车荷载对墩台帽或拱座产生的支承反力，对于钢筋混凝土柱式墩应计入冲击力，对于重力式墩台可不计冲击力；

(2)弯桥桥墩受到的汽车离心力；

(3)桥台上受到的汽车引起的土侧压力，应采用"车辆荷载"加载；

(4)桥面人群荷载；

(5)汽车荷载的制动力，其着力点可移至墩台支座的底面，墩台承受的制动力的大小应根据支座与墩台的抗推的刚度情况分配；

(6)上部结构和墩身上受到的纵、横向风荷载，桥台可不计风荷载的影响；

(7)流水对墩身产生的流水压力，其合力的着力点假定在设计水位线以下0.3倍水深处；

(8)流冰对墩身产生的冰压力，其值与墩身是竖直表面、斜表面以及流冰方向与桥墩平面轴线夹角等有关；

（9）上部结构因温度变化在墩台支座（或拱座）上引起的水平反力；

（10）由上部结构重力在墩台活动支座上产生的支座摩阻力。

3. 墩台承受的偶然作用

（1）地震作用，其值应按现行《公路工程抗震设计规范》[7]的要求计算；

（2）船舶或漂流物对河中桥墩产生的撞击作用，当设有与桥墩分开的防撞设施时可不计该作用；

（3）汽车对上线的立交桥或跨线桥的桥墩产生的撞击作用，对于设有防撞设施的桥墩，可视防撞能力对汽车撞击力的标准值予以折减。

4. 墩台承受的施工荷载

17.1.2　作用效应组合

桥梁墩台在结构空间上受到竖向、横向和纵向三个方向的作用，需作不同受力方向的验算，为了找到控制设计的最不利作用效应值，就需要对可能同时出现的不同受力方向的作用进行作用效应组合，取其最不利效应组合值控制墩台的结构设计。因桥梁各种不同形式墩台的布载方式和作用效应组合基本相同，下面仅介绍梁桥重力式墩台的布载方式及作用效应组合。

1. 梁桥重力式桥墩计算中的作用效应组合

在桥墩计算中，一般需要验算墩身截面的承载力、截面合力偏心距以及墩身的稳定性。

1）纵桥向布载及作用效应组合

对于计算桥墩承受的作用来说，纵桥向布载中所采用的汽车荷载为车道荷载或车辆荷载。纵桥向效应组合有如下两种布载方式：

（1）最大竖向力布载方式，如图17-1（a）所示。这种布载方式用于验算墩身截面承载力和基底最大应力，应采用承载能力极限状态下的基本组合。它包括相关的永久作用和相邻两跨桥孔上的一种或几种可变作用（如车道荷载、汽车冲击力和人群荷载等）。对于车道荷载中的集中力 P_k 应布置在计算桥墩上的支座处，而将均载 q_k 和人群荷载纵桥向布满两跨。

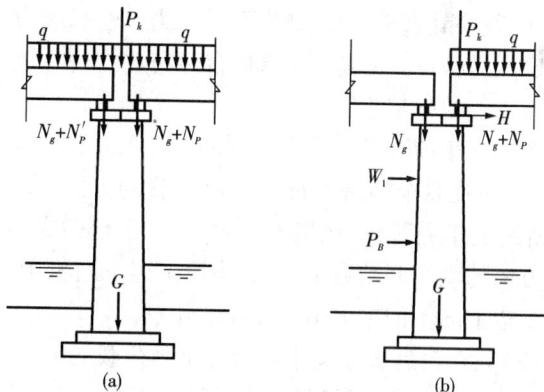

图 17-1　纵桥向作用组合

（2）纵桥向最大弯矩布载方式，如图17-1（b）所示。这种布载方式主要用于桥墩纵桥向的稳定性、基底应力、最大偏心距和墩身截面承载力。这种布载效应组合可根据桥墩是否承受船舶或汽车的撞击作用分成两种：

对于在纵桥向墩身侧面不承受船舶或汽车撞击作用的情况下，应采用承载能力极限状态下的基本组合。它包括相关的永久作用和仅在一孔桥跨上布置的几种可变作用。这几种可变作用除了车道荷载、汽车冲击力和人群荷载外，还应考虑方向指向布载孔的纵桥向风荷载、汽车制动力或支座摩阻力，若墩身侧面与水流斜交时尚应考虑流水压力或冰压力在纵桥向的分力。

对于在纵桥向可能承受船舶或汽车撞击作用的桥墩,它应采用承载能力极限状态下的偶然组合。这种组合的布载包括相关的永久作用和仅在一孔桥跨上布置的某种可变作用再加上船舶或汽车纵桥向的撞击作用。值得指出的是,与偶然作用同时出现的可变作用,可根据观测资料或工程经验取用适当的代表值,也可以不考虑可变作用参加组合。

2)横桥向布载及作用效应组合

这种布载及作用效应组合的目的是,验算横桥向桥墩的稳定性、基底应力和偏心距,以及这种情况下的墩身截面承载力。横桥向布载中应采用的汽车荷载为车辆荷载,它在桥面的布置应按第一篇总论中车辆荷载横向布置要求靠桥面一侧布置。若桥面有人群荷载,也只在与车辆荷载同侧的人行道上进行布载。若为平面曲线桥且曲线半径不大于 250 m 时,还应考虑车辆荷载(不计冲击力)的离心力。

横桥向布载(图 17 – 2)及作用效应组合也可视桥墩有无船舶或汽车的撞击作用细化为两种:

对于在横桥向墩身前端,不承受船舶或汽车撞击作用时,其作用效应组合应采用基本组合,即由相关的永久作用和偏向于桥面一侧布置的一种或几种可变作用组成。

对于墩身前端有可能承受撞击作用时,其作用效应组合应采用偶然组合,即由相关的永久作用和船舶或汽车的撞击作用再加上某种有代表性的可变作用组成。

2. 梁桥重力式桥台计算中的作用效应组合

对于重力式桥台只需进行纵桥向验算。验算内容与重力式桥墩相同,包括台身截面承载力、地基应力以及桥

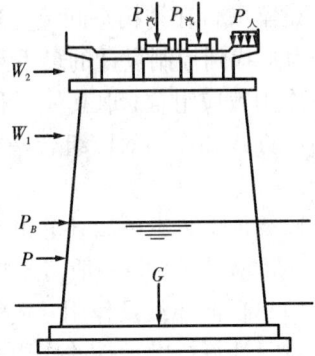

图 17 – 2　横桥向作用组合

台稳定性的验算。但是,验算桥台时布置在桥跨上的汽车荷载应为车道荷载,而布置在台后破坏棱体上的则是车辆荷载。

根据汽车荷载沿纵桥向不同的布置形式,梁桥桥台验算时的布载有如下三种:

(1)只在台前桥跨上布置车道荷载的方式,如图 17 – 3(a)所示。这种方式下的作用包括:桥跨上车道荷载(将集中力 P_k 放在桥台的支座上)和人群荷载产生的支座反力 V_p,指向桥孔方向的汽车制动力 H,台后填土产生的土侧压力 E_1,上部结构的重力 V_g,桥台的重力及基础襟边上的土的重力 G,水的浮力 Q。

(2)只在台后破坏棱体上布置车辆荷载的方式,如图 17 – 3(b)所示。此种方式的作用应为:破坏棱体内的车辆荷载(将后轴靠近桥台)对台身产生的土侧压力 E_2,台后填土产生的土侧压力 E_1,上部结构的重力 V_g、桥台的重力及基础襟边上的土的重力 G,水的浮力 Q。

(3)在台前桥跨上布置车道荷载同时又在台后破坏棱体上布置车辆荷载的布载方式,如图 17 – 3(c)所示。这一方式的作用为以上(1)、(2)两点的集合。

应指出的是,验算梁桥桥台的最不利作用效应组合应结合桥台验算的具体内容,从以上三种布载方式中经过分析比较给予确定,且应采用基本组合。

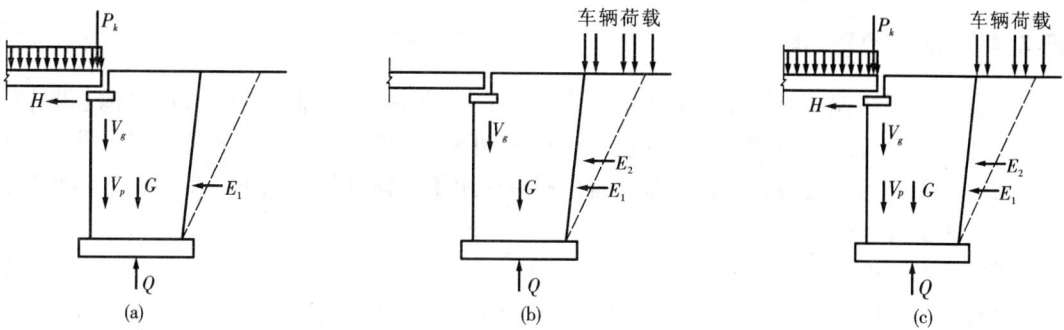

图 17-3　梁桥桥台上的作用

17.2　重力式桥墩的计算

对于梁桥和拱桥的重力式桥墩的计算，虽然在作用组合的外力上有所不同，但是就任一水平截面而言，这些外力都可以相应于它们的截面组合成如下三种组合设计值（图 17-4）：①纵桥向或横桥向布载时竖向作用 N_{xd} 或 N_{yd}；②垂直于该截面 x 轴或 y 轴的水平作用 H_{xd} 或 H_{yd}；③绕 x 轴或 y 轴的弯矩作用 M_{xd} 或 M_{yd}。另外，梁桥和拱桥的重力式桥墩的验算内容均为：截面承载力、偏心距和稳定性。

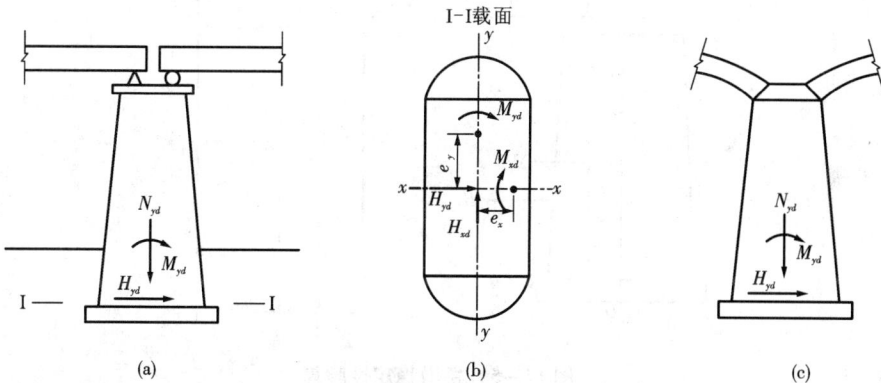

图 17-4　墩身底截面强度验算

17.2.1　截面承载力验算

重力式桥墩主要用圬工材料建成，一般为偏心受压构件，截面承载力验算采用基本组合和偶然组合。在极限状态的设计中，桥墩各控制截面的作用效应组合设计值 S_d 与结构重要性系数 γ_0 的积，应小于或等于截面承载力设计值 $R_{(f_d, a_d)}$，以方程表示为：

$$\gamma_0 S_d \leqslant R_{(f_d, a_d)} \tag{17-1}$$

重力式桥墩的截面承载力验算应包括抗压承载力与抗剪承载力的验算。桥墩承载力验算截面应为危险截面，一般选取墩身底截面及墩身有突变的截面。如悬臂式墩帽的桥墩，除选取墩身底截面外，还应对墩帽与墩身交接的突变截面进行验算。当桥墩较高时，由于危险截面不一定在墩身底部，需沿墩身每隔 2~3 m 选取一个验算截面。

17.2.2 截面偏心距的验算

墩身截面承受偏心受压作用的影响。当其偏心距较小时,全截面受压;而当偏心距较大时,截面上离 N_d 较远一侧边缘的压应力较小,并可能出现拉应力,甚至产生裂缝。为了保证圬工桥墩不出现这一裂缝,应对验算截面在相应作用组合设计值影响下产生的偏心距加以限制。偏心距的计算公式为:

纵桥向布载时: $$e_x = M_{yd}/N_{xd} \tag{17-2}$$

横桥向布载时: $$e_y = M_{xd}/N_{yd} \tag{17-3}$$

以上所计算的截面偏心距应满足下列规定:对于基本组合, e_x 或 $e_y \leqslant 0.6S$;对于偶然组合, e_x 或 $e_y \leqslant 0.7S$。 S 为截面重心至偏心方向截面边缘的距离。

17.2.3 稳定性验算

重力式桥墩的稳定性验算包括抗倾覆稳定性与抗滑动稳定性验算。

1. 抗倾覆稳定性验算

如图 17-5 所示,当桥墩处于临界稳定平衡状态时,绕倾覆转动轴 $A-A$ 取矩,令稳定力矩为正,倾覆力矩为负,则

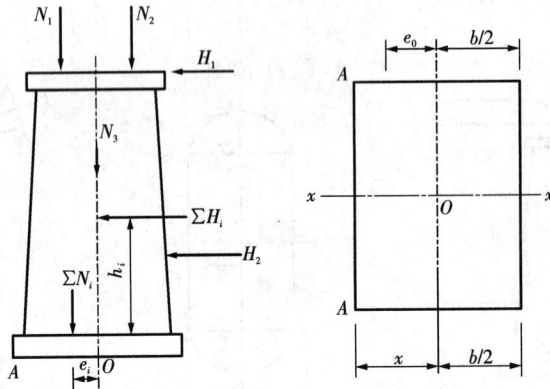

图 17-5　桥墩稳定性验算

$$\sum N_i \cdot (x - e_i) - \sum H_i \cdot h_i = 0 \tag{17-4}$$

即:

$$x \sum N_i - \left(\sum N_i \cdot e_i + \sum H_i \cdot h_i \right) = 0 \tag{17-5}$$

上述方程左边第一项为稳定力矩,第二项为倾覆力矩。

由此可见,抵抗倾覆的稳定系数 K_0 可按式(17-6)验算:

$$K_0 = \frac{M_稳}{M_倾} = \frac{x \sum N_i}{\sum N_i e_i + \sum H_i h_i} \tag{17-6}$$

式中: $M_稳$ ——稳定力矩;

　　　$M_倾$ ——倾覆力矩;

$\sum N_i$ ——作用于基底竖向力的总和；

e_i —— $\sum N_i$ 到基底重心轴的距离；

$\sum H_i$ ——作用在桥墩上各水平力的总和；

h_i —— $\sum H_i$ 到基底的距离；

x——基底截面重心 O 至偏心方向截面边缘距离。

2. 抗滑动稳定性验算

抵抗滑动的稳定系数 K_c 按式(17 –7)验算：

$$K_c = \frac{\mu_f \sum N_i}{\sum H_i} \qquad (17-7)$$

式中：μ_f——基础底面(圬工)与地基土之间的摩擦系数，若无实测值时可参照表17 –1 选取。

上述求得的倾覆与滑动稳定系数 K_0 和 K_c 均不得小于表 17 – 2 中所规定的最小值。同时，在验算倾覆稳定性和滑动稳定性时，都要分别按常水位和设计洪水位两种情况考虑水的浮力。

表 17 –1　基底摩擦系数

地基土分类	摩擦系数
软塑黏土	0.25
硬塑黏土	0.30
砂黏土、黏砂土、半干硬的黏土	0.30 ~ 0.40
砂土类	0.40
碎石类土	0.50
软质岩土	0.40 ~ 0.60
硬质岩土	0.60 ~ 0.70

表 17 – 2　抗倾覆和抗滑动的稳定系数

作用布置情况	验算项目	稳定系数
永久作用(无水的浮力)、汽车荷载、冲击力、离心力和人群荷载	抗倾覆	1.5
	抗滑动	1.3
永久作用(有水的浮力)、汽车荷载、冲击力、离心力、制动力、风荷载、流水压力或冰压力；或者，永久作用、汽车荷载和一种撞击作用	抗倾覆	1.3
	抗滑动	
结构重力、土的重力和地震作用	抗倾覆	1.2
	抗滑动	

重力式桥墩计算尚应包括基础底面承载力、基底合力偏心距和基础稳定性验算，但这些内容已在《基础工程》教材中进行了详述，在此不再赘述。

17.3　柔性排架桩墩计算

17.3.1　计算图式与假定

1. 计算图式

目前,柔性排架桩墩多用于桥面连续的多跨简支梁(板)桥,且支座一般为能够实现微小水平位移的板式橡胶支座。在这种情况下,桥梁结构可按在梁与桩墩的节点处设置水平弹簧支承的框架图式计算,如图 17-6 所示。

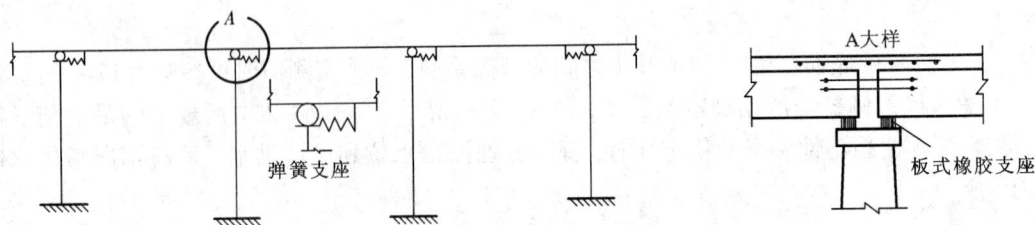

图 17-6　梁桥柔性排架墩计算图式

2. 基本假定

(1)柔性桩墩可视为下端固支,上端节点具有水平弹性变形铰支的超静定体系;

(2)作用于墩顶的作用包括竖向力 N_i、不平衡弯矩 M_{0i} 以及由温度、制动力等引起的水平力 H_i,必要时还包括桩墩身受到的风荷载。对于梁体的混凝土收缩、徐变等次要因素引起的水平力可忽略不计;

(3)计算制动力时,各桩墩受力按墩的集成抗推刚度分配,并假定此时各桩墩顶与上部结构之间不发生相对位移;

(4)计算温度变形时,桩墩对梁产生的弹性拉伸或压缩影响忽略不计,而只计桩墩顶部水平力对桩墩所引起的弯矩的影响;

(5)在计算墩顶板式橡胶支座的抗推刚度时,只计水平向剪切变形的影响,而忽略梁端偏转角的影响。

17.3.2　计算步骤

1. 桥墩的集成抗推刚度 K_{ji} 的计算

桥墩的集成抗推刚度 K_{ji},应由柔性桩墩抗推刚度 K_{di} 和支座抗推刚度 K_{zi} 集合而成。根据抗推刚度是指使墩顶产生单位水平位移所需施加的水平反力这一定义可知,柔性桩墩的集成抗推刚度 K_{ji} 应为使墩顶和支座共同产生单位水平位移所需的水平力,即

$$K_{ji} = \frac{1}{\delta_{di} + \delta_{zi}} = \frac{K_{di} \cdot K_{zi}}{K_{di} + K_{zi}} \qquad (17-8)$$

式中:δ_{di}、δ_{zi}——单位水平力作用在第 i 个桥墩上柔性桩墩墩顶的水平位移和支座产生的水平位移。

1) 柔性桩墩抗推刚度 K_{di} 的计算

(1) 当桩墩下端固定在基础或承台顶面时

$$K_{di} = \frac{3EIn}{l_i^3} \cdot 10^3 \tag{17-9}$$

式中：E——混凝土的弹性模量（MPa）；

$\quad I$——单根桩横截面对形心轴的惯性矩（m^4）；

$\quad n$——一个桥墩的桩数；

$\quad I_i$——第 i 个桥墩的下端固接处到墩顶支座底面的高度（m）。

(2) 当考虑桩侧土的弹性抗力时，其 K_{di} 应按桩基础的有关规定和公式计算。

2) 支座抗推刚度 K_{zi} 的计算

设一个桥墩顶面布有 m 个橡胶支座，则该桥墩的支座抗推刚度为：

$$K_{zi} = \frac{AGm}{t} \cdot 10^3 \tag{17-10}$$

式中：A——单个支座的平面面积（m^2）；

$\quad G$——橡胶支座剪切弹性模量（MPa），常温下其值为 1.0 MPa；

$\quad t$——单个支座中橡胶片的总厚度（m），可取支座厚度的 0.71~0.78 倍，小型板式橡胶支座取低值，大型支座取高限。

将 K_{di} 和 K_{zi} 值代入式（17-8），可得到相应柔性排架桩墩的集成抗推刚度 K_{ji} 值。

2 墩顶水平位移与水平力的计算

1) 制动力对墩顶产生的水平力与水平位移计算

$$H_{Ti} = T \cdot \frac{K_{ji}}{\sum K_{ji}} \tag{17-11}$$

式中：H_{Ti}——作用在第 i 个桥墩的汽车制动力（kN）；

$\quad T$——全桥（或联内）承受的汽车制动力（kN）。

于是由制动力在墩顶产生的水平位移 Δ_{Ti} 为

$$\Delta_{Ti} = \frac{H_{Ti}}{K_{ji}} \tag{17-12}$$

2) 梁的温度变形对墩顶引起的水平力和水平位移计算

桥梁相对于其桥面连续施工或梁（板）制作时的温度，将经历高于或低于这一温度值的最不利工况。当温度高于制作施工温度时称为温度上升，否则称温度下降。

当温度下降时，桥梁上部结构将缩短，纵桥向两端各柔性排架桩墩向桥跨内偏移；当温度上升时两端排架墩向路堤偏移。因此，无论温度升高或降低，必然存在一个温度变化时偏移值为零的位置 O—O 点且距 0 号排架墩或 0 号台的距离为 x_0（图 17-7）。

根据 17.3.1 第（4）点假定，导出偏移值为零的位置为

$$x_0 = \frac{\sum i \cdot K_{ji}}{\sum K_{ji}} \cdot l_i \tag{17-13}$$

式中：x_0——O—O 点线至 0 号排架墩的距离；

$\quad i$——排架墩的序号，$i = 0, 1, 2, \cdots$；

$\quad l_i$——单孔跨径。

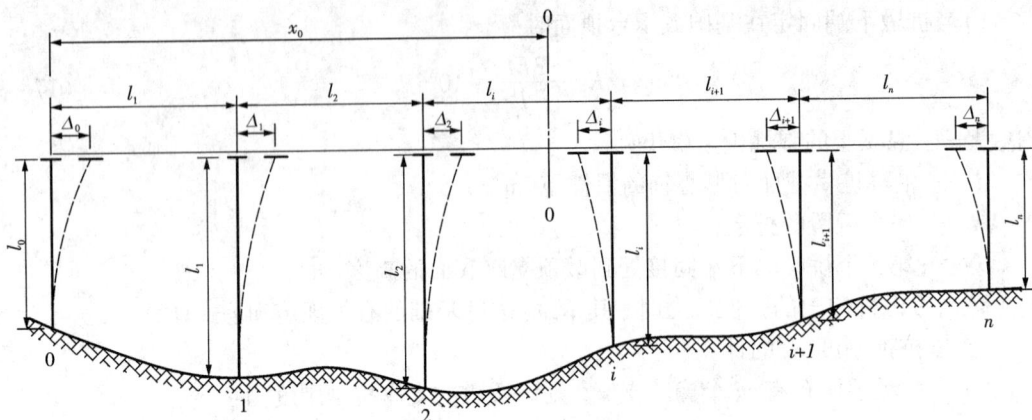

图 17 - 7　温度变化时柔性排架墩的偏移图式

如果用 x_i 表示自 $O-O$ 点线至 i 号排架墩的距离，则得各墩顶部由温度引起的水平位移为

$$\Delta_{ti} = \alpha \cdot t \cdot x_i \tag{17-14}$$

各排架墩顶所受的温度引起的水平力为：

$$H_{ti} = K_{ji} \cdot \Delta_{ti} = K_{ji} \cdot \alpha \cdot t \cdot x_i \tag{17-15}$$

式中：α——上部结构的线膨胀系数；

　　　t——温度上升值或下降值与施工时温度值的差值。

17.3.3　内力计算与验算

当墩顶所受到的水平力按以上要求计算出后，便可根据作用最不利情况进行组合，计算最不利组合内力。桩墩（包括盖梁）一般属于钢筋混凝土结构，需按钢筋混凝土构件验算截面承载力、合力偏心矩及稳定性 ，可参见《混凝土结构设计原理》等书籍。

17.4　桥台计算

17.4.1　重力式 U 形桥台的验算

重力式 U 形桥台的承载力、偏心距及稳定性的验算与重力式桥墩相似，且只作纵桥向的验算。但要注意的是，桥台要承受台后填土以及路堤破坏棱体内车辆荷载产生的土侧压力，而且这种作用对桥台影响很大。当验算基础顶面的台身砌体承载力时，其截面的各部分尺寸应满足构造的规定，如 U 形桥台两侧墙宽度之和不小于同一水平截面前墙全长的 0.4 倍时，可按 U 形整体截面验算截面承载力，否则，前墙、侧墙应分别按独立的挡土墙计算。若 U 形桥台较宽，需在前墙设置沉降缝或伸缩缝时，分隔的前墙和侧墙墙身也应分别按独立的墙验算截面承载力。

对于斜交梁（板）的重力式 U 形桥台，当斜交角较大时，其稳定性比正交桥台危险。由于土侧压力作用的方向与桥轴方向不一致，即土侧压力的合力中心与桥轴有一偏角，使斜桥台可能发生旋转和倾斜的趋势，验算时应予以考虑。

17.4.2　设有支撑梁的轻型桥台的计算

设有支撑梁的梁桥薄壁轻型桥台的受力特点是，利用桥跨结构和底部支撑梁作为桥台与桥台或桥墩之间的支撑，以防止桥台受路堤的土侧压力而向桥孔方向移动，从而使得结构成为四铰框架的受力体系，一般应按四铰框架结构进行内力计算。对于这种桥台（例如一字形桥台）的验算主要包括：桥台台身承载力、桥台在本身水平面内的弯曲以及地基承载力验算三项内容。

本章思考题

17-1　桥梁墩台承受的永久作用一般包括哪些作用？

17-2　桥梁墩台承受的可变作用及偶然作用一般包括哪些作用？

17-3　对于桥梁重力式墩台，一般需要验算哪些内容？

17-4　在验算墩台的稳定性或地基承载力时，应怎样考虑水的浮力？

17-5　梁桥重力式桥墩验算时主要有哪两种布载方式？

17-6　梁桥桥台验算时有哪三种布载方式？试着重指出汽车荷载的选取。

17-7　柔性排架桩墩的集成抗推刚度的定义是什么？

17-8　重力式 U 形桥台验算时，在哪两种工况下前墙和侧墙应分别按相应的独立的挡土墙计算？

第18章　涵　洞

涵洞是公路或铁路与沟渠相交的地方使水从路下流过的通道，作用与桥相同，但一般跨径较小。桥与涵洞技术上是以跨径为划分标准的，跨径大于 5 m 称桥，小于或等于 5 m 则称为涵洞。

由于涵洞是处于自然环境和行车荷载的作用下，设计时除了应满足行车、排水、净空等要求外，还必须具备如下特点：满足排泄洪水能力；具有足够的整体强度和稳定性；具有较高的可靠性和耐久性。

18.1　涵洞的构造及类型

18.1.1　涵洞的构造

涵洞通常由涵身、出入口、河床铺砌三部分组成（图 18 - 1）。

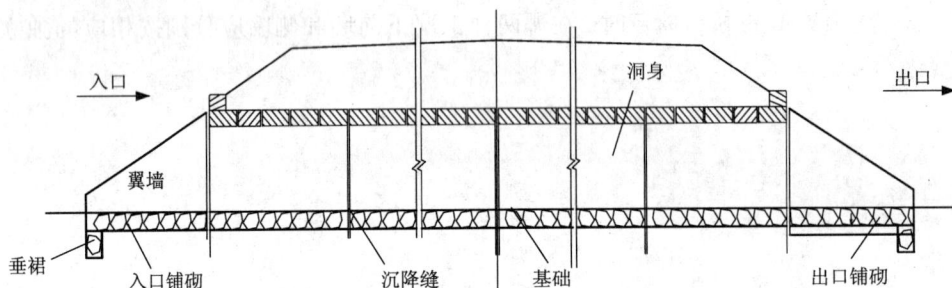

图 18 - 1　涵洞一般构造

1. 涵身

涵身包括洞身和基础，位于涵洞中间部位，一般由许多节组成，每节长度 2 ~ 5 m，节与节之间设置沉降缝。岩石地基上的涵洞可不设沉降缝，但仍需设置温度伸缩缝。

为排水顺畅，涵洞底面需设置一定的单向纵坡。由于基础的不均匀沉降，涵底沿水流方向会出现凹曲线，引起积水。因此，位于非岩石地基上的涵洞，其涵底应预留合适的上拱度，待沉降完成后，涵底线形符合排水的纵坡要求。

2. 入口、出口

涵洞的入口及出口应设置翼墙（又称八字墙）或端墙（又称一字墙），其式样和尺寸应使涵洞具有相应的过水能力并保证涵洞处路堤的稳定；翼墙前端应设置锥体护坡，起挡土和导流作用。翼墙、端墙下都应设有基础，因为它们所处位置在洞口，易受冻害，其基础深度应比洞身基础更深一些。

进口节是非常重要的组成部分,它的作用是使涵洞与路堤很好地衔接,保证涵洞入口处路堤的边坡稳定,并引导水流平稳进入涵洞。为充分利用过水空间,拱涵和箱涵常将进口节的净空提高。考虑到进口节受水流的冲刷作用,常在进口前方一定范围内用片石或大卵石铺砌沟床。必要时还要设置消能池,以减小洪水对涵洞的冲击。

出口的作用也是使涵洞与路堤很好地衔接,保证涵洞出口处路堤的边坡稳定,并引导水流顺利地流出涵洞。为防止冲刷,在出口节下游的一定范围内设铺砌层作为防护。

3. 河床铺砌

修建涵洞之后,洞内过水断面要比建涵前的天然过水断面小得多,水流速度因而加大。为避免基础被淘空,涵洞出入口一定范围内的沟床、路基坡面、锥体填方均应铺砌加固。出入口铺砌平面形式应根据沟形确定,对无显著沟槽者,出口平面宜采用等腰梯形,其水流扩散角 α 取为 20℃,铺砌材料应按铺砌层上最大流速确定。铺砌末端必须设垂裙,并宜为直裙,其深度应≥1 m。当沟床为岩石或不易被洪水冲移的大块石、漂石所覆盖时,沟床可不作铺砌。

4. 接缝、沉降缝、防水层

接缝是指预制管节、钢筋混凝土盖板、拱圈等构件之间的拼装缝隙。各构件拼装时应尽量顶紧,接缝内外均以 M10 水泥砂浆填塞。为了避免由于地基不均匀沉降导致洞身开裂,需设置沉降缝,沉降缝应贯通洞身与基础。沉降缝内侧用 M10 号水泥砂浆填塞,外侧用沥青浸制麻绳填塞,深为 5 cm,基础用塑性粘土或砂粘土填塞。在接缝、沉降缝与土壤接触部分均应铺设防水层,防水层通常为沥青浸制麻布或石棉沥青涂层。

18.1.2 涵洞的类型

按照填土情况不同,涵洞可以分为明涵和暗涵。明涵洞顶无填土,适用于低路堤及浅沟渠处;暗涵洞顶有填土,且最小的填土厚度应大于 50 cm,适用于高路堤及深沟渠处。

涵洞按其作用可分为过水涵、交通涵,也有过水和交通兼顾的涵洞。

按过水断面的形式可分为圆涵、拱涵、箱涵等。

按洞身所使用的材料可分为石涵、钢筋混凝土涵和混凝土涵等。

按其水力性质可分为无压涵洞、有压涵洞和半有压涵洞(图 18 - 2)。无压涵洞是指水流在涵洞全长范围内保持自由水面,即水面与涵洞顶面不接触。有压涵洞是指涵洞进口、出口均被水淹没,在涵洞全长范围内形成全断面泄水,因此在同一断面情况下,有压涵洞的泄水流量比无压涵洞大。半有压涵洞是指涵洞进口浸水,洞内全部或部分为自由水面,出口不浸水。

下面介绍几种公路和铁路工程中常见的过水涵洞。

1. 圆管涵

圆管涵(图 18 - 3)由洞身及洞口两部分组成。洞身是过水孔道的主体,主要由管身、基础、接缝组成。洞口是洞身、路基和水流三者的连接部位,主要有八字墙和一字墙两种洞口形式。

圆管涵的管身通常由钢筋混凝土构成,管径的大小根据排水要求选择,最小填土厚度 50 cm,受力情况良好,圬工数量小,造价较低。圆管涵节多为工厂、现场集中预制,再运至工

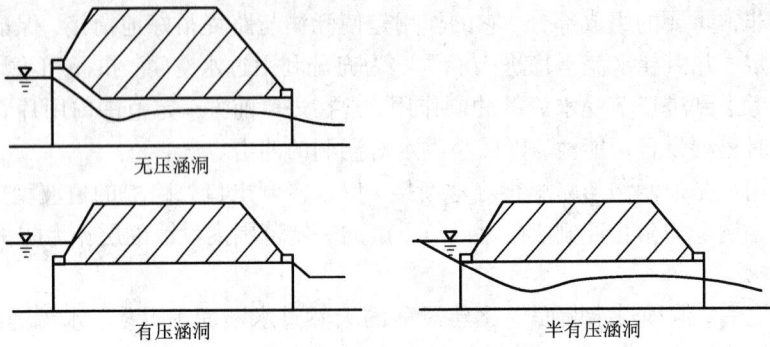

无压涵洞

有压涵洞

半有压涵洞

图 18 - 2　涵洞按水力性质分类

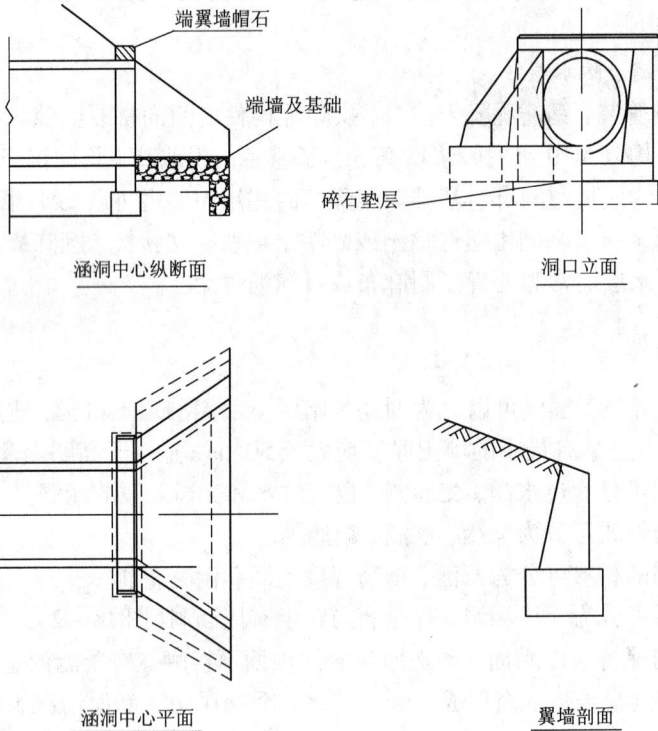

端翼墙帽石

端墙及基础

碎石垫层

涵洞中心纵断面

洞口立面

涵洞中心平面

翼墙剖面

图 18 - 3　圆管涵构造

点铺设,预制长度通常为 2 m。在有条件集中预制和运输比较方便的地段多采用钢筋混凝土圆管涵。对已经运营的铁路增建涵洞时,采用圆涵,可用顶入法施工,不影响正常运行。

(1)管节

钢筋混凝土圆管涵(图 18 - 4)的直径标准尺寸有 0.75 m,1 m,1.25 m、1.5 m,2 m,2.5 m 等 6 种,管节长通常为 1 m,小孔径管可根据运输能力长于 1 m。管节壁厚按洞顶填土高度 1～5m、5～10 m、10～15 m 三个等级设计,壁厚为 10～24 cm。为便于清淤及维修,以保证涵内有适当的工作条件,涵洞孔径大小与涵长都需要适当限制。据规范规定,0.75 m 孔径的圆涵仅用于无淤积地区。

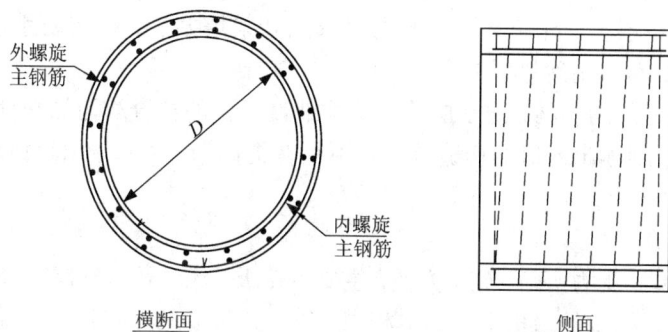

横断面　　　　　　　　　　　　　　　　　侧面

图 18 - 4　圆管涵管节钢筋布置

（2）基础

圆管涵基础可设计为有基（整体基础）及无基（沙垫层）两种类型,如图 18 - 5 所示。基础可用 M10 浆砌片石或 C15 混凝土,其厚度根据填土高度决定,若填土不高于 5 m,厚度为 0.5 m;若填土高度高于 5 m,则厚度为 0.7 m。管座部分按管节的外形浇筑一定厚度的混凝土,使管节下部完全受到管座混凝土的支持,接缝、沉降缝（包括基础）内外均需填塞。在接缝、沉降缝外侧凡与土壤接触部分均须铺设一层沥青浸制麻布或两层石棉沥青的防水层,其宽度不小于 50 cm。要求延伸至管座襟边以下至少 15 cm,防水层外还需用塑性粘土做 20 cm 厚的保护层。

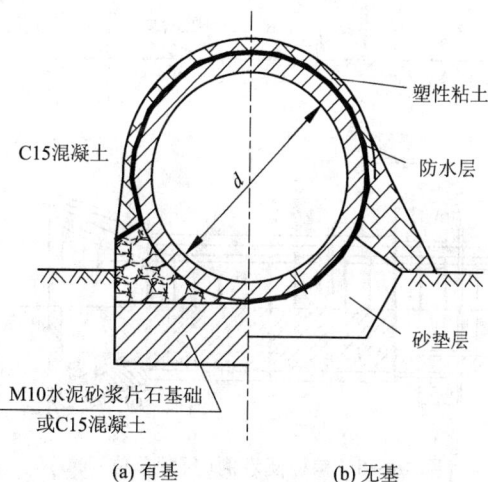

(a) 有基　　　　　　　　　(b) 无基

图 18 - 5　圆管涵基础

无基涵洞是用砂垫层代替圬工基础,只有地基条件较好、土质均匀、下沉量不大的地段,例如岩石、砂性土、有较硬的粘土层时,才能采用无基涵洞,但涵洞出入口应设基础并考虑防渗作用。

砂垫层的构造如图 18-5(b)所示,管下砂垫层厚度应大于 0.4 m,宽度大于管径的 1.2 倍,管的下部应与砂垫层密贴,接缝、沉降缝均应填塞,要求与有基涵洞相同。无基涵洞防水层要求做成封闭式。为了在接缝、沉降缝处设置防水层,在放置管节前,应将宽约 0.5 m 的防水层先搁在砂垫层上,待管节间缝隙内用水泥砂浆填塞后,再将防水层自上而下合拢,至少要搭接 0.1 m,然后用砂垫层夯实。

不管有基还是无基的涵洞,防水层外面均须铺设通长的拌合均匀的塑性粘土或砂粘土保护层,厚约 20 cm。圆涵出入口的构造特点是不存在提高节,入口、出口段均为长 1 m(包括端墙在内)的管节。

2. 盖板涵

盖板涵构造简单、受力明确、施工方便,主要由盖板、涵台及基础等部分组成(图 18-6)。盖板涵与单跨简支板梁桥的结构形式基本相同,只是盖板涵的跨径较小。盖板涵多采用钢筋混凝土,由于钢筋混凝土盖板涵建筑高度低,适于低路基地段使用,一般用作明涵。在设超高、加宽的曲线上设置盖板明涵时,由于施工比较繁琐,所以可做成低填土的盖板明涵;当洞身较短时,也可以调整桥台及桥面上的铺装高度,以适应纵坡和超高的要求。

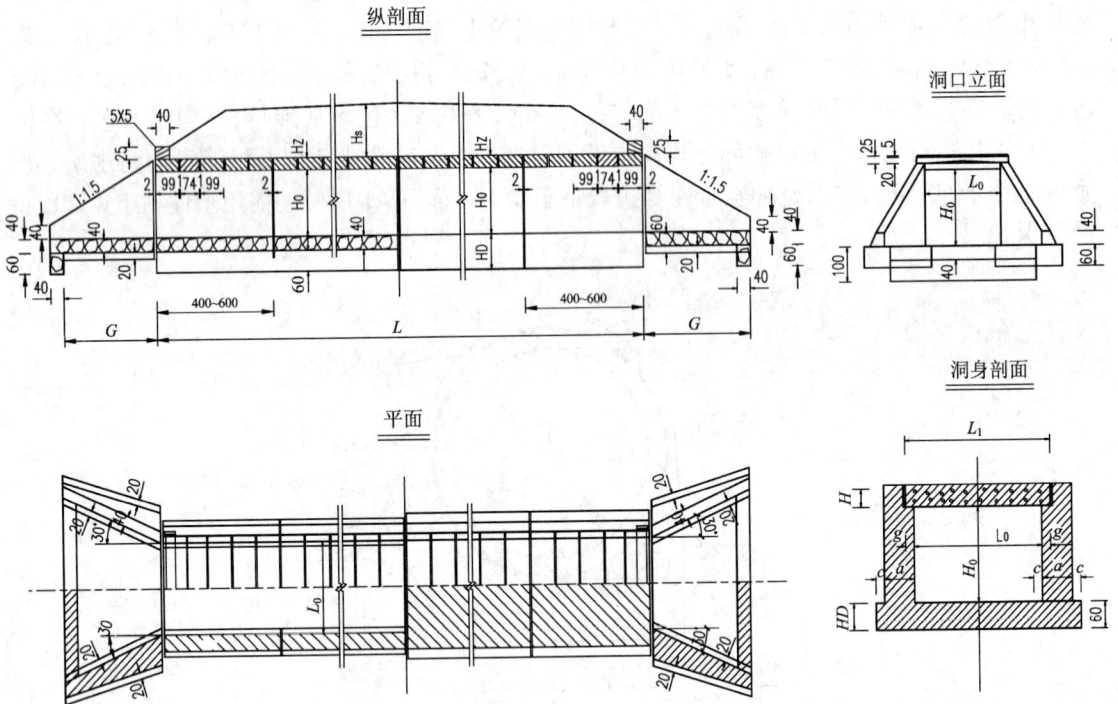

图 18-6　盖板涵示例(尺寸单位:cm)

钢筋混凝土盖板分装配式和就地浇注两种施工法。采用预制装配法能缩短工期、节省木材、提高质量,适用于桥涵较集中的路段,但须具备吊装设备及运输条件;采用就地现浇,施工简易,对于分散的小桥涵工程或在旧路上改建的个别桥涵工程,多采用就地浇注方法。

3. 箱涵

箱涵的盖板及涵身、基础是用钢筋混凝土浇筑起来的一个整体，可用来排水、过人及车辆通过。箱涵适用于软土地基，但造价就会高些。

4. 拱涵

拱涵是指洞身顶部呈拱形的涵洞，一般超载潜力较大，砌筑技术容易掌握，便于人工修建，是一种普遍的涵洞形式。

由于拱涵要求地基均匀和有较大的承载力，所以河底纵坡大于 15% 时应采用阶梯式拱涵；当沟底自然坡度变化较大，也可将涵底分段，做成缓坡段或陡坡段。

拱涵的涵身由拱圈、边墙及基础组成，可以用石砌、混凝土砌筑或混凝土灌注而成，拱圈用圆弧形。单孔拱涵的孔径为 0.75 ~ 6.0 m，双孔拱涵孔径为 1.5 ~ 6.0 m。拱涵适应路堤填土高为 1 ~ 30 m，入口段同箱涵一样有抬高式和不抬高式之分，边墙也有高低之分，低边墙扁平拱涵主要用于路堤高度较小的情况，孔径有 1 ~ 3 m 共六种。拱涵的基础有整体式、非整体式、板凳式三种。整体式基础要求承载力较低，一般为 200 ~ 300 kPa；非整体式基础要求承载力较高，为 500 kPa；板凳式基础按设计意图，将中间部分设为柔性，两侧边墙下基础为刚性，使大部分边墙的反力由两侧基础承受。

拱涵的涵身每段长在 2 ~ 5 m，涵身与出入口间都设有 3 cm 宽的沉降缝，要求边墙、基础、拱圈沉降缝设在同一位置。沉降缝外侧塞以 5 cm 深的沥青浸制麻筋，内侧塞以 15 cm 深的 M10 水泥砂浆，中间孔隙塞以粘土。基础沉降缝先填塞粘土，剩余 20 cm 塞以 5 cm 深的沥青浸制麻筋，再塞以 15 cm 深 M10 水泥砂浆与流水槽齐平。拱涵除沉降缝处设 50 cm 宽防水层外，涵顶其他部分不铺设防水层，只铺设厚度约 20 cm 的一层纯净粘土。防水层要求铺至基础襟边以下延伸 15 cm。

18.2 涵洞设计与计算

涵洞是公路构造物的重要组成部分之一，其设计与该公路的等级、使用任务、性质和将来的发展需要相适应，遵循安全、适用、经济、美观、有利于环保的原则进行设计，应满足行车、排水、净空等要求。

涵洞的设计包括：涵洞位置的选定、涵洞类型的选择以及涵洞布置。涵洞布置又包括立面布置、平面布置和涵长计算。在涵洞设计时，涵洞布置是一项十分重要的工作，在使用标准设计图时，其主要工作在于涵洞布置。

18.2.1 涵洞位置选定、类型选择及布置

1. 涵洞位置的选定

1) 布设涵洞的位置

一般在以下位置设置涵洞：

(1) 天然河沟与路线相交处。凡路线与明显沟形的干沟、小溪、河流相交时，当路线上游汇水面积大于 0.1 km² 时，原则上应设置涵洞。

(2) 农田灌溉渠与路线相交处。路线经过农业区、跨越水渠、堰塘或水库的排水渠以及通过大片梯田影响农田灌溉时应考虑设置涵洞。

(3)路基边沟排水渠。在山区公路的山坡线，为排除路基挖方内侧边沟流水，应考虑设置涵洞。其间距一般不大于 200～400 m；在干旱山区，间距不大于 400～500 m。

(4)与其它路线交叉处。当路线与铁路、公路、人行路、农村机耕道及重要管线交叉，且路线又从其上方通过时，应考虑设置涵洞。

(5)在平原区，路线通过较长的低洼地带及泥沼地带，为保证路基稳定，避免排水不畅及长期积水的情况，在地面具有天然纵坡的地方设置多道涵洞。如无灌溉和其它需要，涵洞间距一般是 1～2 km。

(6)平原区路线穿过天然积水洼地，也应考虑设置数道涵洞，以沟通路基两侧水位，平衡水压。

(7)路线紧靠村镇通过，要特别注意设涵，以排除村镇内的地面汇流水。

(8)山区岩层破碎及坍方地段，雨季时经常有地下水从路基边坡冒出，为使路基边坡稳定，及时疏干地下水，应配合路基病害整治设置涵洞。

2)涵洞位置的选定程序

(1)从纵断面图上标出涵洞中线(地面高程线的最低点)的里程及分水线点的里程(地面高程线的最高点)；

(2)在平面地形图上，勾出每个涵洞汇水面积的轮廓线；

(3)根据所在地区，选用这一地区的小流域暴雨径流公式，计算设计流量，选定孔径，验算路堤是否满足水力条件和结构条件；

(4)就涵洞的结构形式、孔径等问题，向当地有关行政和地方水利部门征求意见，取得一致，订立协议书。

3)涵洞位置选定时的注意事项

(1)涵洞位置应服从路线走向。由于单个涵洞的工程数量不大，因而小桥涵位置一般是在路线走向基本确定的情况下来选择的。

(2)涵洞址应布设在地质条件良好、河床稳定的河段。

(3)涵洞址应选择在水文、水力条件较好的河段。不因小桥涵位设置不当而造成排洪不畅、冲毁路基、积水淹田或使农业灌溉和正常交通受到影响。

(4)涵洞位置和轴线方向确定，要满足设计流量的宣泄，使水流畅通，不发生斜流、旋涡等现象，以免冲毁洞口、堤坝或农田。

(5)位置选择要综合考虑各种因素并进行技术经济比较，使涵洞工程量最小，以减少工程造价和养护费用。

2. 涵洞类型的选择

为了施工方便，在一段线路内宜采用同一种类型的涵洞。为缩短工期，降低造价，小孔径的涵洞尽可能采用钢筋混凝土圆涵。在平原地区，宜采用钢筋混凝土盖板涵或箱涵，尽可能降低路堤高度；在山区或丘陵地带，由于路堤高度较大，宜采用拱涵与大孔径圆涵。

涵洞的设计流量是百年一遇的洪水流量，而路堤高度设计则是依据相应的最高水位。通常都是按一孔涵洞所能正常排泄的水量来选择孔径。若一孔不足宣泄，需要设计多孔时，圆涵最多可并列四孔，箱涵、拱涵一般可设两孔。排洪涵选出孔径后，需要复核路肩高度，水力条件是路肩高程应高出百年一遇洪水流量对应的水位以上 0.5 m；构造条件是洞顶填土高度不小于 1.2 m。

3. 涵洞的立面布置

涵洞的立面布置即涵洞的流水槽标高的确定, 通常在涵中(即涵洞中线与线路中线的交点)按原沟底标高或接近原沟底标高设置, 然后依据涵长及涵洞的底坡推算入口处和出口处的流水槽面标高。

在立面布置中, 最重要的是涵底纵坡 i, 根据涵洞的作用, 对 i 有相应的要求。

(1)排洪涵的作用是尽可能快地排泄洪水, 如果涵底纵坡 i 设置得过缓, 排洪能力较差, 涵内容易淤积泥沙; 如果 i 设置得过陡, 涵内水流过急, 容易引起非岩石地基的冲刷, 因此要求:

$$i_k \leqslant i \leqslant i_{max} \tag{18-1}$$

式中: i_k——水力临界坡度;

i——涵洞的设计纵坡;

i_{max}——容许最大纵坡, 控制涵内水流流速小于 $5 \sim 6 \text{ m/s}$。

(2)灌溉涵的流量较小, 孔径往往由构造控制, 其设计纵坡可以小于临界坡度。

(3)交通涵的纵坡可灵活掌握, 但应考虑涵内不能积水。如果兼顾排洪, 则按式(18-1)确定。

在初步选定了线路中线处涵底标高和涵底坡度后, 根据选用的坡度和涵洞上游段与下游段应有的长度, 推算出涵洞进出口处的涵底标高, 而后考虑预留上拱度, 就可确定线路中线处的涵底标高, 并据此可得到涵洞上游段坡底 i_1 和下游段坡底 i_2, 预期涵洞沉降完成后, 整个涵洞成为一个坡度, 达到原设计坡度。

在确定了涵洞进出口位置后, 根据沟床地质情况和涵洞长度以及选用的涵洞类型, 先布置好进口节和出口节, 而后确定涵身分段, 布置沉降缝。这样就完成了涵洞的立面布置设计。

4. 涵洞平面布置

涵洞位置的确定应根据线路地形图、汇水面积图及线路纵断面图, 并结合现场实际情况就地确定。涵洞在平面上的布置, 应满足洪水排泄的要求: 力求配合天然河沟使水流顺畅地向河沟下游排出, 不致造成经常水害。在基本适应水流情况的前提下, 涵洞尽可能布置成正交, 这样涵洞长度最短, 造价也相应较低。若需要布置为斜交时, 斜交角(线路中线的垂线与涵洞中线的夹角)以不大于 45° 为宜。在平原地区, 地形变化不大, 水流量较小, 可将弯曲河道经人工改河, 使河道与线路正交。当天然河道较陡, 水流量大而急, 不宜人工改河时, 为减少冲刷, 涵洞应按原有水流方向设置, 即斜交布置。

5. 涵洞长度计算

涵洞长度是指入口和出口端墙外侧间的距离。影响涵洞长度的因素是: 路堤的填方高度(路肩与线路中心处流水槽面的高差)H, 路肩宽度 W, 路堤边坡系数 m, 端墙高度 h, 帽石宽度(不包括飞檐)a, 涵洞纵坡 i。根据这些几何参数, 通过计算可确定涵洞长度。

18.2.2 涵洞的设计荷载

涵洞是设在路堤填土之下的结构物, 它所承受的荷载包括: 结构自重, 由于涵洞顶面和侧面路堤填方引起的竖向土压力和水平土压力。由于活载引起的竖向土压力和水平土压力, 当涵顶以上填土高小于 1 m 时, 活载还要考虑冲击影响。当涵洞经常处于有水压的状态时, 尚应计算水的静压力。

本章思考题

18 - 1　涵洞一般由哪几部分组成?

18 - 2　为什么涵身一般需设置沉降缝?

18 - 3　按过水断面的形式,涵洞主要可分为哪几类? 并简述其适用场合。

18 - 4　涵洞立面设计时,涵底纵坡一般如何确定?

18 - 5　简述涵洞的设计荷载。

参考文献

1. 中华人民共和国行业标准. 公路工程技术标准(JTG B01—2003). 北京：人民交通出版社, 2003
2. 中华人民共和国行业标准. 公路桥涵设计通用规范(JTG D60—2004). 北京：人民交通出版社, 2004
3. 中华人民共和国行业标准. 公路钢筋混凝土及预应力混凝土桥涵设计规范(JTG D62—2004). 北京：人民交通出版社, 2004
4. 中华人民共和国行业标准. 公路圬工桥涵设计规范(JTG D61—2005). 北京：人民交通出版社, 2005
5. 中华人民共和国交通部部标准. 公路桥涵钢结构及木结构设计规范(JTJ 013—86). 北京：人民交通出版社, 1986
6. 中华人民共和国交通部部标准. 公路桥涵地基与基础设计规范(JTG D63—2007). 北京：人民交通出版社, 2007
7. 中华人民共和国交通部部标准. 公路桥梁抗风设计规范(JTG/T D60—01—2004). 北京：人民交通出版社, 2004·
8. 中华人民共和国交通部部标准. 公路工程抗震设计细则(JTG/T B02—01—2008). 北京：人民交通出版社, 2008
9. 中华人民共和国交通部部标准. 高速公路交通工程及沿线设施设计通用规范(JTG D80—2006). 北京：人民交通出版社, 2006
10. 中华人民共和国行业标准. 城市桥梁设计荷载标准(CJJ77—98). 北京：中国建筑工业出版社, 1998
11. 中华人民共和国交通部标准. 公路桥涵施工技术规范(JTG/T F50—2011). 北京：人民交通出版社, 2011
12. 周先雁, 王解军. 桥梁工程(第2版). 北京：北京大学出版社, 2012
13. 王解军, 周先雁. 大跨桥梁. 北京：北京大学出版社, 2012
14. 夏禾. 桥梁工程(上、下册). 北京：高等教育出版社, 2011
15. 强士中. 桥梁工程(上、下册). 北京：高等教育出版社, 2011
16. 姚玲森. 桥梁工程. 北京：人民交通出版社, 2008
17. 雷俊卿. 大跨度桥梁结构理论与应用. 北京：清华大学出版社, 北京交通大学出版社, 2007
18. 范立础. 桥梁工程(上册)(土木工程专业用). 北京：人民交通出版社, 2001
19. 顾安邦. 桥梁工程(下册)(土木工程专业用). 北京：人民交通出版社, 2000
20. 邵旭东. 桥梁工程(土木工程、交通工程专业用). 北京：人民交通出版社, 2004
21. 雷俊卿, 郑明珠, 徐恭义. 悬索桥设计. 北京：人民交通出版社, 2002
22. 陈宝春. 钢管混凝土拱桥设计与施工. 北京：人民交通出版社, 1999
23. 李勇等. 钢-混凝土组合桥梁设计与应用. 北京：科学出版社, 2002
24. 马保林. 高墩大跨连续刚构桥. 北京：人民交通出版社, 2002
25. 毛瑞祥, 程翔云. 公路桥涵设计手册—基本资料. 北京：人民交通出版社, 1995
26. 徐光辉, 胡明义. 公路桥涵设计手册—梁桥(上册). 北京：人民交通出版社, 1996
27. 刘效尧, 赵立成. 公路桥涵设计手册—梁桥(下册). 北京：人民交通出版社, 2000
28. 顾安邦, 孙国柱. 公路桥涵设计手册—拱桥(下册). 北京：人民交通出版社, 1997
29. 江祖铭, 王崇礼. 公路桥涵设计手册—墩台与基础. 北京：人民交通出版社, 1997
30. 金吉寅等. 公路桥涵设计手册—桥梁附属构造与支座. 北京：人民交通出版社, 1999

图书在版编目(CIP)数据

桥梁工程/王解军主编. —二版. —长沙:中南大学出版社,2013.5
ISBN 978 - 7 - 5487 - 0857 - 5

Ⅰ.桥… Ⅱ.王… Ⅲ.桥梁工程 Ⅳ.U44

中国版本图书馆 CIP 数据核字(2013)第 074029 号

桥 梁 工 程

(第二版)

主 编 王解军

主 审 周先雁

□责任编辑 谭 平
□责任印制 易红卫
□出版发行 中南大学出版社
　　　　　社址:长沙市麓山南路　　　邮编:410083
　　　　　发行科电话:0731-88876770　　传真:0731-88710482
□印　　装 长沙利君漾印刷厂

□开　　本 787×1092 1/16 □印张 16.75 □字数 411 千字
□版　　次 2014 年 10 月第 2 版 □2016 年 5 月第 2 次印刷
□书　　号 ISBN 978 - 7 - 5487 - 0857 - 5
□定　　价 36.00 元